목선반
Turning

목선반
Turning

리처드 래펀 지음 · 신용준 옮김

모눈종이

Turning

by Richard Raffan

Taunton's Complete Illustrated Guide to Turning by Richard Raffan
Originally published in the United States of America by The Taunton Press, Inc. in 2005
Copyright © 2005 The Taunton Press, Inc.
Korean translation rights © 2023 Monoonjongi
Korean translation rights are arranged with The Taunton Press, Inc. through AMO Agency Korea
All rights reserved

목선반

목선반 마스터를 위한 체계적인 가이드북

초판 1쇄 발행 2023년 6월 10일

지은이 리처드 래펀 | **옮긴이** 신용준
펴낸이 서진 | **기획·마케팅** 노수준 | **편집** 박태하
펴낸곳 모눈종이 | **출판등록** 제2015-000280호
주소 (우 04007) 서울 강동구 아리수로93나길 88 강동리버스트 812동 1805호
전화 070-7553-1868 | **팩스** 0505-041-2300 | **이메일** mo-noon@naver.com

ISBN ISBN 979-11-961341-8-1 13500

이 책의 한국어판 저작권은 AMO 에이전시를 통해 저작권자와 독점 계약한 모눈종이에 있습니다.
저작권법에 의해 한국 내에서 보호를 받는 저작물이므로 무단 전재와 무단 복제를 금합니다.

차례

옮긴이 서문 _ 8
감사의 말 _ 10
들어가는 글 _ 11
이 책의 활용법 _ 12

1부 도구와 재료

1장 | 목선반과 부속품 _ 16
목선반 부속품 _ 20

2장 | 형태 가공용 칼 _ 23
선질용 칼 _ 24
횡단면 가공용 칼 _ 25
눈질용 칼 _ 26
목재 절약용 칼 _ 28

3장 | 보조 도구 _ 29
안전과 집진 장비 _ 29
날 연마용 도구 _ 31
목재 준비용 도구 _ 33
측정 도구 _ 33
드릴 _ 35
샌딩과 마감 용품 _ 35

4장 | 목재 _ 36
목재 구하기 _ 37
목재 선택하기 _ 39
목재의 손상 부위와 문제점 파악하기 _ 42

2부 준비 과정

5장 | 목선반 설치하기 _ 46
작업 공간 _ 46
목선반 조정 _ 48
집진 관리 _ 53

6장 | 윤곽 표시하기와 측정하기 _ 54
윤곽 표시하기
  • 중심 찾기 _ 57
  • 선질에 표시하기 _ 59
  • 눈질에 표시하기 _ 60
  • 깊이 값 표시하기 _ 61
측정하기
  • 특정 직경으로 가공하기 _ 62
  • 깊이 측정하기 _ 64
  • 두께 측정하기 _ 65

7장 | 블랭크 준비하기 _ 66
목재 건조하기와 보관하기 _ 69
초벌 깎기 _ 70
블랭크 준비하기
  • 초벌 재단 _ 71
  • 선질용 블랭크 _ 72
  • 횡단면 가공용 블랭크 _ 73
  • 눈질용 블랭크 _ 74
  • 자연 그대로의 모서리를 살린 그릇 _ 75
통나무 재단하기
  • 판재로 가공하기 _ 76
  • 작은 통나무 재단하기 _ 77

8장 | 목선반에 목재 고정하기 _ 79
기본 방식으로 고정하기
  • 선질용 블랭크 _ 81
  • 횡단면 가공용 블랭크 _ 82
  • 눈질용 블랭크 _ 84
척에 물리기
  • 4조 척 _ 86
  • 잼 척 _ 87
  • 진공 척 _ 89

9장 | 연마하기 _90

그라인딩 _91

그라인딩 공구 준비하기 _92

준비 과정과 형태 잡기
- 스크래퍼 날 형태 잡기 _94
- 가우지 날 형태 잡기 _94
- 칼등 경사각 설정하기 _95

연마하기
- 직선 또는 직선에 가까운 날 _96
- 핑거네일 가우지와 둥근 스크래퍼 _98
- 호닝 _100
- 후크 툴 _101
- 커터 _101

3부   선질 작업

10장 | 선질 기법 _104

선질용 칼 _104

절삭을 위한 일반적인 접근법 _105

캐치와 채터 자국 _107

일반적 접근법
- 초벌 가공으로 원통 만들기 _108

선질 세부 가공
- V자 홈 _109
- 비드 _110
- 좁은 비드 _112
- 코브 _113
- 오지 _114
- 파멜 _115

11장 | 선질 프로젝트 _116

손잡이
- 소형 칼 손잡이 _117
- 칼 손잡이 _118

다리
- 파멜이 포함된 테이블 다리 _120
- 캐브리올 다리 _122

기타
- 스플릿 터닝 _124
- 원통 _126
- 가늘고 긴 환봉 _127

4부   횡단면 가공

12장 | 횡단면 가공 기법 _130

횡단면 형태 잡기
- 횡단면의 초벌 가공과 형태 잡기 _132
- 횡단면 평평하게 만들기 _133
- 원뿔 _134
- 반구 _136
- 오지 _137
- 횡단면 스크래핑 _138

횡단면 세부 가공
- 비드 _139
- 돌출형 비드 _140
- V자 홈 _141
- 작은 피니얼 _141

횡단면 가공 프로젝트
- 손잡이 세트 _142
- 구형 손잡이 _144
- 달걀형 _146
- 편심형 장식물 _148
- 죽방울 _151

13장 | 횡단면의 속파기와 형태 잡기 _154

초벌 속파기
- 기초 타공 _157
- 가우지를 이용한 속파기 _158
- 스크래퍼를 이용한 깊이 타공 _159

내부 형태 가공
- 원통 _160
- 곡선형 속파기 _161
- 턱 내부 가공 _162
- 깊은 속파기 _163

횡단면 가공 프로젝트
- 화병 _164
- 속이 빈 형태 _167
- 조명 받침 _170

- 고블릿 잔 _172
- 원통형 합 _175

14장 | 나사산 가공하기 _178
나사산의 모양과 목재의 선택 _180
나사산 가공하기
- 수작업으로 가공하기 _181
- 내부 나사산 가공하기 _183
- 지그로 가공하기 _184

나사산과 나뭇결
- 나사산 맞추기 _185
- 나뭇결 정렬하기 _187

나사산 프로젝트
- 양념통 _188

5부　　눈질 작업

15장 | 눈질 외형 가공 _194
눈질 세부 절삭 _196
눈질 외형 가공 프로젝트 _197
눈질 기법
- 원형 가공과 초벌 절삭 _198
- 전면과 원통의 가공 _198
- 가우지를 이용한 마감 절삭 _199
- 외형 가공에서의 스크래퍼 활용 _200

눈질 세부 가공
- 모서리 절삭 _202
- 홈 _202
- 측면 비드 _203
- 전면 비드 _204
- 코브 _206

눈질 프로젝트
- 트로피 받침 _207
- 액자 _209
- 스툴 _212

16장 | 눈질 속파기 _215
눈질 속파기
- 가우지를 이용한 속파기 _217
- 스크래퍼를 이용한 초벌 속파기 _219
- 스크래퍼를 이용한 마감 절삭 _220
- 그릇의 분리 _222

눈질 프로젝트
- 초밥 접시 _223
- 그릇 _224
- 그릇 초벌 절삭 _226
- 자연 그대로의 모서리를 살린 그릇 _228
- 주둥이가 좁은 기물 _231

6부　　샌딩과 마감

17장 | 샌딩과 마감 _234
표면 준비하기 _235
샌딩하기 _235
마감재의 종류 _237
마감재 고르기 _239
마감재 바르기 _240

준비 과정
- 옹이와 갈라진 부분의 보수 _241

기초 샌딩
- 눈질의 손 샌딩 _242
- 전동 샌딩 _243
- 코브 샌딩하기 _244
- 환봉 샌딩하기 _245
- 마감 전 최종 준비 _246

고급 샌딩
- 자연 그대로를 살린 모서리 샌딩 _247
- 구멍이 깊고 주둥이가 좁은 가공물 _248

마감
- 마감재 바르기 _249

참고 문헌 _251

옮긴이 서문

저는 2010~2013년에 펜실베이니아 주립 인디애나대학교Indiana University of Pennsylvania, IUP의 CTFDCenter for Turning & Furniture Design에서 석사 학위 과정을 마쳤습니다. CTFD는 미국 내에서도 우드터닝 및 가구 디자인과 관련해 학위를 수여하는 몇 안 되는 교육기관입니다.

CTFD 재학 기간에 목격하고 경험한, 미국 현지인들이 우드터닝에 대해 가지고 있는 인식은 우리나라의 그것과 무척이나 달랐습니다. 국내 대학과 대학원 재학 시절에 저와 학우들이 가지고 있던 목선반에 대한 인식은 단지 목공소 목수들의 전유물 수준이었습니다. 목선반에 호기심을 보이면 매번 "목선반은 위험하니 사용하지 말 것"이라는 답변이 돌아왔기 때문입니다. 반면 미국에서는 현업에서 은퇴한 사람들은 물론 청소년에 이르기까지, 생활 속에서 사용할 기물 혹은 감상을 위한 공예품을 목선반을 통해 직접 만들어내는 것을 지극히 자연스럽게 여기고 있었습니다.

이러한 차이가 어디서 발생하는지에 대한 고민은 의외로 쉽게 풀렸습니다. 원인은 정제된 정보의 차이에 있었습니다. 오랜 시간 축적된 우드터너들의 정보는 미국 내의 여러 우드터닝 협회의 웹사이트와 포럼을 통해 공유되고 있었습니다. 또한 목선반과 관련한 다양한 서적들은 미국 대형 서점에서 항상 구입이 가능했습니다. 심지어 목공용품을 판매하는 매장 한켠에는 여지없이 목선반 관련 서적이 비치돼 있었습니다.

귀국 후, 국내의 우드터너 인구가 급증하는 현상을 보며 반가운 마음과 동시에 불안한 마음을 떨칠 수가 없었습니다. 저변이 확대되는 것은 반겨 마지않을 일이지만, 변변한 입문서 한번 들여다본 적 없이, 누군가의 단 한마디 말 혹은 인터넷에 떠도는 검증되지 않은 정보를 바탕으로 날카로운 칼을 맨손으로 붙잡고 고속 회전체를 가공하는 것이 과연 옳은 일일까 하는 생각 때문이었습니다.

이 자문에 대해 내린 답이 목선반 서적의 번역이었습니다. 이를 위해 리처드 래편의 『터닝Turning』을 선택한 이유는 목선반 기계와 보조 도구, 가공 도구와 측정 도구의 사용법, 목재의 준비와 고정, 실제 제작 과정, 마감 방법에 대한 전 과정을 상세한 사진과 함께 설명해 놓은, 우드터너들에게는 고전처럼 간주되는 책이기 때문입니다.

우드터닝에 입문하고자 하는 독자라면, 장비를 구입하기에 앞서 이 책을 읽어보실 것을 권합니다. 그리고 이미 우드터닝에 익숙한 독자라면, 궁금했던 섹션을 선택적으로 읽어보셔도 기존 경험을 정리해나가는 데 많은 도움을 얻으실 수 있으리라 생각합니다. 아무쪼록이 번역서가 우리나라의 우드터너들에게 체계적이고 안전한 우드터닝을 즐길 수 있는 단초가 될 수 있기를 기대해 봅니다.

목선반 관련 번역을 기획하고 의뢰해주신 모눈종이 대표님 그리고 편집과 교정에 최선을 다해주신 박태하 편집자님께 감사드립니다. 목재를 바라보는 시각을 넓혀주신 정연집 박사님께도 감사의 인사를 전합니다. 현재 한국에서 사용되는 터닝 관련 용어를 정리하는 데 큰 도움을 주신 깍기공방의 김종화 선생님, 반김크라프트의 양병용 선생님, 한여루 이건무 선생님께도 깊은 감사의 말씀을 전합니다. 제가 우드터닝에서 손을 놓지 않도록 늘 독려해주는 우드보이 채널의 양정우 군에게도 고마움을 전합니다.

끝으로 인테리어, 가구 제작, 영상 촬영, 외부 강의로 인해 온전히 집에 머무르는 날이 손에 꼽을 정도임에도 항상 힘과 용기가 되어주는 우리 가족 모두에게 진심 어린 사랑을 전합니다.

2022년 7월
신용준

감사의 말

혼자만의 노력으로는 결코 이 책을 집필할 수 없었을 것이다. 이 책을 집필하는 데 도움과 조언을 주신 모든 우드터너 분들께 감사의 말씀을 전한다.

작업실에서 사진 촬영을 할 수 있도록 허락해준 웨일스의 마이크 스콧 Mike Scott, 잉글랜드의 로빈 우드 Robin Wood, 그리고 데이비드 우드워드 David Woodward에게 많은 신세를 졌다.

판재 제작 기술을 가진 내 동생 사이먼 Simon Raffan, 그리고 목재 창고와 공구를 공개해준 고든 스미스 Gordon Smith, 피터 필머 Peter Filmer, 피터 블룸필드 Peter Bloomfield에게 감사의 뜻을 전한다.

우리 마을 피시웍의 목선반 용품 매장인 카버텍 공구 Carbatec Tools의 그레임 벤슬리 Graeme Bensley, 또 내가 종종 수업을 진행하는 곳으로 온갖 종류의 부품 정보 및 사진을 제공해준 캘거리 블랙포레스트우드사 Black Forest Wood Co.의 테리 골벡 Terry Golbeck에게도 고마움을 전한다.

레 포테스퀴 Les Fortescue는 그의 수많은 목선반 칼 중 일부를 깊은 속파기 작업 사진 촬영을 위해 빌려주었다.

폴 앤서니 Paul Anthony는 적절한 질문을 던져 편집 과정을 아주 즐겁게 해주었다.

마지막으로 사회와의 교류가 끊길 수밖에 없었던 오랜 집필 기간을 묵묵히 견뎌준 아내 리즈에게 고마움을 전한다.

들어가는 글

목선반은 도예가의 물레, 금속의 주물 작업과 더불어 가장 오래된 유형의 대량 생산 방식이다. 목선반에서 원형으로 가공된 목재는 다양한 둥근 형태의 손잡이처럼 우리가 모르는 사이에 우리 삶과 함께해왔다. 근래의 목선반 결과물은 대부분 자동 제어 목선반으로 제작되지만, 사실 이러한 형태의 사물은 오랜 세월에 걸쳐 사람의 손 또는 인력으로 작동하는 장치에 의해 만들어져왔다.

17세기, 기계에 대한 관심이 지대했던 부유층은 목선반을 취미로 다루었던 최초의 사람들이다. 당시의 목선반은 대다수 가정의 연 수입을 상회하는 고가의 장비였다. 20세기 초에도 작고 저렴한 목선반이 우편 광고를 통해 판매되긴 했지만, 1970년대 중반에 이르러서야 우드터닝은 보다 보편화된 취미로 자리 잡게 됐다.

1970년대 중반 이후 목선반에 대한 관심이 급증했고, 이는 대량 생산에 반해 단품 생산에 주력하는 공방 작가들이 등장하는 시발점이 됐다. 21세기에는 갤러리에서 전시될 수준의 예술적 터닝 작품들이 등장하기에 이른다.

목선반 작업의 가장 두드러진 매력은 하나의 작품 혹은 제품을 보다 빠른 시간에 제작, 마감할 수 있다는 점이다. 초기 비용이 아주 저렴하다는 점, 그리고 찾아 헤맬 것 없이 싼값에 구할 수 있는 원자재가 아주 많다는 점 또한 매력적이다. 목선반은 단순히 목재를 회전시켜주는 역할을 할 뿐이지만, 이렇게 가공된 목재는 개개인의 기술과 시각의 차이에 따라 각기 다른 예술성을 띠게 된다. 이 책이 독자들에게 목선반에 대한 새로운 열정을 불러일으키고 더불어 즐거운 시간을 선사하기를 기대한다.

이 책의 활용법

우선 이 책은 책장에 꽂혀 먼지가 쌓이도록 출판된 것이 아닌, 활용서로서 사용하도록 집필됐음을 언급하고 싶다. 작업을 새로 시작하거나 혹은 문제점에 맞닥뜨렸을 때를 대비해 항상 작업대 위에 펼쳐놓기를 바란다. 목공 작업을 시작할 때, 특히 목선반 작업을 진행할 때 독자 여러분 주변에 가까이 둘 것을 당부한다.

이 책에는 목선반 활용 시 반드시 준수해야 하는 작업 과정과 그 순서가 수록되어 있다. 목선반을 작동시키기에 앞서 작업 공간과 기계 및 재료의 준비 과정에 대한 핵심적인 사항들을 확인할 수 있을 것이다.

목선반 작업은 목재를 빠르게 가공할 수 있게 해주는 여러 기술들의 집약이다. 이를 바탕으로, 다른 목공에 비해 저렴하고 적은 종류의 공구만으로도 최선의 결과물을 만들어낼 수 있다.

기본 기술에는 별다를 것이 없다. 목재를 자르고 다듬을 때 활용되는 가우지와 스큐, 스크래퍼의 활용법은 전 세계적으로 유사한 성향을 띤다. 전문가급 우드터너와 초급자를 구분 짓는 것은 숙련도와 경험의 차이다. 같은 프로젝트를 진행한다고 가정할 때, 전문가 역시 초급자와 같은 종류의 공구를 사용한다. 다만 숙련도와 경험의 차이로 인해 전문가들은 작업 속도가 빠른 동시에 문제 발생의 빈도를 줄여나간다. 하지만 대부분의 초급자들의 경우 잘못된 순서와 잘못된 지식을 바탕으로 고급 결과물을 만들기를 바란다는 데 문제가 있다.

당면한 문제의 해결 방법을 찾기 위해서는 아래 세 가지 질문에 답할 수 있어야 한다. 만들고자 하는 것이 무엇인가? 하고자 하는 작업의 종류가 눈질인가 선질인가, 아니면 횡단면의 속파기 작업인가? 작업을 완성하기 위해 어떤 종류의 공구가 필요한가?

이 책에 수록된 내용을 보다 알아보기 쉽도록 '부'와 '장'으로 구분했다. '부'는 목선반 작업의 큰 범위를, '장'은 그 범위에 해당하는 내용과 기법을 담고 있다.

각 부의 시작면에서는 쪽수가 달린 사진들을 볼 수 있다. 이를 그림으로 된 목차라고 간주하면 되겠다. 각 사진은 각각의 '장'이 어떤 내용을 담고 있는지를 보여주며, 표기된 쪽수는 각 장이 시작되는 부분을 가리킨다.

각 장에는 기초적인 가공 방법 및 단계와 더불어 핵심적인 정보와 일반적인 도움말이 담겨 있다. 프로젝트들은 이러한 내용들이 실제 작업에서 어떻게 활용되는지를 보여준다.

장은 정보, 단계, 기법을 크게 묶어 보여주는 '시각화 지도'로 시작한다. 각 묶음 아래에는 어떤 작업을 어떻게 해야 하는지를 담은 단계별 설명글의 목록이 있고, 해당 내용을 몇 쪽에서 확인할 수 있는지가 표시되어 있다.

장은 어떤 정보를 포함하고 있는지에 대한 '개요', 즉 개관으로부터 시작된다. 여기서는 적용된 기법, 그리고 안전에 관한 중요한 정보를 확인할 수 있다. 독자들은 특정 공구의 사용법과 더불어 공구와 목재를 목선반에 고정하는 방법 또한 확인하게 될 것이다.

단계별 설명글은 이 책의 핵심 내용을 담고 있다. 여기 실린 사진들은 각 작업 단계가 어떻게 진행되는지를 보여준다. 함께 실린 글에서 작업의 진행 과정이나 최적화된 자세 등에 대한 내용을 참조할 수 있다. 글을 읽은 후 사진을 참조하든 사진을 본 후 글을 읽든, 이는 독자 개개인의 학습 방법에 따라 다르겠지만, 두 가지는 별개가 아니라는 점을 명심하기 바란다. 만일 해당 항목에 다른 방법이 존재할 경우, 별도의 설명글이 추가된다.

효율성을 위해 비슷한 과정이 설명된 다른 쪽을 상호 참조했다. 개요글이나 설명글 도중에 참조 쪽 표시를 보게 될 것이다.

'주의' 표기를 마주치면 해당 내용을 반드시 숙지하기 바란다. 이는 안전과 관련된 내용이기 때문에 몇 번을 강조해도 지나치지 않다. 반드시 안전에 유의하고, 안전장비를 착용하기 바란다. 작업물이 작건 크건, 눈을 보호할 수 있는 장비와 안면보호구의 착용은 필수다. 누구라도 언젠가는 목선반에 물려 있던 재료가 떨어져 날아오는 경험을 하게 되기 때문이다. 작업 중 불안을 느낀다면, 목선반의 회전 속도를 낮추고 작업 내용과 기법에 대해 다시 고민해야 한다. 만일 목재에 캐치 catch, 목선반 칼이 순간적으로 목재를 강하게 파고들어가는 현상_이하 옮긴이 주가 빈번하게 발생한다면, 전원을 끈 뒤 가우지나 스큐를 대고 목재를 손으로 회전시키거나, 느린 속도로 회전시켜 어떤 현상이 발생하고 있는지 확인해야 한다.

책 끝부분에는 목선반 작업에 대한 추가 정보를 얻을 수 있도록 참고 도서 목록을 수록했다. 참고 도서들은 훨씬 상세한 기법 설명을 제공하는 동시에 건강과 안전, 공구 연마, 목재 가공, 작업장 구성 등에 대한 시야를 넓혀줄 것이다.

기억을 되살릴 때든 새로운 내용을 학습할 때든 잊지 말고 이 책을 폈으면 한다. 이 책은 독자 여러분이 한 단계 높은 우드터너이자 우드워커가 되도록 도와줄 핵심적인 자료들을 담고 있기 때문이다. 이를 위해서는 당신이 가장 아끼는 볼 가우지처럼 이 책을 가까이 두고 사용해주기 바란다.

편집자

1장 | 목선반과 부속품_16쪽

2장 | 형태 가공용 칼_23쪽

3장 | 보조 도구_29쪽

4장 | 목재_36쪽

1부

도구와 재료

우드터닝은 크게 선질(가늘고 기다란 형태), 횡단면 가공(가구의 손잡이나 속이 빈 형태), 눈질(넓거나 평평한 형태)의 세 가지로 분류할 수 있다.

각각의 작업은 다른 도구들을 필요로 하기 때문에 섣부르게 모든 종류의 도구를 구입해야 할 것만 같은 조바심이 날 수도 있겠다. 하지만 앞으로 전혀 사용할 일이 없는 것들을 사들여 모아놓고 싶지 않다면, 필요한 장비와 도구부터 손에 넣은 뒤에 좋은 물건을 찾는 편이 나을 것이다.

결과적으로 당신은 작업의 종류나 크기에 따라 여러 대의 목선반을 소유하게 될 수도 있다. 무엇을 만들지에 따라 필요한 도구가 다르겠지만, 그라인더, 측정 도구, 표시용 장비, 그리고 목재를 잘라낼 톱 등은 있어야 한다. 만약 선질 가공을 위주로 한다면 굳이 여러 개의 척chuck을 가지고 있을 필요는 없을 것이다.

1부에서는 목선반과 도구 들을 나열하고 살펴봄으로써 당신에게 가장 '필요한' 장비를 선별하는 것을 돕고자 한다. 그 결과가 당신이 '갖고 싶었던' 것과 다를 수도 있음을 유의하기 바란다.

1장

목선반과 부속품

목선반 기계는 우드터닝 작업의 기본이지만, 모든 종류의 작업을 만족시키는 목선반이란 아쉽게도 존재하지 않는다. 당신이 목선반을 하나 혹은 여러 대 구매하고자 할 때, 최소한 당신이 무슨 작업을 하고자 하는지에 대한 명확한 개념이 서 있어야 한다. 그렇지 않다면 자갈을 실어 나를 덤프트럭이 필요한 상황에서 승용차를 구매하는 것과 같은 상황이 벌어질 수 있다. 승용차로 그 일을 처리할 수 있을지는 몰라도 옳은 선택이라 할 수는 없다.

크기에 상관없이 일반적으로 목선반은 정반 bed 좌측에 고정돼 있는 주축대 head stock, 그리고 우측에서 이동하는 심압대 tail stock로 구성돼 있다. 심압대는 정반을 따라 어느 위치에도 고정 가능하다. 심압대축 tail center 은 선질이나 눈질 작업 시 목재를 고정하는 용도로 쓰인다. 주축대의 드라이브 센터와 심압대축은 반드시 목선반의 축과 일치해야 한다. 주축대와 심압대 사이에는 칼 받침대 tool rest가 있다. 칼 받침대는 절삭 작업이 진행될 때, 칼을 지지해주는 역할을 한다.

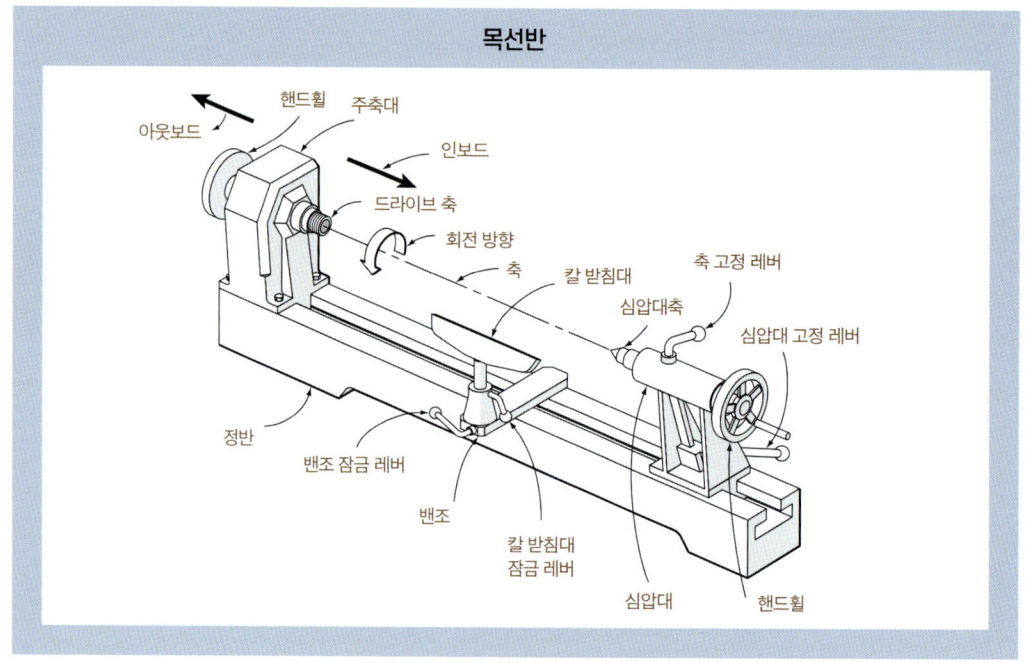

목선반

모터는 몇 단계의 속도 조절을 위한 풀리가 부착돼 있고, 구동축과 벨트로 연결돼 동력을 전달한다. 목선반의 회전 속도는 벨트 위치를 조정함으로써 다양하게 조절할 수 있다. 최근에는 전자식 속도 제어기가 장착돼 보다 효율적인 작업이 가능하지만, 수동식보다 가격이 비싸다는 단점이 있다. 그러나 제어기가 달린 목선반은 작동 중에도 손쉽게 속도를 조절할 수 있으므로 구입할 만한 가치가 충분하다. 작업대 위에 놓고 사용하는 형태이거나 크기가 작은 목선반의 경우 제어기의 크기로 인해 작업에 지장이 있을 수도 있지만, 편의를 생각한다면 투자 금액 이상의 가치가 있음은 분명하다.

일반적인 목선반은 대부분의 작업 수행에 무리가 없다. 따라서 고려해야 할 것은 작업할 대상물의 크기다. 내가 주로 사용하는 목선반은 직경이 23 5/8인치(600㎜)인 목재까지 회전시킬 수 있고, 드라이브 센터와 심압대축 사이의 거리가 15 3/4인치(400㎜) 정도 되는 제품이다. 40킬로그램에 육박하는 목재를 고정해 그릇이나 화병을 깎을 수 있을 만큼 충분히 무겁고 견고하다. 드라이브 센터와 심압대축 간의 거리가 짧은 소형 목선반을 가지고도 난간봉이나 계단 끝 기둥 같은 큰 물건을 작업하는 것과는 또 다른 즐거움을 만끽할 수 있다. 확장 정반을 구입해 선질 작업 영역을 확장할 수도 있지만, 나는 가운데 사진에서 보이는 빅마크 Vicmarc 사의 중형 목선반을 팔아버린 탓에 지금은 더 작고 공간을 적게 차지하는 목선반을 사용하고 있다.

직경 3인치(75㎜), 길이 32인치(810㎜)의 환봉을 가공하는 데는 소형 목선반을 확장 정반과 함께 사용하고 있다. 칼 받침대가 매우 길어 사용하기에 편리하다.

이 목선반은 소형 작업을 수행하기에 좋을 뿐만 아니라 약 40킬로그램에 달하는 커다란 목재까지도 장착할 수 있다. 긴 물건은 확장 정반을 부착해 작업할 수 있다.

무겁고 긴 환봉을 가공하려면 사진의 빅마크 사 제품처럼 정반이 긴 목선반이 필요하다.

긴 칼 받침대는 번번이 위치를 조정해야 하는 번거로움을 줄여 긴 환봉을 더 빨리 작업할 수 있게 해준다.

12인치(305㎜) 직경을 가공할 수 있는 목선반(왼쪽과 뒤쪽)은 대부분의 우드터너가 선호하는 제품이다. 소형 목선반(오른쪽)은 작은 물건의 작업에 적합하다.

헤드 회전형 목선반은 속이 빈 형태의 물건을 작업하기 용이하며, 정반 크기의 제약에서 벗어나 보다 큰 직경의 작업을 수행할 수 있게 해준다.

거치식 목선반은 속파기 시 회전축에 구애받지 않고 작업할 수 있다.

그동안 관찰한 바에 따르면 대부분의 우드터너는 직경 12~16인치(300~400㎜)의 목선반을 선호한다. 직경 6인치(150㎜) 미만의 작업을 주로 한다면 소형 목선반을 선택하는 편이 낫다.

일부 중형 목선반 중에는 주축대를 회전할 수 있는 제품도 있는데 이는 속파기를 좀 더 수월하게 해준다. 또한 정반 크기의 제약을 받지 않아 더 큰 직경을 가공할 수 있게 해준다. 다만 주축대를 반대편으로 회전시켜 사용할 때에는 심압대축을 활용할 수 없다.

거치식 목선반 pedestal lathe으로는 그릇 작업과 속파기 작업을 보다 용이하게 할 수 있다.

피트나 미터 단위의 커다란 작업물에 관심이 있다면 초대형 목선반을 사용할 수 있겠다. 하지만 이러한 목선반은 작은 작업물에 쓰기에는 너무 느리고 다루기도 어려우며, 사용법을 익히기도 어렵다.

최고급 목선반은 고가여도 충분히 값어치를 한다. 예산이 충분하지 않은데 특정 작업만을 진행한다거나 단순히 취미 차원의 작업을 지향한다면, DIY 목선반 제작에 직접 도전해보는 것도 좋은 대

대형 목선반은 크고 무거운 작업물을 위해 만들어진 것이라 소형 목물을 가공하기에는 적합하지 않다.

이 DIY 목선반은 매우 기본적인 형태이지만 작업성이 뛰어나고 적은 비용으로도 만들 수 있다.

안이 될 수 있다. 웨일스에 사는 마이크 스콧은 굉장한 크기의 통 원목 작업을 진행하는데, 매우 단순하면서도 강력한 힘을 자랑하는, 직접 제작한 목선반을 사용한다. 그의 목선반은 건축용 H빔을 1인치(25㎜) 두께의 철판에 용접해 만든 것이다. 철판 앞면은 갈빗살 형태의 철재를 덧대어 내구성을 높였다. 내가 직접 본 더 복잡한 구조의 DIY 목선반은 오스트레일리아의 캔버라에서 마주한 것이었는데, 마치 공산품처럼 잘 만들어진 것이었다.

육체노동을 통한 건강 유지에 관심이 많다면, 과거 우드터너들이 발동작으로 나뭇가지를 구부려 작동시켜 판매용 목기를 만들어냈던, 활대 목선반 pole lathe이나 페달 목선반을 만들어 사용해볼 것을 권한다.

과거의 목선반은 대부분 직접 제작해 사용했다. 영국인 로빈 우드는 발의 힘으로 작동하는 활대 목선반으로 판매용 목기를 만들어낸다.

1장 목선반과 부속품　19

목선반 부속품

목선반을 구입하면 대개 면판, 스퍼 드라이브, 심압대축이 기본으로 제공된다. 일반적인 작업은 이 부속품으로도 가능하지만, 환봉 이외의 다른 작업들을 훨씬 즐겁고 수월하게 수행하려면 추가적인 부속품이 필요하다. 여기서는 이러한 기타 부속품에 대해 간략하게 소개할 것이고, 보다 자세한 내용은 8장(79쪽)에 수록했다.

목재를 터닝하려면 이를 목선반에 안전하게 고정해야 하는데, 가공할 물건의 형태를 해치지 않는 방식으로 쉽고 빠르게 할 수 있어야 한다. 목선반에 목재를 고정하는 데에는 세 가지 기본 방식이 있다. 중심축에 끼우기, 면판에 나사로 조이기, 척에 물리기가 그것이다.

목재는 드라이브 센터와 심압대축 사이에 쉽게 고정할 수 있다. 이때 회전력은 스퍼 드라이브의 이빨을 통해 목재로 전달돼야 하고, 심압대축은 목재를 반대편에서 압착시키게 된다. 드라이브 센터는 반드시 심압대축과 함께 사용돼야 한다.

대부분의 목선반에는 목재를 기본적으로 고정하는 면판, 드라이브 센터, 심압대축이 함께 제공된다.

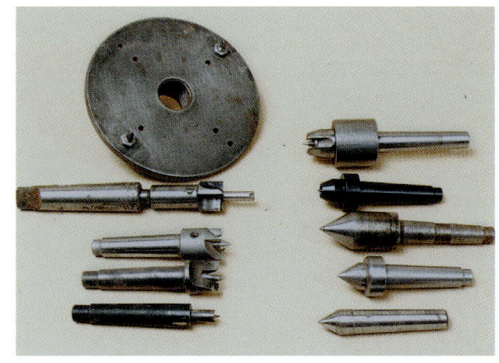

터닝 재료는 스퍼(왼쪽)와 심압대축(오른쪽) 사이에 고정할 수 있다. 스퍼 달린 면판(가장 위쪽)은 큰 그릇을 만들기 위한 목재를 고정할 때 사용한다. 그 바로 아래의 맨드럴 드라이브는 조명 받침의 제작에 사용할 수 있다.

위 사진에서 보듯 드라이브 센터에는 매우 다양한 규격이 있다. 드라이브 센터의 선택은 당신이 진행하고자 하는 작업물의 크기, 무게, 목재 특성에 따라 달라진다. 예를 들어 3/8인치(9mm) 드라이브 센터는 실타래나 펜 같은 소형 작업물을 수행하기에 알맞지만, 난간봉처럼 굵은 형태의 선질 작업에는 표준 규격인 1인치(25mm)짜리 드라이브 센터가 요구된다. 스퍼가 달린 커다란 면판은 자연 그대로의 모서리를 살린 그릇, 커다란 크기의 눈질을 수행하는 데 적합하고, 맨드럴 드라이브스퍼 중앙에 긴 축이 앞으로 튀어 나와 있는 드라이브는 조명 받침 같은 작업에 사용한다.

심압대축의 선택도 작업물의 크기 또는 작업 상황에 따라 광범위하게 달라진다. 심압대축은 베어링이 장착된 회전식 센터를 선택할 것을 추천한다. 때로는 원뿔형 센터를 선택할 수도 있다. 나는 작은 물건을 작업할 때에는 주로 원뿔형 센터를 사용한다. 컵 센터의 경우, 어떤 작업에도 사용할 수 있다. 재차 강조하지만, 어떤 작업인지에 따라 심압대축의 선택은 달라져야 한다.

면판은 눈질 시 목재를 고정하는 역할을 한다.

다양한 눈질용 면판을 사용할 수 있다. 블랭크는 면판에 나 있는 구멍에 나사를 이용해 고정된다. 이에 비해 센터스크루 면판(나사 척이라고도 불림)는 훨씬 빠르고 쉽게 사용이 가능하다. 나사 척은 직접 만들어 쓸 수도 있다.

평면형 면판은 나사를 사용해 목재를 고정한다. 다만 센터스크루 면판(보통 나사 척이라고 부른다)이 보다 쉬운 작업성을 갖는다. 센터스크루 면판은 직접 만들어 쓸 수도 있다. 1인치(25㎜) 두께의 원판을 일반 면판에 나사로 고정한다. 그리고 표면을 살짝 파이도록 가공한다. 원판을 관통하도록 중앙에 작은 구멍을 뚫고, 뒷면에서부터 약 3/4인치(19㎜) 정도 나사가 튀어 나오도록 삽입한다. 『목재 터닝 Turning Wood』(2001)이나 『그릇 터닝 Turning Bowls』(2002)을 참고하면 DIY 나사 척에 대한 자세한 정보를 얻을 수 있다.

선질 이외의 작업을 해야 한다면 셀프센터링 4조jaw 척의 사용이 필수적이다. 네 개의 조는 한꺼번에 물리고 풀리도록 동작하며 다양한 형태의 조로 바꿔 끼울 수도 있다. 척은 보통 한 세트의 조와 함께 판매된다. 하지만 기본 조 이외에도 작업에 적합한 다른 종류의 척을 사용해야 할 상황에 맞닥뜨릴 것이다. 나는 그릇을 주로 깎는 우드터너이다 보니 보통 계단식 조를 사용하지만, 원통형 합과 같은 횡단면 가공 시에는 표준 조나 보다 길쭉한 조를 사용한다. 척을 사용하면, 그릇의 굽이나 촉을 바깥에서 물거나 내부 공간에 조를 벌려 넣음으로써 단면이 정사각형인 목재는 물론 원형인 목재까지 단단히 고정할 수 있다.

컵 척은 금속 덩어리로 된 원통형 구멍이며 나무망치를 사용해 목재를 내부 공간에 고정시킨다. 컵 척은 전통적으로 횡단면 가공의 대량 생산에 활용됐으나 근래에는 기계식 척으로 대체되고 있다.

4조 척은 다양한 모델을 구할 수 있다. 다양한 조를 장착해 원하는 작업에 활용한다.

횡단면을 가공할 때 목재를 고정하기 위한 저렴한 선택지로 컵 척을 선택할 수 있다. 사진은 낡은 척의 몸통이다.

3점식 스테디는 기다란 기물의 선질이나 깊은 속파기 작업 시 목재의 떨림을 방지한다.

나는 낡은 척의 몸통을 컵 척 대용으로 사용하지만, 금속관을 커다란 너트에 용접해서 직접 만들 수도 있다. 벼룩시장이나 주변에서 오래된 척의 재고 정리 정보를 찾아보기 바란다. 목선반 축의 나사산에 맞는 크기인지, 어댑터를 사용하면 고정이 가능한지를 확인해야 한다.

센터 스테디는 가늘고 긴 환봉을 가공할 때 굵은 바닥 부분을 남겨둘 필요 없이도 중심축을 잃지 않고 회전하도록 설계됐지만, 속이 빈 깊은 화병을 지탱하는 데 사용하면 많은 도움이 된다. 목선반 제조업체들도 센터 스테디를 제공하고 있지만 우드터너들은 전통적으로 특정 작업을 위한 스테디를 직접 만들어 쓰는 경우가 많다.

특정 작업을 위한 스테디는 직접 제작해 사용하기도 한다. 이 스테디는 환봉 작업을 위해 제작된 것이다.

2장

형태 가공용 칼

사실 너무나 많은 종류의 터닝용 칼이 판매되고 있다. 이 칼 대부분은 수 세기에 걸쳐서 개발된 일반적 가우지, 스크래퍼, 평칼 종류의 변형에 해당된다. 그 밖에도 우드터너들이 직접 개발한 특별한 칼들이 있지만, 아마도 그들이 은퇴하거나 죽고 나면 아쉽게도 사라질 가능성이 높다. 이러한 이유에서, 창작된 칼들은 이 책에서 다루지 않기로 한다. 이 칼들 중 많은 것이 깊은 속파기 작업이나 편심 off center 가공 작업에 사용되지만 지속적인 공급을 받기가 까다로운 게 사실이다. 하지만 여전히 많은 사람들이 자신만의 특별한 칼을 만들고 있기는 하다.

최근 거의 모든 터닝 칼은 고속강 HSS으로 만들어지고 있지만 이는 이전에 사용되던 탄소강보다 마모가 훨씬 적다. 우드터닝의 주요한 세 가지 가공법인 선질, 눈질, 횡단면 속파기 작업은 공통된 칼을 사용하기도 하지만, 과정에 따라 각기 다른 칼의 사용이 요구된다.

보유한 칼의 범위는 목선반으로 무엇을 가공할 것인지를 반영해야 한다. 주로 선질 터닝을 한다면 스큐 외에 다섯 가지 정도의 칼이 필요할 뿐이지, 깊은홈 볼 가우지는 필요치 않을 것이다. 만일 그릇 가공만 해야 한다면 몇 개의 가우지와 스크래퍼만 있으면 되지, 굳이 스큐가

탄소강보다 고속강으로 제작된 날을 선택하는 게 좋다. 칼 손잡이 모양을 다르게 만들어두면 칼을 쉽게 구분할 수 있다.

필요할 이유가 없다. 얕은 가우지는 선질과 눈질 작업에 모두 유용하다. 그 밖에도 속이 빈 기물의 안쪽을 가공하려면 별도의 속파기 칼들이 필요할 것이다.

한 번 사용하고 말 칼을 사 모으게 되는 일은 너무 자주 발생한다. 공구 수집에 중독된 게 아니라면 꼭 필요한 경우에만 구입하길 권한다. 그것들을 먼저 시험 삼아 사용해보거나, 혹은 최소한 그것들을 써봤거나 정보를 알고 있는 누군가와 이야기를 나눠보는 것이 현명하다. 당신이 사는 지역에 우드터닝 모임이 있다면 유용한 정보들을 수집할 수 있을 것이다.

터닝 칼을 구입하다 보면 어떤 것은 다른 것에 비해 굉장히 두껍고 무겁다는 것을 곧 알아차리게 될 것이다. 칼이 칼 받침대에서 2인치(50mm) 이상 벗어나서 목재를 가공해야 할 경우, 두껍고 강한 칼의 사용은 필수적이다. 가우지와 스큐는 두께가 최소 1/4인치(6mm), 길고 두꺼운 스크래퍼는 최소 3/8인치(9mm)는 돼야 한다. 하지만 두께가 1/2인치(13mm)를 넘는 칼은 소형 작업에 효율적이지 못하다.

선질용 칼

선질에서는 나뭇결이 목선반의 축과 평행하게 정렬된다. 일반적인 선질에는 의자 부품, 서랍 손잡이, 조명 손잡이, 난간봉, 공구 손잡이 등의 물품이 해당된다. 오른쪽 위의 사진은 기본적인 선질용 칼들을 보여주고 있다.

러핑 가우지는 거친 부분이나 정사각형 부분의 모서리를 둥글게 만드는 데 사용된다. 가우지의 홈은 깊건 완만하건 쓰는 데 무리가 없다.

스핀들 가우지는 얕고 둥근 홈과 긴 핑거네일

선질용 칼에는 대개 파팅툴, 러핑 가우지, 스큐, 그리고 다양한 스핀들 가우지가 포함된다(왼쪽부터).

모양의 끝부분을 가지고 있다. 깊고 좁은 코브 cove, 둥글고 오목한 홈를 가공하기 위해 고안된 디테일 가우지는 홈이 매우 얕고 둥글다.

파팅 툴은 환봉 직경을 설정할 때 쓰이고, 작업물 일부를 떼어내거나 혹은 작업을 완료하기 위해 목재 회전의 중심축까지 잘라낼 때도 사용된다.

스큐는 모든 선질에 사용할 수 있는 마무리 도구이며 원통형, V자 홈, 비드 bead, 둥글고 볼록하게 튀어 나온 구슬 형태, 긴 곡면 등을 가공하는 데 쓰인다. 가장 다루기 까다로운 칼로 여겨지지만, 훌륭한 마감면을 만들어낼 수 있기에 익혀둘 만한 가치가 충분하다. 스큐의 크기는 회전하는 환봉의 직경에 따라 다르게 사용해야 한다. 일반적인 작업에는 3/4인치(19mm) 스큐를 사용하는 것이 좋다. 폭이 넓은 스큐는 직경이 작은 목재의 가공에 사용할 수 있지만, 직경이 큰 작업물을 가공할 때 좁은 스큐를 사용하면 캐치가 생길 위험이 높아진다.

　　타원형 스큐는 오랫동안 널리 사용돼왔다. 원통 및 긴 곡선을 만드는 데 매우 유용하지만, 일반적인 창칼형 스큐를 선택하는 것이 여러 가지 작업을 수행하기 위한 쓰임새 면에서 낫다.

횡단면 가공용 칼

횡단면 터닝의 경우 선질처럼 나뭇결이 목선반의 축과 평행하게 정렬된다. 일반적인 횡단면 가공 작업에는 원통형 합, 연필꽂이, 후추 그라인더 등이 포함된다. 횡단면 가공시 외형 작업에는 선질에 사용됐던 칼들이 사용된다.

　　속파기를 어떻게 진행할지는 작업물의 직경, 주둥이 크기, 속파기 깊이에 따라 결정된다. 깊이가 깊을수록 더 길고 강한 칼이 필요하다.

　　넓은 주둥이를 통해 4인치(100㎜)까지 속파기를 진행하려면 깊이 값을 설정하기 위한 드릴, 칼밥을 제거하기 위한 핑거네일 형태의 스핀들 가우지, 표면을 다듬기 위한 다양한 형태의 스크래퍼가 필요하다.

　　8인치(200㎜) 이상의 매우 깊은 구멍은 깎여나가는 정도를 제어하기 위해 손잡이가 길고 무거운 칼이 필요하다. 강철 또는 알루미늄 튜브 형태의 손잡이는 내부에 납 알갱이나 모래를 채워 무게를 늘림으로써 진동을 줄일 수 있기 때문에 많은 터너들이 애용하고 있다. 오른쪽 아래 사진에 나오는 스튜어트사의 경량 팔 지지대와 피스톨 손잡이도 유용한 도구다. 깊은 속파기용 칼 끝부분에는 작은 스크래퍼가 달려 있어 가공물의 속을 깎아낼 수 있다. 이런 칼들은 직접 제작하기 용이하다. 아래 사진 중 녹색 손잡이 먼로 할로어 Munro hollower와 같은 속파기 칼은 칼날을 잠금쇠 안에 고정시켜놓음으로써 심각한 캐치를 발생시키지 않으면서 베어 깎기 shear cut를 수행하도록 개발됐다.

횡단면 속파기용 칼로는 평 스크래퍼, 둥근 스크래퍼, 스핀들 가우지, 깊이 가공용 드릴이 있다(왼쪽부터).

깊은 속파기용 칼은 길고 견고해야 하며, 스튜어트사의 팔 지지대(가운데)나 피스톨 그립 손잡이(오른쪽)가 있으면 좋다.

굽은목 스크래퍼는 입구가 좁은 화병의 속을 가공할 수 있게 해준다.

왼쪽의 포스너 비트나 멀티스퍼 비트는 후추 그라인더에서와 같이 큰 구멍을 뚫어야 할 때 사용하면 좋다. 가운데의 긴 드릴 날이나 오거 비트는 조명 받침에 구멍을 낼 때 사용한다. 우측의 깊이 가공용 드릴의 경우 맨손으로 잡고서도 목재에 구멍을 낼 수 있다.

속이 빈 형태 hollow form 란 화병이나 물병처럼 1~2인치(25~50㎜) 정도의 좁은 주둥이를 가진 것을 일컫는다. 이렇게 밀폐된 형태는 좁은 재래식 스크래퍼를 사용해 속을 파낸다. 하지만 조롱박 같은 형태의 가공물은 직선형 칼로는 가공이 불가능하기 때문에 오프셋 스크래퍼 날과 몸통이 비틀어진 형태의 스크래퍼나 구부러진 속파기 칼이 필요하다. 이러한 스크래퍼들은 무거운 손잡이에 장착해서 쓰는 것이 좋다.

다양한 종류의 깊은 속파기용 장비 세트와 오프셋 스크래퍼가 판매되고 있지만, 깊은 속파기 작업을 하는 많은 사람들은 여전히 고속강 커터를 쇠막대 끝부분에 끼워 손잡이에 장착하는 방식으로 그들만의 칼을 만들어 사용하고 있다.

다양한 종류의 드릴을 심압대에 장착하거나 삼압대의 구멍을 통과시켜 사용할 수 있다. 심압대에 고정된 드릴 척에 장착한 포스너 비트나 멀티스퍼 비트는 후추 그라인더나 만화경 등을 만들 때 깊은 구멍을 뚫는 용도로 사용된다. 이 비트들은 속파기 작업 시 속살을 제거하는 데도 사용된다. 구멍이 더 깊어야 한다면 심압대 중앙을 비운 뒤 오거 비트를 삽입해서 뚫을 수 있다. 가공물을 회전시킨 상태에서 맨손으로 드릴을 잡고서도 다양한 구멍들을 뚫을 수 있다.

눈질용 칼

눈질에서 나뭇결은 목선반 축과 90도 각도로 회전한다. 전형적인 눈질 작업에는 그릇, 접시, 시계, 찻잔 받침, 치즈 도마, 트로피 받침 등이 포함된다.

눈질은 가우지로 작업하고, 필요에 따라 스크래퍼로 표면을 다듬게 된다. 기본적인 눈질용 칼 세트에는 1/2인치(13mm) 스핀들 가우지가 포함되는데 곡면이 얕은 이 가우지는 결과물에 근접할 때까지 거친 절삭에 사용된다. 비드, 코브, 그릇 굽을 깎는 데는 3/8인치(9mm) 스핀들 가우지가 유용하다. 깊은홈 볼 가우지는 속파기와 절삭 외에도 여러 작업을 수행할 수 있도록 보다 견고하게 설계된 칼이다. 가공물 직경이 6인치(150mm)보다 작을 경우 3/8인치(9mm) 볼 가우지를 사용하면 된다. 이보다 큰 가공물에는 길고 강하며 홈이 깊은 1/2인치(13mm) 볼 가우지를 사용하는 것이 좋다. 그릇 작업에는 곡면형 스크래퍼보다 둥근 스크래퍼를 사용하는 편이 낫다.

그릇을 가공하다 보면 횡단면 또는 가우지가 닿을 수 없는 모서리를 다듬기 편리한 시어 스크래퍼를 접하게 될 것이다. 이 칼은 모서리를 기울여 사용하기 때문에 목재 표면을 따라 자연스럽게 움직일 수 있도록 모서리가 둥글게 말려 있다. 길이가 짧아져 더 이상 일반적인 스크래퍼로 사용할 수 없는 것들을 시어 스크래퍼로 변형시켜 사용하는 것은 어렵지 않다. 디스크 샌더나 벨트 샌더를 이용해서 창칼형 스크래퍼나 스큐 스크래퍼의 날 형태를 완만하게 굴려주면 된다.

다양한 규격으로 형태 잡힌 스크래퍼를 사용하면 비드를 만들거나 반지 모양의 고리를 쉽게 떼어낼 수 있다.

| 주의 | 연마용 줄을 스크래퍼로 사용하지 말 것. 줄로 만든 스크래퍼는 강한 캐치가 발생하면 부러진다. |

기본적인 눈질용 칼에는 턱 가공용 스크래퍼, 얕은홈 가우지, 볼 가우지, 평 스크래퍼, 볼 스크래퍼가 있다 (왼쪽부터).

시어 스크래퍼로는 눈질의 표면과 모서리면을 정리한다.

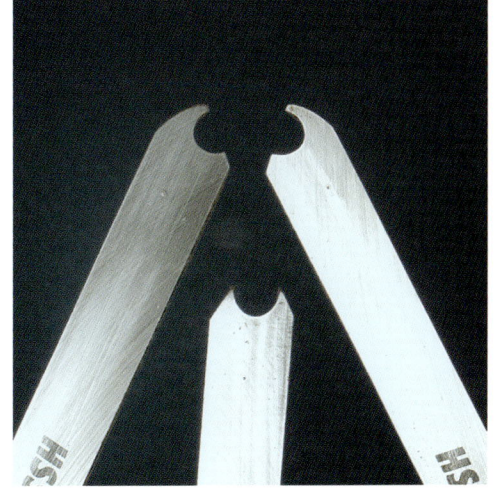

비딩 스크래퍼로는 반복되는 비드와 고리를 쉽게 만들 수 있다.

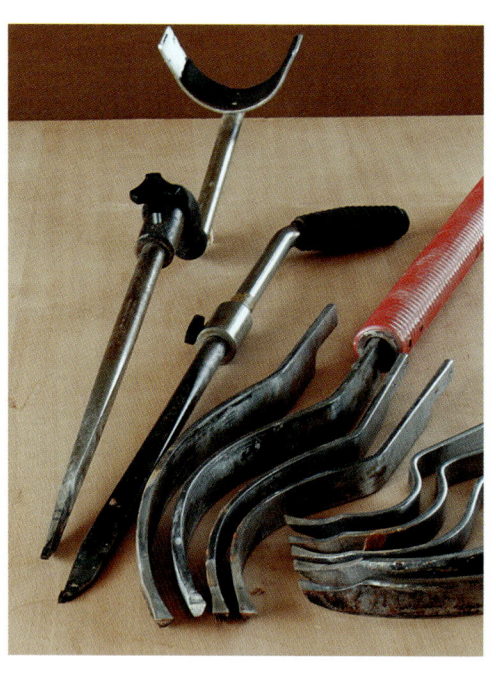

스튜어트사의 슬라이서(왼쪽)와 맥노튼사의 커터(오른쪽) 같은 목재 절약용 칼은 그릇 블랭크 내부의 목재를 추출해 작은 그릇을 가공할 수 있는 또 하나의 블랭크를 만들어준다.

목재 절약용 칼

그릇 가공 시 목재 절약을 위한 볼 세이버 bowl saver를 사용해 목재의 중심에서 하나 또는 여러 개의 목재를 분리해낼 수 있다. 가장 간단한 장치는 스튜어트사의 슬라이서처럼, 원뿔형 덩어리나 초벌 형태의 그릇을 분리해낼 수 있는 직선형 슬라이서다. 이 칼은 액자형 고리를 만드는 데 사용되기도 한다. 맥너턴 McNaughton 사 제품처럼 정교한 장비 세트는 포물선 또는 반구형으로 절개된 내용물에 캐치가 생기지 않도록 칼날을 고정할 수 있는 게이트가 장착돼 있다.

▶ 222쪽 '그릇의 분리' 참조

형태 가공용 칼

칼 종류	사용하는 곳
러핑 가우지 : 3/4~2인치(20~50㎜)	선질에서의 가공
얇은 가우지 또는 디테일 가우지 : 1/2인치(13㎜) 이하	선질 및 눈질에서의 세부 가공, 횡단면 속파기
얇은 가우지 : 1/2인치(13㎜)	선질 코브, 그릇 외형 속파기, 작은 선질 속파기, 횡단면 속파기
깊은홈 가우지 : 5/8인치(16㎜) 이하	그릇 속파기
스큐	선질에만 사용
평 스크래퍼	횡단면 속파기, 눈질의 좁아지는 면, 볼록한 곡면, 횡단면과 눈질의 속파기
스큐 스크래퍼	그릇 외형 마감
곡면형 스큐 스크래퍼	그릇 내부 마감, 눈질의 오목한 면
둥근 스크래퍼	횡단면 속파기, 눈질의 코브 마감
창칼형 스크래퍼	눈질의 모서리 마감, 홈 절삭
굽은목 스크래퍼	주둥이가 좁은 속파기 작업
날 측면의 형태를 가공한 스크래퍼	좁은 주둥이의 안쪽 면 가공
도브테일 스크래퍼	확장용 척에 물릴 굽의 안쪽 면 절삭
파팅 툴 : 1/8인치(3㎜) 미만	선질에서 작은 직경의 분리
파팅 툴 : 기타	선질에서의 직경 설정, 분리
고속강 소재 보링 바	속파기 작업
속파기 시스템	화병과 기타 깊은 형태의 속파기

# 3장

보조 도구

터닝을 하려면 목선반과 몇 개의 가우지 외에도 더 필요한 것이 있다. 이 장에서는 시간·비용·재료를 절약하면서도 안전하고 쉽고 즐겁게 터닝을 할 수 있게 해주는 도구에 대해 설명하고자 한다.

예를 들어 가공된 목재를 사지 않고 나무를 직접 준비하는 경우라면, 잘 배열된 나뭇결을 찾아내는 재미를 느끼기 위해서 최소한 톱이 하나 이상 필요할 것이다. 목재 블랭크에 형태를 잡고 진행 중인 작업물의 크기를 확인하려면 측정 도구도 필요하다. 목선반 가공 시 날카로운 도구는 필수적이므로 그라인더, 함께 사용할 휠 드레서, 그리고 연마 지그도 있어야겠다.

이 장에서는 필수적이지는 않아도 삶을 훨씬 편하게 해주는 무선 전동 드릴, 목재상을 통하지 않고도 직접 목재를 준비할 수 있게 해주는 체인톱 등에 대해서도 이야기해보겠다.

그리고 당신에게는 안전용품이 필요하다. 목선반 위에서 회전하는 목재는 간혹 터져 나갈 수 있고 미세먼지 역시 필연적으로 발생하기 때문에 각별히 주의해야 한다.

안전과 집진 장비

먼지와 날아다니는 목재 파편은 우드터너에게 두 가지 핵심적인 안전 문제이다. 하지만 다행스럽게도 이것들로부터 당신을 보호할 수 있는 장비가 있다.

먼지는 목공 작업장에서 화재의 최대 요인이자 건강을 위협하는 주적이다. 우드터너들에게 먼지 제거는 필수적이므로 집진기가 필요하다. 집진기를 구매할 때에는 통상 크기가 큰 것이 좋다. 나는 최소한 1분에 650평방피트의 집진력 대략 1마력쯤에 해당 이상을 가진 모델을 추천한다. 기본형 집진기도 그 정도 성능은 되며, 가격도 적당하다. 집진력을 최대한 높이기 위해 집진기를 목선반의 집진 후드에 연결한다 (53쪽 사진).

매우 미세한 부유 먼지는 마이크로 필터가 장착된, 천장에 매다는 형식의 공기청정기를 이용해 집진할 수 있다. 하지만 기후가 허락하는 곳이라면 열려 있는 문으로 바람을 통하게 하는 편이 훨씬 나을 것이다.

먼지와 파편을 제외하고도 때로는 목선반에서 블랭크가 떨어져 날아가거나 회전하는 도중 터져 나갈 수도 있다. 이런 일은 언제든지 발생할 수 있기에 항상 대비할 필요가 있다. 때때로 우드터너들은 "1초밖에 걸리지 않을 일"이라며 보호구를 착용하지 않는다. 불행히도 바로 이때 사고가 일어난다. 우드터닝 잡지에 이런 사고 사례가 빈번하게 실리니만큼 반드시 주의해야 한다. 내가 아는 대부분의 우드터너들에게는 사고의 흉터가 남

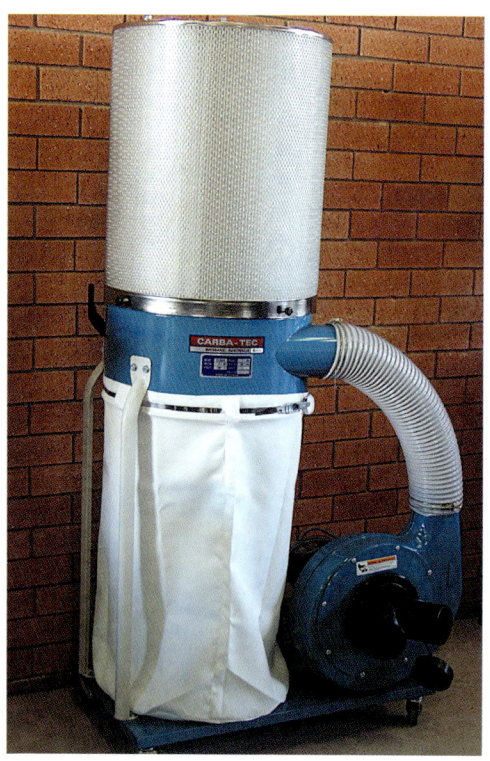

이 집진기 상부에 달린 원통형 망 속의 주름 필터는 5마이크론 이하의 먼지를 걸러 배출한다.

아 있다.

대부분의 전문 스튜디오 터너들은 공기를 걸러주는, 충격 방지용 호흡기가 달린 헬멧을 쓰고 목선반에서 시간을 보낸다. 이러한 헬멧은 얼굴 전체에 깨끗한 공기를 공급해 보호창이나 안경에 김이 서리는 것을 방지한다. 이런 종류의 안면보호구를 구입하기 전에 대화를 하거나 작업물 상태를 확인할 수 있도록 바이저를 젖혀 올릴 수 있는 제품인지를 확인하기 바란다. 그렇지 않을 경우, 일일이 헬멧을 쓰고 벗어야 하는 상황이 무척 번거로울 것이다.

작은 목재를 가공할 때, 안면보호구를 착용하지 못할 경우라면 최소한 안경이라도 써라. 안구를 대체할 기술은 아직 준비돼 있지 않으니까 말이다.

안면보호구나 보안경(왼쪽)은 눈을, 필터 마스크(가운데)는 폐를 보호한다. 하지만 가장 효과적인 것은 얼굴과 호흡기를 함께 보호하는 방호용 헬멧(오른쪽)이다.

날 연마용 도구

다른 목공 도구와 마찬가지로 목선반 칼 역시도 예리할수록 작업이 용이해진다. 날이 무뎌진 칼 자체도 위험하지만 그런 칼을 다루고 있는 상황 역시도 위험하다. 칼날은 그라인더로 형태를 잡고 날카롭게 연마한다. 건식 그라인더로 고속으로 연마를 해도 되고, 습식 그라인더로 느리지만 안전하게 연마하는 것 역시 좋은 방법이다.

일반적인 건식 고속 그라인더는 약 3600rpm으로 구동되며 보편적으로 사용할 수 있는 동시에 가격이 저렴하다. 그러나 추천하고 싶은 옵션은 1725rpm값을 갖는, 상대적으로 고가에 판매되는 그라인더이다. 이 정도의 속도에서는 그라인더 날이 칼 모서리를 태워버릴 가능성이 미미하다. 바퀴 직경이 10인치(254mm)가 넘는 훌륭한 산업용 그라인더도 있는데 직경이 커서 칼날의 연마 면을 상대적으로 덜 굴곡지게 해주지만 가격이 매우 비싸다. 요즘의 우드터너들은 대부분 8인치(200mm) 그라인더를 쓰고 있다. 칼을 그라인더의 연마석에 밀착시키기 위해서는 각도 조정이 가능한 지지대가 필요하다. 만약 이것들이 당신의 그라인더에 맞지 않는다면 위 사진 속 오도넬 O'Donnell사나 헬리그라인드 Heligrind사의 지지대처럼 애프터마켓 제품으로 판매되는 액세서리를 구할 수 있다.

우드터닝 입문자라면 구매 가능한 여러 가지 연마 지그 중 하나를 선택하는 것을 고려해보는 게 좋겠다. 연마 지그는 연마 방법을 익히는 데 큰 도움이 되기 때문이다. 하지만 장기적으로는 가

건식 그라인더는 저렴한 가격대로 구입할 수 있다. 좋은 휠 드레서(왼쪽 앞)는 반드시 갖춰야 한다. 다이아몬드 휠 드레서와 오일 숫돌(오른쪽 앞)도 연마 과정에 도움을 준다.

> **주의** 연마 작업은 위험하기 때문에 항상 보안경을 착용해야 한다.

연마 지그는 가우지의 적절한 연마 과정을 익히는 데 도움이 된다.

습식 그라인더는 건식에 비해 느리게 연마되지만, 토멕(Tormek)사의 이러한 제품은 연마 중에 칼날이 과열되는 것을 방지해준다.

우지를 지그 없이 맨손으로 연마하는 것을 추천한다. 연마 시간을 단축시킬 수 있고 보다 만족스러운 결과를 낳을 수 있기 때문이다. 지그만으로는 칼에 부합하는 날과 칼 경사면의 조합을 찾아내기 쉽지 않다.

초벌 연마 및 날 형태 잡기를 위해 36번 연마석을, 날 끝을 다듬기 위해 60번 연마석을 그라인더에 장착한다. 터닝용 칼은 대부분 고속강으로 제작돼 있다. 이러한 칼들은 바스러지기 쉬운 백색의 산화알루미늄 휠, 또는 세라믹 휠(우드터닝 전문매장에서 살 수 있다)로 연마하는 것이 가장 좋다. 일반적인 회색 연마석으로도 연마가 가능하긴 하지만 그다지 효율적이지는 못하다. 연마석의 모양을 유지하면서 연마 시 축적되는 금속 입자를 제거하려면 휠 드레서가 필요하다. 폭이 넓은 다이아몬드 휠 드레서를 사용하는 것이 가장 좋다.

습식 그라인더를 사용하면 훨씬 뛰어난 결과물을 얻을 수 있다. 연마 속도가 느리지만 칼날이 과열돼 타들어가는 경우가 없게 된다. 두 종류의 그라인더를 모두 구비하는 것이 가장 좋다. 이렇게 하면 습식 그라인더로 이동하기 전에 건식 그라인더에서 훨씬 빠른 연마 작업을 수행할 수 있다. 습식 그라인더는 스크래퍼와 나사산 체이서는 물론 부엌칼까지 연마할 수 있다는 장점이 있다.

목선반용 칼은 일반적으로 그라인더에서 바로 연마하면 되지만, 칼날을 최대한 예리하게 만들고, 거스러미를 없애고, 그라인더 사용 전 홈과 칼날에 광택을 내는 데에는 다이아몬드 호닝 스틱과 오일 숫돌을 사용할 수도 있다.

▶ 92쪽 '그라인딩 도구 준비하기' 참조
▶ 100쪽 '호닝' 참조

목재 준비용 도구

그릇, 체스 세트, 펜, 원통형 합을 비롯해 여러 물건들을 만들기 위한 터닝용 블랭크를 판매하는 회사들이 있지만, 거기서 목재를 구매하는 것은 비싸다. 더 안 좋은 점은 나무를 자르는 방식에 대한 결정권이 전혀 주어지지 않는다는 데 있다. 통나무나 판재를 사서 직접 잘라 블랭크를 만드는 편이 좋다.

물론 블랭크를 자르려면 톱이 필요할 것이다. 대부분의 우드터너들은 이를 위해 띠톱이나 테이블톱을 사용한다. 띠톱은 대부분의 우드터너에게 단연코 가장 유용한 톱이다. 띠톱을 사용하면 잘린 판재에서 그릇용 원통 블랭크를 잘라낼 수도 있고, 소형 기물을 만들 자그마한 목재 덩어리를 준비할 수도 있다. 괜찮은 수준의 취미용 띠톱도 작은 통나무를 잘라내는 데 문제없이 사용할 수 있다.

다양한 휴대용 톱을 이용하면 통나무를 원하는 크기로 절단할 수 있다.

단면이 정사각형이어야 하는 선질용 블랭크의 경우, 띠톱보다 더 정확하면서 더 빠르게 절단할 수 있는 테이블톱이 필요할 것이다.

더 큰 통나무를 자르려면 체인톱이 필요하다. 전기 체인톱은 매연이 없고 엔진톱에 비해 소음도 적어 많은 터너들이 실내 작업용으로 선호한다. 전기가 공급되지 않는 야외에서는 엔진으로 구동되는 체인톱이 필요하다. 띠톱에서 자를 수 없을 정도로 넓은 판재에서 접시용 블랭크를 잘라낼 때는 휴대용 원형톱을 사용하는 게 효과적이다. 하지만 요즘은 전기톱으로 이 작업을 해결한다. 나는 작은 나뭇가지를 자를 수 있도록 활톱도 차에 싣고 다닌다.

측정 도구

블랭크에 여러 표시를 해주기 위해 직경, 벽면 두께, 깊이를 측정할 수 있는 도구들이 자주 쓰인다.

환봉 가공은 쇠자, 연필, 일반적인 스프링 캘리퍼스 정도로도 작업이 가능하다. 하지만 버니어 캘리퍼스와 디바이더를 사용한다면 보다 다양하고 정교한 형태를 표시할 수 있다. 나는 버니어 캘

띠톱(뒤쪽)은 눈질용 블랭크를 준비할 때 필수적이다. 테이블톱(앞쪽)을 사용하면 블랭크 준비 작업을 빠르고 정교하게 수행할 수 있다.

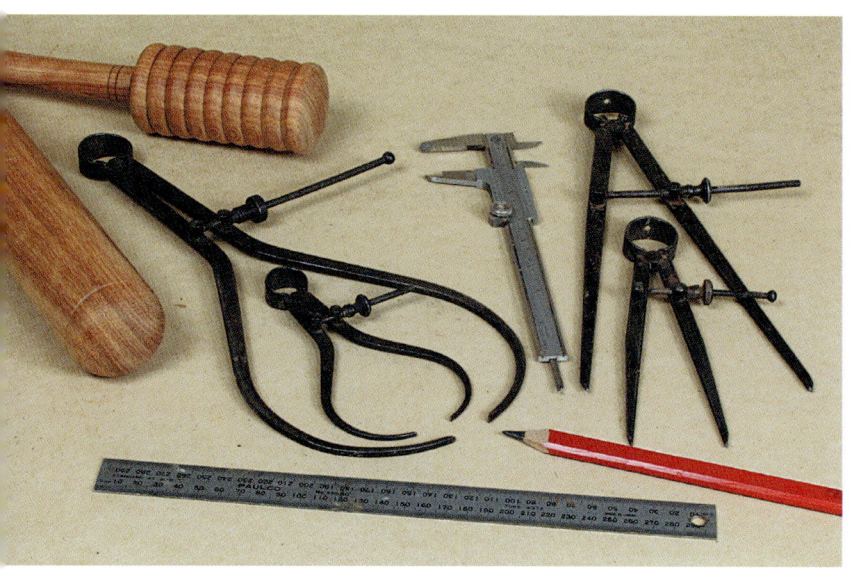

선질 작업에서 측정을 위해서는 (왼쪽부터) 스프링 캘리퍼스, 쇠자, 버니어 캘리퍼스, 디바이더가 필요하다.

횡단면 속파기의 경우, 선질용 측정 도구에 깊이 가공용 드릴, 그리고 내부 직경을 측정하기 위한 내경 스프링 캘리퍼스(맨 오른쪽)가 추가로 필요하다.

눈질 작업용 측정 도구에는 (왼쪽 위부터 시계방향으로) 양날 캘리퍼스, 직선형 암 캘리퍼스, 디바이더, 쇠자, 직각자가 포함된다.

리퍼스의 입구 부분을 둥그렇게 갈아서 사용하기 때문에 회전하는 환봉에 갖다 댔을 때에도 캐치가 생기지 않는다.

작은 원통형 합과 같은 횡단면 작업물의 경우에도 동일한 측정 도구들을 사용하지만 내경 스프링 캘리퍼스와 깊이 가공용 드릴도 추가해야 한다.

눈질용 측정 도구에는 블랭크에 표시가 가능하면서, 작업 중인 대상물의 직경까지 측정 가능한 디바이더를 포함시켜야 한다. 외경용 양날 캘리퍼스를 사용하면 그릇의 벽 두께를 측정할 수 있다. 직선형 암 캘리퍼스를 사용하면 깊고 좁은 벽의 두께뿐만 아니라 넓고 얕은 작업에서도 바닥면 깊이를 측정할 수 있다. 깊이 가공용 드릴은 속을 얼마나 파고들어갈 것인지를 설정할 때 사용한다. 깊이는 쇠자와 직각자를 사용해서도 확인할 수 있다.

드릴

그릇 가공이나 커다란 눈질 작업을 진행할 때 일반적인 전동 드릴과 앵글 드릴 모두 매우 유용하다는 것을 어렵지 않게 깨닫게 될 것이다. 무선 전동 드릴이 쓰기에 무척 편리하긴 해도, 목선반에 장착하기 위해 블랭크에 구멍을 뚫는 등의 작업에는 탁상 드릴 drill press이 효과적이다. 전동 드릴은 샌딩 작업에도 이용할 수 있지만, 이 작업에도 앵글 드릴이 훨씬 다루기 쉽고 효과적이다. 무선 전동 드릴은 강한 샌딩을 진행하기에는 출력이 달린다.

샌딩과 마감 용품

마감용 사포는 낱장 또는 두루마리의 형태로 판매된다. 목선반 작업에 가장 좋은 사포는 뒷면에 가벼운 천을 덧댄, 신축성 있고 손쉽게 잘라 쓸 수 있는 것들이다.

근래 눈질은 발포 고무로 된 패드에 붙어 있는 원형 사포를 드릴에 장착해서 전동 샌딩으로 마감하고 있다. 이 사포는 구매도 가능하지만, 홀 펀치를 사포에 내리찍어 직접 만들 수도 있는데, 이는 스트레스 해소에도 제격이다.

수동 회전식 샌더도 샌딩 자국을 지우는 데 매우 훌륭한 도구이다. 이 기발한 소형 도구는 손잡이에 자유롭게 회전하는 원판이 달려 있다. 사포 달린 면을 회전하는 목재에 갖다 대면 회전하면서 샌딩 작업을 한다.

눈질 준비 과정에서 블랭크를 나사 일체형 면판에 장착하는 데 탁상 드릴을 이용할 수 있다. 전동 드릴은 사용하기에 편리하지만 상대적으로 정밀성이 떨어진다.

대부분의 눈질에서는 부드러운 발포 고무가 달린 원형 사포를 드릴에 장착해 샌딩을 진행한다. 이 사포는 구매할 수도 있지만, 홀 펀치(맨 왼쪽)로 직접 만들 수도 있다. 수동 회전식 샌더(오른쪽 앞)를 사용하면 스크래치 없는 표면을 얻을 수 있다.

4장

목재

목재는 생명체인 나무로부터 얻는다. 가장 좋은 목재는 한창때에 벌채한 나무의 심재 부분이다. 질병이나 노령화에 따른 부패로 천천히 죽어가는 나무에서는 품질이 균일하거나 작업성이 좋은 목재를 결코 얻을 수 없다. 심재보다 대개는 더 밝은 색이면서 해충의 공격을 쉽게 받는 변재는 버려지는 경우가 많았다. 하지만 근래 질 좋은 목재를 점점 구하기 힘들어짐에 따라 나무의 거의 모든 부분이 터닝에 사용되고 있는 추세다.

목재가 안정성 있는 재료가 아니다 보니, 사용하거나 보관하려면 시간이 흐르며 목재에 무슨 일이 일어나는지 알아야 한다. 나무에는 많은 양의 수분이 포함돼 있으므로 갓 베어낸 나무를 터닝해보면 당신은 물에 흠뻑 젖게 된다. 그러나 나무는 벌채되는 순간부터 건조되기 시작한다. 세포에서 수분이 빠져나가면서 나무는 줄어들기 시작해서 외부 습도와 평형상태에 이를 때까지 수축하며, 이 상태의 나무를 건조기에 집어넣으면 더욱더 줄어들 것이다. 반대로 습한 곳으로 이동시키면 팽창한다. 습한 철에는 문짝이나 서랍이 끼고, 건조한 철에는 이것이 헐거워지는 변형을 대부분 경험해봤을 것이다.

목재는 시간이 지나면서 자연적으로 건조(자연 건조)되기도 하지만 가마를 사용해 건조 시간을 앞당길 수도 있다(인공 건조). 자연 건조 속도의 전통적인 경험 법칙은 1인치(25mm)당 1년에다 1년을 더하는 것이다. 다음 쪽의 왼쪽 위 사진에서 보이는 2 1/2인치(65mm)짜리 느릅나무 목재의 자연 건조에는 3년 6개월이 걸린다. 하지만 목재의 종류에 따라 이보다 훨씬 빨리도 혹은 더디게도 건조된다.

마른 목재일수록 작업성이 좋다. 30년 된 목재는 제재한 지 3년 된 목재보다 좋지만, 300년 된 목재는 앞의 두 목재보다 훨씬 좋다는 것을 경험을 토대로 알 수 있었고 이를 깨닫는 것은 어려운 일이 아니다. 원통형 합, 그릇, 화병처럼 속을 비워내는 빈 작업의 경우 속살을 덜어냄으로써 자연 건조의 속도를 높일 수 있는데, 경험상 완성될 직경의 약 15퍼센트 두께로 벽면을 가공한다. 예컨대 그릇 직경이 10인치(250mm)라면 벽 두께는 1 1/2인치(40mm)가 되도록 속파기 작업을 수행하는 것이다.

목재 건조용 가마는 몇 주 안에 목재를 건조시켜주지만 그 목재는 자연 건조 목재보다 훨씬 비싸면서 작업성은 좋지 못하다. 그럼에도 이 목재는 난간봉, 가구 손잡이처럼 속을 비울 필요가 없는 기물의 제작에 사용된다.

자연 건조 중인 느릅나무 판재이다. 목재 산대를 이용해 공기의 순환을 돕고 있다.

건조를 촉진하기 위해 넉넉한 크기로 초벌 가공해두는 방법이 있다. 이렇게 가공된 블랭크는 최종 작업 전까지 건조 과정을 거친다.

목재 구하기

목재는 제재소, 목재 판매상, DIY 매장, 터닝 용품 회사 등에서 구입할 수 있다. 초보 우드터너라면 우드터너들을 위한 매장과 카탈로그 등을 찾아낼 수 있을 것이다. 이런 곳에서는 목선반용 도구들과 함께 일반 철물점에서는 볼 수 없는 이국적인 수종들은 물론 다양한 종류의 블랭크와 목재를 진열해놓고 있다. 이런 업체들 대부분은 경험을 바탕으로 훌륭한 조언을 제공할 수 있는 전직 우드워커들과 우드터너들이 운영하는 소규모 매장이다. 이런 곳에서는 터닝을 시작하는 데 도움이 되는 많은 강좌를 제공하기도 한다.

    제재소나 대형 목재상은 일반적으로 소규모 주문에 별 관심이 없다. 하지만 일부 제재소에는 필요 없는 목재를 모아놓은 상자가 있는데 의외로 우드터너에게 적합한 목재 덩어리나 판재를 골라서 살 수 있다.

캘거리에 있는 이 터닝 용품 전문점에서는 터너들을 위해 다양한 블랭크를 판매하고 있다.

목재는 갓 베어낸 것, 건조기에 말린 것, 자연 건조된 것, 부분 건조된 것 등을 구입할 수 있을 것이다. 물론 재단된 블랭크를 구입할 수도 있지만, 그릇과 화병을 주로 깎는 우드터너들은 통나무, 굵은 가지, 목재 덩어리를 선호하는 경향이 있다. 흠 없는 블랭크가 가장 비싼데, 사실 그런 목재를 구하는 건 거의 불가능하다. 목재가 건조할수록, 그리고 지리적 의미든 비유적 의미든 원래 나무가 있던 곳에서 멀리 떨어진 것일수록 가격은 비싸질 것이다. 벌목하자마자 그릇용 블랭크

제재소에 쌓여 있는 자투리 나무는 가구 제작에 쓰기는 힘들지만 우드터너에게는 좋은 터닝 재료가 된다.

작은 벌(burl)과 같은 그릇용 재료(왼쪽)는 바로 터닝이 가능하다. 덩어리가 큰 목재는 판재로 가공해준다(오른쪽).

이 목재들은 원통형 합, 횡단면 작업, 그릇 용도로 판매되는 것들이다. 무늬가 복잡한 목재(가운데 가장 위쪽)는 갈라짐을 방지하기 위해 왁스가 칠해져 있다.

로 가공된 목재는 갈라짐이 생기는 것을 막기 위해 대개 표면에 왁스를 도포한다.

시판되는 대부분의 판재는 두께가 3인치(75mm) 미만이다. 8인치(100mm)보다 두꺼운 판재는 매우 드물다. 목재는 주로 건축과 가구 제작을 위해 제재되므로 선질 터너인 경우 적절한 재료를 찾는 데 문제가 없지만, 그릇이나 큰 접시처럼 더 넓은 면의 가공을 위한 목재는 쉽게 구하기 힘들다.

사실 훌륭한 연습용 재료는 사방에 널려 있다. 철거 및 건축 현장에서 엄청난 양의 목재가 나오는데, 특히 선질용 재료의 경우 더 그렇다. 단, 못이나 나사 또는 철물이 박혀 있지는 않은지 반드시 확인해야 한다.

도심 지역에서는 나무를 수시로 가지치기하고 심지어 베어내는 경우도 있기 때문에 동네 공원과 정원, 그리고 이웃집 뒷마당을 잘 살펴보는 것도 득이 될 수 있다. 관상용 나무를 키우는 농장의 마당에는 재활용할 수 있는 나무가 산더미처럼 쌓여 있는 경우도 있다. 나는 생장이 느린 나무와 관상용 관목이 갈라짐 없는 원통형 합을 만들기

에 훌륭한 재료라는 사실을 경험으로 알고 있다.

당신이 숲 근처에 사는 행운아라면, 벌목꾼들이 남긴 잔해를 뒤져도 좋다는 허락을 받을 수 있을지 모른다. 벌목꾼들은 원통형 통나무를 잘라 깔끔하고 흠결 없는 판재를 만드는 것을 선호하기 때문에 굵은 가지의 갈래 부위 혹은 커다란 나뭇가지를 쳐내버리는 경향이 있다. 이 버려진 것들이 선질 터너 이외의 터너들에게는 가장 인기 있는 소재가 된다.

눈질 작업의 경우, 다른 우드터너들 대부분이 폐기물로 여기는 재료를 잘 활용할 수 있다. 나는 당구대를 만들고 남은 단풍나무의 대형 잔재를 어느 우드터닝 학교에 종종 몇 팔레트씩 가져다주는 업체를 알고 있다. 원목 가구를 만드는 소규모 업장에서는 완벽히 건조된 목재의 잔재를 항상 잔뜩 가지고 있는데, 이를 얻어 집성하면 커다란 형태를 만들 수도 있다.

통나무를 가져오기 전에 그것으로 무엇을 하고 싶은지, 어디에 보관할지를 계획해야 한다. 나는 수많은 목재들이 햇빛에 노출된 채 버려져 며칠 만에 쓸모없게 돼버리는 것을 숱하게 봐왔다. 통나무를 손에 넣으면 최대한 빨리 판재나 블랭크로 잘라놓길 바란다. 갈라짐을 막기 위해 횡단면에 왁스칠하는 것도 잊지 말아야 한다. 그릇을 주로 가공하는 터너라면 가능한 한 빠른 시간 내에 그릇의 초벌 형태를 가공해두어야 통나무의 최대한 많은 부분을 활용할 수 있다.

목재 선택하기

나무를 고르는 일에 있어서는 경험을 대체할 만한 것은 없다. 나무를 사는 것은 복권을 사는 것과 마찬가지이며, 특히 햇빛에 몇 년 동안 노출된 채 방치돼 잿빛으로 탈색된 목재는 더더욱 그렇다. 갓 벌목된 목재라면 단면을 통해 심재의 색상을 얼핏 알아차릴 수도 있겠지만, 불과 몇 주 후에는 직관적인 분간이 어려워진다. 막상 갓 잘린 나무의 밝고 화려한 나뭇결에 흥분하게 되더라도 대부분의 목재는 시간이 흐르면서 누런색 혹은 진갈색으로 변해버린다는 사실을 기억해야 한다. 직사광선과 일상 환경에 노출된 목재는 결국 모두 잿빛으로 변해간다.

통나무 끝부분에 갈라짐이 보일 때, 흠 없고 깨끗한 상태의 목재를 얻기 위해서는 최소 6~8인치(150~200㎜)에 달하는 손실이 생길 수 있음을 고려해야 한다. 통나무에 금이 갔을 경우, 이 갈라짐이 나무 전체를 관통했을 수도 있다.

목재는 빠르게 어두운 색으로 변한다. 밝은 색을 띠던 갓 잘린 목재도 몇 주만 지나면 오른쪽 아래 어두운 삼각형처럼 변한다. 2주가 지난 상태이다.

제재목을 구입할 때의 가장 큰 장점은 각 면의 나뭇결을 확인할 수 있다는 점이다. 그러나 풍화되거나 오래된 판재를 사용할 경우에는 좁은 면적을 긁어내거나 대패질해서 나뭇결이 드러나도록 한 다음, 표면에 물을 묻혀 나뭇결을 확인해야 한다. 오일을 발라보는 것이 바람직하지만 일반적으로 사용할 수 있는 방법은 아니다. 나무에 있는 일부의 피들백 무늬 현악기 판재에서 발견되는 물결 문양와 퀼팅 문양 물결무늬은 톱자국과 혼동될 수 있으며, 왁스칠된 표면에서는 찾아내기 어렵다.

밑동에 홈이 파이거나 울퉁불퉁하거나 혹투성이인 나무라면 흥미로운 물결무늬나 버드 아이 bird's-eye 문양을 품고 있을 가능성이 있다. 가지가 갈라지는 부분에는 깃털 문양이 나타나기도 하는데 종종 접시나 작은 쟁반을 여러 개 만들 수 있을 정도로 판재에 얇게 형성돼 있기도 하다. 거

갈라짐 없는 목재를 확보하려면 통나무 끝부분이 6~8인치(150~200㎜) 정도 버려질 것을 예상해야 한다.

색이 어두워진 이 뉴기니 장미목 판재는 샌딩 작업을 통해 나뭇결과 색상을 다시 파악했다.

표면이 구불구불한 뽕나무 통목(위쪽)을 제재하자 깃털이 양쪽으로 퍼진 형상의 흥미로운 나뭇결(아래쪽)이 나타났다.

친 벌은 큰 접시를 만들기 위한 블랭크로 쓸 수 있다. 어떤 것들은 벽 얇은 화병보다는 두툼한 형상을 만드는 데 더 적합하겠지만 말이다.

방사형 문양이 나이테 중심에서부터 뚜렷하게 퍼져 나오는 경우도 있다. 판재를 쿼터손 quartersawn, 68쪽 박스 참조 방식으로 켜서 방사 문양을 판재에 평행하게 만들어주면 쟁반처럼 평평한 기물에 환상적인 리본 문양을 남길 수도 있다. 나이테 중심은 갈라져 있는 경우가 많아 넓고 흠집 없는 목재를 얻기 위해서는 매우 커다란 나무가 필요하다.

가지 아래쪽에 주로 생기는 물결 형태의 주름을 보면 피들백 무늬를 예상할 수 있다. 물푸레나무나 단풍나무의 경우 종종 목재의 한 면에 문양이 집중돼 있는 것을 볼 수 있다.

이와 같이 인상적이고 결이 트인 유칼립투스 벌은 안전상의 이유로 얇게보다는 두껍게 가공하는 게 낫다.

나이테와 평행하게 제재하면 리본 문양을 얻을 수 있다.

표면에 생긴 물결 형태의 주름(왼쪽)을 통해 제재목의 화려한 무늬(오른쪽)를 예측할 수 있다.

4장 목재 41

이 호두나무 변재에 나 있는 구멍은 애벌레의 번식을 짐작하게 한다.

목재의 손상 부위와 문제점 파악하기

인생에서 벌어지는 많은 일들처럼, 최고의 목재는 종종 재난이나 재앙을 입은 것들 주변에서 발견된다. 예를 들어 어떤 화려한 무늬는 초기에 진행된 부패라든가 딱정벌레의 공격 등에서 비롯된다. 또한 꼬이고 소용돌이치는 식의 화려한 무늬 대부분은 스트레스를 많이 받은 흔적이며 갈라지기도 쉽다.

판재를 뒤집다가 먼지가 생긴 사실을 인지하게 된다면 이는 곧 애벌레나 흰개미의 활동 징후다. 애벌레들은 보통 변재에서 발견되지만, 가끔 활동성 강한 것들은 단단한 나무속을 휘젓고 다니면서 훌륭한 통나무나 판재를 망가뜨리기도 한다. 흰개미는 목재에 구멍을 남기기보다는 나무 전체를 물어뜯고 다니는 경향이 있다. 구멍은 있지만 먼지가 없다면 벌레가 없어졌을 가능성이 높기 때문에 판재를 통째로 버리는 것보다는 보기 싫은 구멍을 메꾸는 방법을 고려해볼 수 있다.

부패된 부위는 퍼석거리고 가끔은 창백한 색을 띤다. 부패 정도를 확인하려면 온전한 부위의 목재에서 변색된 부분을 찾아 비교해보는 것이 바

판재의 먼지는 애벌레나 흰개미의 활동 징후다. 여기 보이는 파먹은 듯한 넓은 영역이 흰개미의 흔적이다.

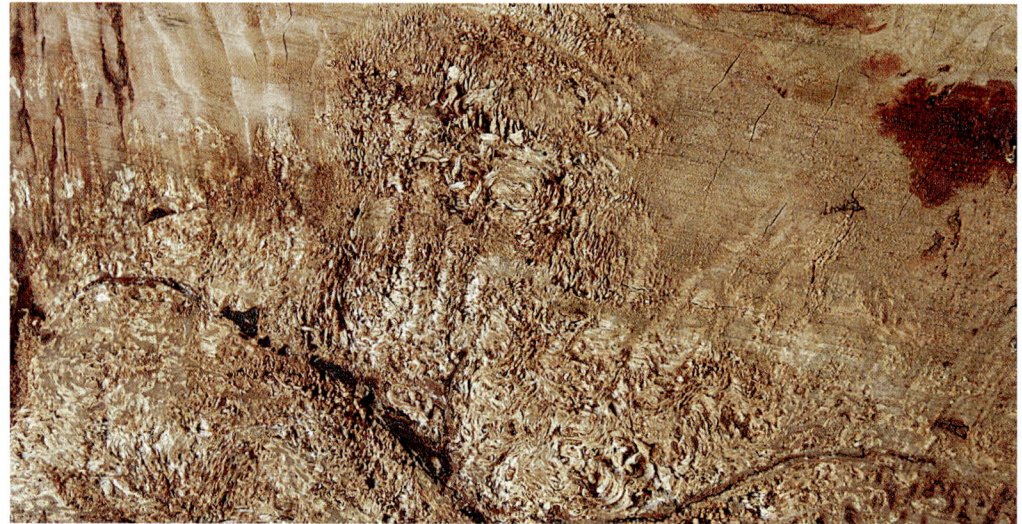

부패한 목재는 희끄무레하며 푸석푸석하다.

람직하다.

통나무의 끝부분에 금이 가 있는지 확인하는 것이 중요하다. 컵 셰이크라고 불리는, 나이테를 따라 갈라진 부분 때문에 만들고자 하는 블랭크의 크기가 크게 제한될 수도 있다.

특히 깨끗하게 자르기 어려운 부분에서는 코코넛 껍질이나 코이어 매트 코코넛 껍질로 만든 매트 같은 털이 일어날 수 있다. 하지만 이런 종류의 나뭇결은 화려한 하이라이트를 만들어낼 가능성이 있기 때문에 깔끔한 절삭의 어려움을 보상받을 수도 있다. 길게 갈라진 균열은 피하는 것이 좋은데 나무속에 커다란 천공이 생겨 있을 수 있기 때문이다. 그렇지만 많은 균열이 오히려 장식적인 요소로 이어질 수도 있다. 옆의 사진에 있는 형상이 마음에 든다면, 당신은 그 틈에 검정 나무 가루와 순간접착제를 채워 넣어 이를 검은 옹이처럼 보이게 만들 수 있을 것이다.

▶ 241쪽 '옹이와 갈라진 부분의 보수' 참조

더 흥미롭고 무거운 여러 목재가 무게를 기준으로 거래된다. 블랭크는 표면 상태를 확인했을 때, 종종 건조되지 않은 상태에서 가격이 매겨지기도 한다. 실제 중량은 절반 정도로 주는데, 이 정도면 건조가 거의 혹은 모두 완료된 것이다.

하얀 변재의 오른쪽에 크게 갈라진 것이 바로 나이테에 생긴 컵 셰이크이다. 이는 얻을 수 있는 깨끗한 블랭크의 크기를 제약한다.

실오라기가 뭉친 것 같은 가느다란 결(왼쪽)을 보면 작업이 어려운 목재임을 알 수 있다. 장식적 요소로 사용할 때가 아니라면 균열이 많은 목재(오른쪽)도 피하자.

5장 | 목선반 설치하기 _46쪽

6장 | 윤곽 표시하기와 측정하기 _54쪽

7장 | 블랭크 준비하기 _66쪽

8장 | 목선반에 목재 고정하기 _79쪽

9장 | 연마하기 _90쪽

2부

준비 과정

많은 사람들이 잘못 설치된 목선반과 잘못 연마된 도구들 때문에 터닝을 시작한 지 얼마 되지 않아 포기하는 경우를 봐왔다. 뭉툭한 도구를 가지고 덜컹거리는 저급한 목선반에서, 잘 깎이지도 않는 나무를 끈기 있게 깎아볼 수야 있겠지만, 전혀 재미를 느낄 수 없을 것이다. 더구나 이런 상황이라면 심각한 부상을 입을 위험 또한 커진다.

하지만 조금만 노력을 기울이면 제대로 목선반을 설치하고 잘 정리된 작업 공간을 확보할 수 있다. 보조 장비 없이도 멋진 창작 활동을 할 수 있겠지만, 현대적인 척과 공구, 그리고 칼날을 예리하게 연마할 수 있는 지그를 사용한다면 훨씬 더 쉬운 터닝 작업을 즐길 수 있다.

좋은 작업 환경은 삶을 더욱 즐겁고 윤택하게 만든다. 좋은 척과 다른 보조 장비에 투자하고 사용법을 잘 익힌다면 그 투자의 혜택은 무궁무진하다. 원재료에 대해, 그리고 작업에 적합한 블랭크를 선택하는 방법에 대해 꾸준히 익혀나가는 것 또한 마찬가지다.

5장

목선반 설치하기

다듬어지지 않은 블랭크를 목선반에 돌리면 대부분 어느 정도의 진동이 발생하며, 무게가 가벼운 목선반일 경우 바닥면에 고정돼 있지 않으면 바닥이나 작업대 위에서 흔들릴 수 있다. 나는 내 첫 목선반을 두꺼운 판자에 볼트로 고정하고 금속 테이블 위에 클램프로 고정했다. 이 제품의 최저 회전 속도는 약 900rpm으로 지나치게 빨라서, 기계에 몸을 의지한 채, 진동에 맞춰 목선반 칼을 목재에 누르며 작업하는 방법을 익혀야만 했다. 다행히도 작업실 바닥면이 자갈로 마감돼 있었기 때문에 블랭크를 깎는 동안 목선반이 작업실 이곳저곳을 돌아 다니는 것을 방지할 수 있었다. 이후 훨씬 천천히 회전할 수 있는 것을 선택했고, 두꺼운 콘크리트 바닥에 고정된 튼튼한 받침대에 장착했다.

목선반을 설치하고 조정하는 데 쓰는 시간은 충분히 가치가 있다. 진동이 느껴지지 않는 회전과 정반을 따라 미끄러지듯 움직이는 칼 받침대를 사용하다 보면, 노력이 헛되지 않았음에 희열을 느낄 것이다.

작업 공간

목선반을 칼과 사포가 쉽게 닿을 수 있도록 위치시키고, 연마용 그라인더는 몇 걸음 내에 두는 것이 바람직하다. 나는 작업 중 고개를 들었을 때 눈앞이 트여 있는 것을 좋아해서 목선반을 벽 가까이 설치하지 않는다. 콘크리트 바닥에 몇 시간씩 서 있는 것도 고역이라 목선반 앞에는 커다란 고무 매트를 깔아두었다. 합판이나 얇은 판재를 깔아놓는 것도 도움이 된다. 집진용 후드는 주축대 주변을 감싸듯이 위치하고 있다. 척은 목선반과 마주 보는 작업대의 서랍과, 사포가 보관된 이동 서랍에 보관한다. 측정 도구는 작업대 위의 벽에 걸려 있다. 청소가 필요할 때마다 이동하기 쉽도록 칼은 목선반 오른편의 이동식 트롤리에 보관한다. 심압대를 사용하지 않을 때에는 목선반 근처에 있는 보관용 스탠드에 올려놓고 있다.

작업장 자체에도 좋은 주변 조명이 필요하지만 특히 목선반 작업을 할 때에는 어떤 각도로든 빛을 쏘일 수 있는 튼튼한 각도 조절식 램프가 유용하다.

바닥에는 전선이나 블랭크, 그 밖에 걸려 넘어질 수 있는 어떤 것도 남아 있지 않도록 해야 한다. 미끄럽지 않은 바닥은 안전한 작업을 위해 필

> **팁** 목선반에서 심압대를 제거할 때 허리를 다치지 않도록 정반과 높이가 같은 전용 거치대를 만들어 보관하는 것이 좋다.

도구 보관용 트롤리와 이동식 액세서리 캐비닛은 청소를 하거나 특수한 작업 공간을 만들 때 굴려서 치우기 쉽다.

목선반에서 심압대를 제거할 때 허리를 다치지 않도록 정반과 높이가 같은 전용 거치대를 만들어 보관하는 게 좋다.

수적이다. 왁스칠된 블랭크를 깎게 되면, 부스러기 때문에 바닥이 매우 미끄러워질 수 있다. 왁스 때문에 바닥이 미끄러워지면, 단기적인 해결책은 물을 살짝 뿌려놓거나 모래를 흩뿌리는 것이다. 하지만 더 나은 방법은 데크 페인트가 칠해진 거친 질감의 매트나 판재를 사용하는 것이다. 또는 바닥에 페인트를 칠할 수도 있고, 페인트가 마르기 전에 모래를 뿌릴 수도 있다.

말할 필요도 없이 목선반 작업은 오른쪽 그림처럼 많은 칼밥을 내뿜게 된다. 칼밥이 주로 떨어지는 공간은 수시로 청소해서 깨끗이 유지해야만 작은 도구들을 잃어버리지 않을 수 있다. 나는 캐비닛 가까이에 자석 달린 막대와 쟁반을 설치해두고 여기에 모든 척 조절용 쇠막대tommy bar와 강철 비트를 보관하고 있다. 이 거치대는 진공청소기를 사용하더라도 금속재들을 잘 붙잡아둔다. 자석에 붙지 않는 공구들, 연필, 치과용 쑤시

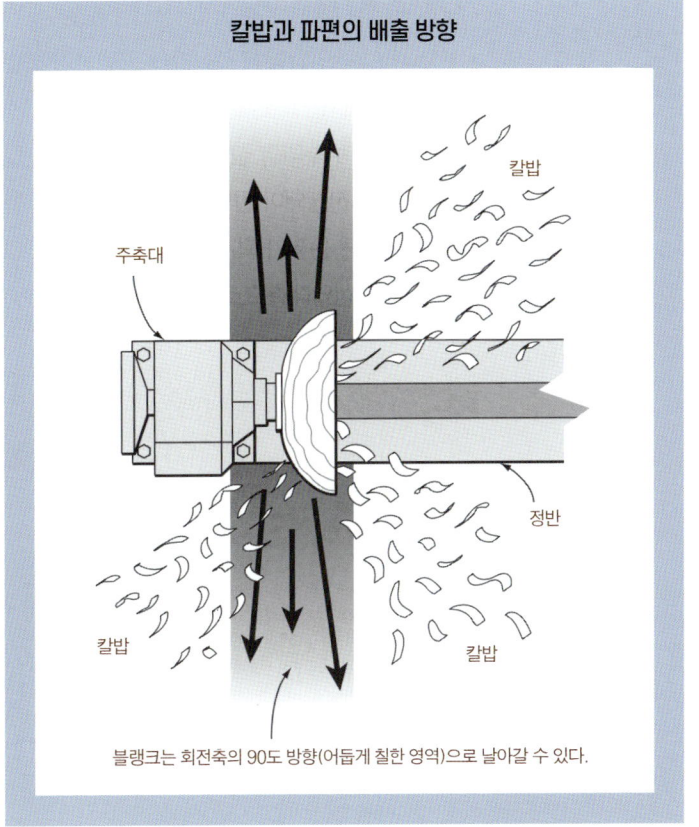

칼밥과 파편의 배출 방향

블랭크는 회전축의 90도 방향(어둡게 칠한 영역)으로 날아갈 수 있다.

5장 목선반 설치하기 **47**

개 등은 연필꽂이에 보관하다가 집어 들고 청소를 해주면 된다. 칼밥에는 쉽게 불이 붙기 때문에 매일 청소해야 한다. 먼지가 일지 않도록 가능하다면 진공청소기를 쓰는 것이 좋다.

목선반 조정

목선반은 터닝 활동의 핵심이다. 잘 설치될수록 더 많은 작업을 더 즐겁게 수행할 수 있다. 목선반이 최적으로 설치됐는지는 회전축의 정렬, 목선반의 안정적 고정, 용이한 접근을 위한 벨트와 스위치의 위치 설정, 칼 받침대의 조정에 의해 결정된다.

회전축의 정렬

목선반의 중심축은 부정확하기로 악명 높다. 따라서 바닥이나 작업대에 목선반을 고정하기에 앞서 회전축의 정렬 상태를 확인해야 한다. 당신의 터닝 작업이 주축대와 심압대 중앙에 목재를 물린 상태에서 진행돼야 한다면, 회전축이 약간 틀어지더라도 큰 문제가 되지는 않는다. 단, 척에 고정된 목재를 심압대축으로 지지하는 작업을 수행하려면 심압대축은 회전축에 정확하게 정렬돼 있어야 한다.

정렬 상태는 두 단계로 체크한다. 먼저 주축대의 스퍼 드라이브에 닿기 직전까지 심압대를 끌어당겨 고정한 뒤, 두 축의 끝점이 맞는지를 체크한다. 중심이 맞지 않으면 주축대나 심압대를 조정할 필요가 있다. 일부 목선반에는 이러한 목적으로 심압대에 조정 나사가 들어 있기도 하지만, 이 기능이 없는 경우 높이 조절용 끼움새를 사용해야 한다. 심압대 위치가 낮은 경우에는 끼움새를 심압대와 정반 사이에 끼워 높이를 올려준다. 만일 드라이브 센터스퍼의 위치가 낮다면 주축대 밑에 끼움새를 넣는다. 끼움새로는 알루미늄 캔 조각을 쓸 수 있는데, 아주 미세한 단차를 주려면 주방용 포일을 쓰면 된다. 중심축이 좌우로 틀어져 있다면 정반과 주축대의 위치를 조정해야 한다.

다음으로 면판 또는 척에 횡단면이 매끄러운 블랭크를 장착해 정반 중간 지점에서의 정렬 상태를 점검한다. 심압대축을 블랭크의 횡단면 쪽으로 가볍게 위치시킨 뒤 손으로 척을 회전시킨다. 심압대축이 중심을 벗어난다면 횡단면 표면에 동그란 흔적이 남게 된다. 심압대축의 한쪽 면에 끼움

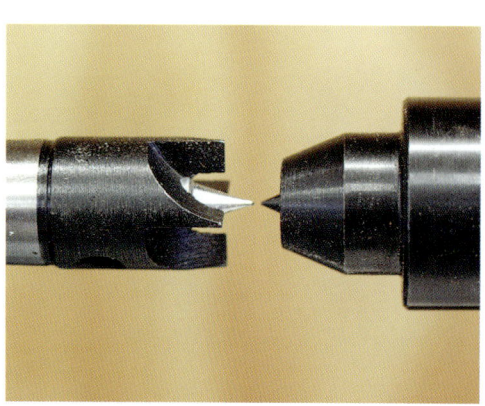

정반에서 주축대와 심압대를 가까이 마주 댄 상태로 정렬이 이뤄지는지 확인한다.

정반 중앙에서 원통을 척에 고정시킨 뒤 심압대축과의 정렬 상태를 확인한다.

바닥에 목선반을 볼트로 고정하기에 앞서 목재 블록이나 쐐기로 균형을 잡아준다.

새가 필요할 경우, 정반 한 면에 이를 더 심어줘야 한다. 회전축이 살짝 어긋나는 것은 작업물이 척에 고정될 때에만 문제가 된다. 대부분의 상황에서 가공물과 심압대 사이에 MDF나 합판을 대줌으로써 중심축을 되찾을 수 있다 (88쪽 사진⑧ 참조). 평평한 표면이 마찰될 때 삐걱거리는 소음이 약간 발생하겠지만 짧은 터닝 작업 동안에는 충분한 지지력일 것이다.

목선반의 안정적 고정

심압대의 정렬 상태를 확인했다면 이제 볼트로 목선반을 단단한 곳에 고정시켜야 한다. 목선반이 안정적이고 견고할수록 회전 시 진동과 관련된 문제를 줄일 수 있기 때문이다. 단, 울퉁불퉁한 표면에 볼트로 고정하면, 무거운 받침대에 장착된 매우 견고한 목선반도 뒤틀어질 수 있다. 결과적으로 볼트로 고정하기에 앞서 목선반의 수평을 잡아주는 작업이 우선적으로 이뤄져야 한다.

어떤 모델들은 조절발이나 패드가 있어 평평하지 않은 바닥에도 수평으로 고정할 수 있다. 조절발 없이 목선반의 틀어짐을 막으려면 쐐기를 이용해 기계를 지지한 다음 볼트를 사용해 제자리에 고정해야 한다. 쐐기나 블록은 움직이지 않도록 빈 공간을 채워 넣어야 한다.

편안한 작업을 위해서는 회전축이 팔꿈치 높이에 있어야 한다. 나는 키가 6피트(182cm)에 조금 못 미치는데, 다행히도 나의 VL300 모델은 선질하기에 딱 맞는 높이다. 하지만 나는 목선반 회전축보다 약간 낮은 위치에서 그릇을 깎는 것을 선호하므로, 3/4인치(20mm) 두께의 MDF 판재 위에 올라서서 작업한다.

목선반이 편안한 높이에 있지 않은 경우라면, 18쪽 맨아래 사진에 나온 것과 같이 콘크리트 위에 설치된 구형 그래주에이트 목선반 graduate lathe, 주축

구형의 대형 목선반은 진동을 줄이기 위해 콘크리트 덩어리 위에 볼트를 이용해 고정한다. 이 목선반의 모터는 주축대 뒤쪽에 위치한다.

대와 하부 베이스가 하나의 주철로 제작된 형태의 목선반처럼 견고한 지지대를 구축해야 한다. 바닥면이 목선반 무게를 지탱할 수 있는지도 확인해야 한다. 특히 여러 명이 함께 목선반을 사용할 경우 필요한 것보다 약간 높게 올려 설치하도록 한다. 필요할 경우 나무 받침대를 이용하면 작업 높이를 조정할 수 있다.

테이블에 올려놓고 사용하는 벤치탑형 bench top 목선반은 튼튼한 받침대에 놓여야 한다. 받침대는 두꺼운 목재를 이용해 쉽게 만들 수 있다. 견고한 3인치(75mm) 금속 앵글 또는 3/16인치(5mm) 두께의 평철로 제작하는 것도 좋다. 바닥이 무게를 버틸 수 있는 상황이라면, 커다란 콘크리트 블록을 사용해 견고한 받침대를 만들 수 있을 것이다. 콘크리트 받침대 사용을 고려하고 있다면, 지게차나 리프트를 사용하기 위한 여유 공간이 필요하다는 사실을 잊지 말기 바란다.

왼쪽 아래 사진에 보이는 휴대용 소형 목선반의 무게는 약 26킬로그램이다. 그럼에도 모터와 1 1/2인치(40mm) 두께의 MDF 패널이 금속판에 부착돼 있어 총무게는 45킬로그램에 이른다. 이럴 경우 블랭크의 균형이 심각하게 맞지 않는 경우가 아니라면, 작업대 위에 놓고 쓰더라도 진동을 방지할 수 있을 만큼 무겁기 때문에 볼트로 고정할 필요는 없다. 이와 유사한 크기의 목선반들은 견고한 철제 스탠드에 장착할 수도 있다.

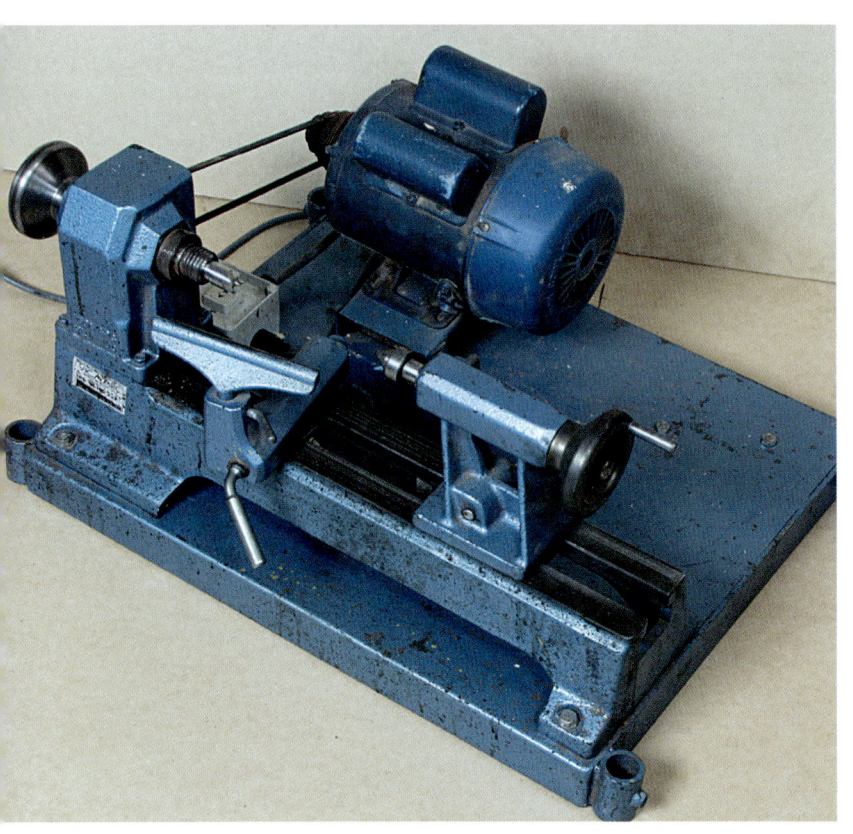

무게가 45킬로그램 정도인 이 소형 목선반은 몸통과 모터가 하나의 바닥판에 부착돼 있어 어떤 종류의 소형 작업물을 가공하더라도 진동에서 자유롭다.

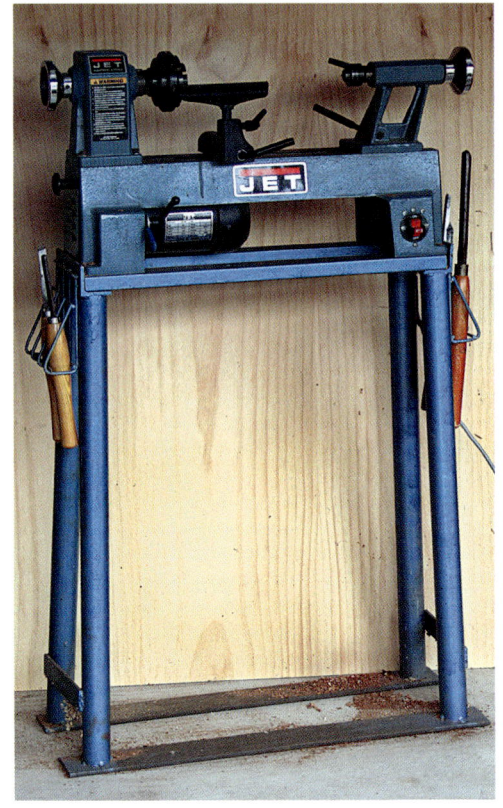

스탠드를 주문 제작하면 사용자의 키에 맞게 목선반 높이를 조절할 수 있다.

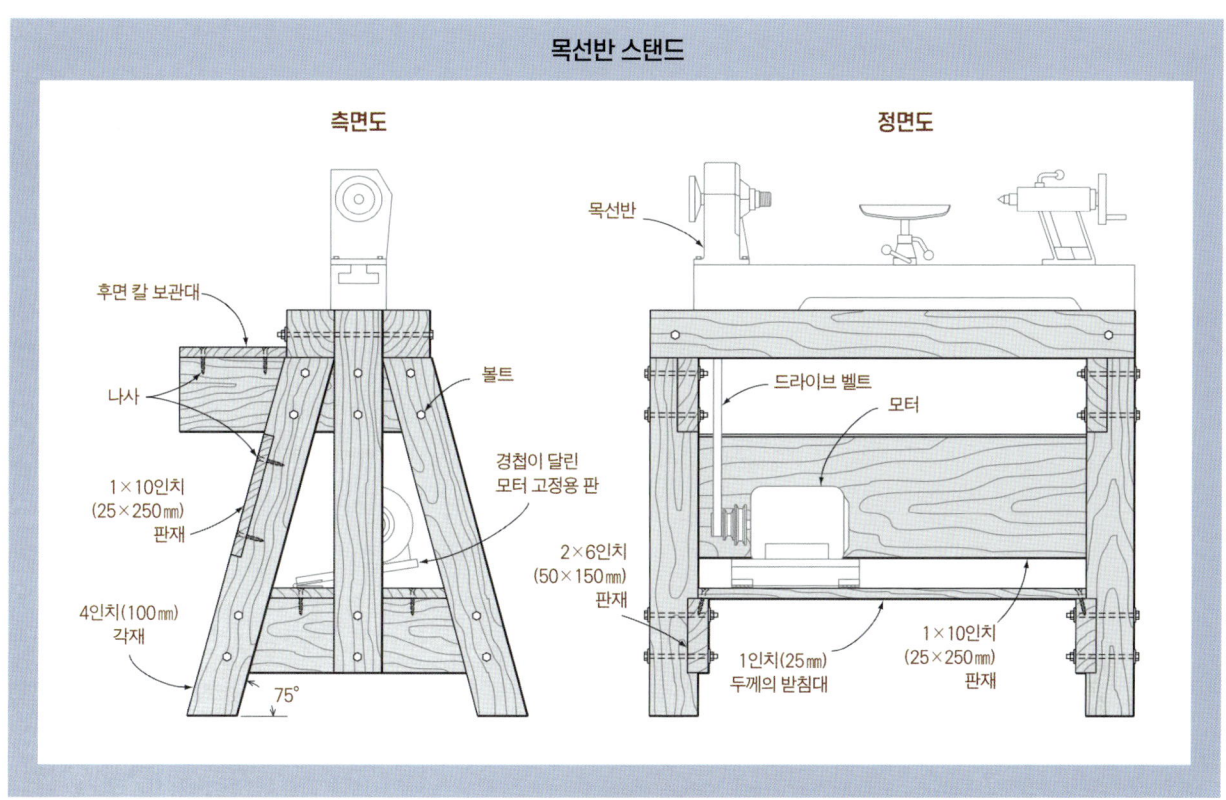

벨트와 스위치의 위치 설정

주축대 뒤쪽에 모터를 장착할 수 있다면, 주축대 아래에 모터가 장착된 목선반에 비해 벨트 풀리의 위치 조정이 편해지기 때문에 속도 조절이 쉽다.

목선반에는 마그네틱 스위치가 장착되는 것이 이상적이다. 작업실 전원이 차단됐다가 다시 연결됐을 때 다시금 작동될 위험이 없어지기 때문이다. 스위치는 문제가 일어났을 경우를 대비해 가까운 위치에 있어야 한다. 커다란 적색 정지 버튼이 안전을 위해 필수적이다. 주축대나 정반 뒤편에 형태가 오목한, 손으로만 작동되는 스위치를 장착하는 것은 가급적 피해야 한다.

17쪽에 등장한 빅마크사 목선반에 있는 빨간 막대 스위치처럼 손을 쓰지 않아도 되는 스위치가 가장 좋다. 양손에 무언가를 들고 있는 상황에

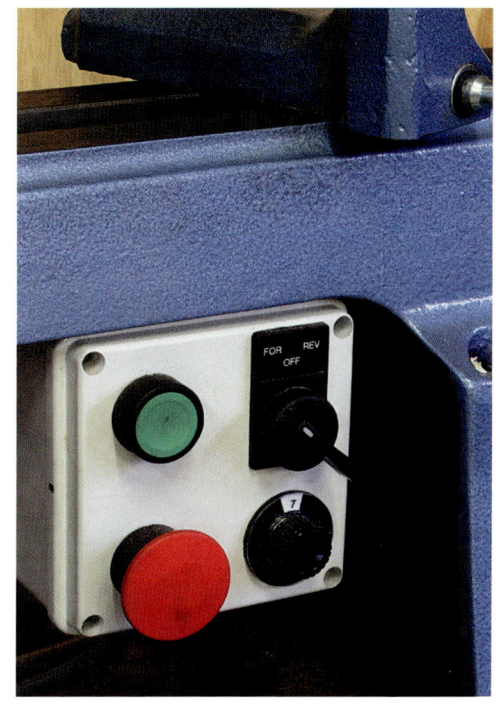

최대한의 안전을 위해서는 마그네틱 스위치를 목선반 정면의 손 닿기 쉬운 곳에 설치해야 한다.

거나 주축대 방향을 틀어 사용하게 될 때에는 칼 받침대가 정반 밖으로 길게 뻗어 나오게 된다. 이로 인해 칼 받침대의 지지력이 떨어지는 상황이 생길 수 있다. 이 경우에는 바닥에 목재나 금속 기둥으로 칼 받침대를 받쳐줘야 한다. 마이크 스콧의 현명한 해결책을 보면, 전산볼트를 칼 받침대 밑면에 고정하고 파이프 끝에 같은 규격의 너트를 용접해서 위아래로 조정할 수 있게 만들었다. 파이프를 돌리면 지지력을 쉽게 조정할 수 있다.

끈적거리는 정반에 칼 받침대와 심압대를 조립하는 것만큼 우드터너에게 불쾌한 일은 없다. 칼 받침대의 상태를 최상으로 유지하려면 매일 WD-40 스프레이를 정반과 칼 받침대 밑면에 분사한 뒤 칼 받침대와 심압대를 정반을 따라 자유롭게 미끄러지도록 움직여준다. 칼 받침대에 난 흠집을 정기적으로 정리해서 항상 평평하고 부드럽게 유지해야 한다. 많은 터너들이 칼 받침대에 파라핀이나 왁스를 칠해 훨씬 부드럽게 작동하도록 만드는 것도 같은 이유에서다.

확장용 칼 받침대는 바닥면에 닿게 해 진동을 줄여줘야 한다. 발로 작동시키는 스위치도 봐두자.

서 목선반 작동을 멈춰야 하는 상황이 자주 발생하기 때문이다. 전면에 있는 막대형 스위치에 익숙해지려면 몇 분 정도 걸리겠지만, 그 후에는 이 스위치 없이는 어떻게 작업을 이어갈 수 있을지 모를 정도가 된다.

큰 작업물을 가공할 때에는 회전체에서 최대한 멀리 떨어지는 것이 안전하기 때문에 발 스위치를 사용하는 것이 좋다.

칼 받침대의 조정

칼 받침대는 견고해야만 한다. 칼 받침대에서 시작된 진동은 칼끝으로 전달되고 증폭됨으로써 캐치를 유발할 수 있다. 직경이 큰 작업물을 작업하

칼 받침대는 항상 부드럽고 평평한 상태를 유지하도록 수시로 다듬어준다.

집진 관리

밀폐된 목공 환경에서는 효율적인 집진이 필수적이다. 먼지는 모든 종류의 폐질환, 호흡곤란, 알레르기, 습진의 원인 중 하나임이 증명됐다. 수년 동안 나는 터닝 작업을 할 때마다 이따금씩 터져 나가는 그릇에서 나를 보호해주는 동시에 먼지를 걸러주는 에어 헬멧을 착용해왔다. 더불어 나는 두드러기나 호흡곤란을 일으키는 목재의 사용은 지양한다. 다양한 종류의 목재는 사람마다 다양한 영향을 미친다. 나의 경우 일반인들에게 자극을 일으키는 것으로 알려진 코코볼로에는 별다른 반응이 생기지 않지만, 흑단 혹은 그레빌리아속이나 단풍나무속 목재일 경우 작업이 불가능하다.

미세하게 공중에 떠다니는 부유 먼지는 폐에 가장 위험하기 때문에 먼지 발생 지점에서 최대한 많은 양을 모으는 방법을 모색해야 한다. 이 중 대부분은 샌딩 과정에서 발생하므로 주축대 주위에 집진 후드를 만들어 목재에서 먼지가 발생하는 순간 즉시 포집해야 한다. 내가 사용하는 덕트는 대부분 금속재이고 PVC용 배관 파이프로 연결돼 있다. 모든 덕트는 정전기로 촉발된 먼지의 폭발을 방지하기 위해 접지가 이뤄져 있어야 한다. 다른 기계에도 연결해 사용하는 방식의 소형 집진기만 가지고 있다면 집진기를 매일 청소해줘야 한다.

집진 문제는 사실 광범위한 주제이다. 작업장의 집진을 제대로 하고자 한다면 선도르 너지설런츠지 Sandor Nagyszalanczy가 쓴 『목공실 집진 관리 Woodshop Dust Control』(Taunton, 1996) 같은 전문 서적을 참고하기 바란다.

이 먼지 후드는 경첩이 달려 있어 필요한 상황에는 뒤로 젖힐 수 있다. 게다가 목재가 터져 나갔을 경우, 뒤편의 후드 덕에 목재가 튀어 나가지 않아 완전히 부서지는 상황을 막을 수 있다.

5장 목선반 설치하기

6장

윤곽 표시하기와 측정하기

윤곽 표시하기

중심 찾기_57쪽 선질에 표시하기_59쪽
눈질에 표시하기_60쪽 깊이 값 표시하기_61쪽

측정하기

특정 직경으로 가공하기_62쪽
깊이 측정하기_64쪽 두께 측정하기_65쪽

우드터닝 작업 중에는 무언가를 끊임없이 측정하게 된다. 우리는 구멍에 맞는 촉, 척에 맞는 턱을 깎아야 한다. 직경과 세부 형태가 일치하는 환봉의 패턴 표시용 널빤지를 만들어야 하고, 속파기 작업을 할 때에는 그릇 벽면의 두께를 계속 확인해야 한다. 블랭크를 목선반에 고정할 때에는 중심이 어디인지를 파악해야 한다. 일부러 중심축을 비트는 편심 작업을 할 때에도 목재의 중심을 알고 있어야 한다. 그래야 재료 낭비와 진동을 최소화할 수 있다.

나는 작업 흐름을 유지하기 위해 최대한 내 시각과 촉각에 의존하기를 선호한다. 시각적 훈련은 반복할수록 나아진다. 눈으로 원판 중심을 정확히 파악하거나 도구 없이 직경을 측정하는 것은 매우

뿌듯한 일이기에 계발할 가치가 충분하다. 그러나 측정 도구를 통해 수시로 확인해볼 필요가 있고, 반드시 도구를 사용해야만 할 때도 있다.

접시처럼 살짝 파인 표면의 평면도를 측정하려면 적어도 연필과 곧고 평평한 쇠자가 필요하다. 벽이 얇은 그릇이나 화병 같은 형태를 깎을 때는 캘리퍼스가 필수적이며, 눈질용 목재에 정확한 직경을 표시하려면 컴퍼스가 필요하다. 다른 터닝용 도구와 마찬가지로 측정 도구 역시 필요해지면 구입하라. 우드터닝 초보 시절에 나는 구입한 캘리퍼스 여덟 개 중 단 세 개만을 사용했었다. 하지만 지금은 숫자가 훨씬 늘어나 매우 작은 것부터 큰 것에 이르기까지 20여 종의 캘리퍼스와 디바이더를 모아놓고 사용하고 있다. 목선반이나 띠톱 앞

쇠자는 측정할 때뿐만 아니라 평면과 오목한 표면을 확인할 때도 빈번하게 사용된다.

이런 디바이더 중 일부는 그릇 가공용 블랭크에 표시 선을 긋거나 일상적인 측정을 하는 데 사용하지만, 대부분은 척의 특정 직경 값에 맞춰 영구적으로 고정시켜놓는다.

에서 눈질용 목재에 직경을 측정하고 표시할 때면 항상 디바이더를 사용한다. 디바이더를 반복해 조절하는 것은 번거로운 일이므로 척 규격에 맞게 여러 개의 디바이더를 특정한 직경 값으로 고정시켜 사용한다.

   일부 측정 도구는 정기적인 점검이 필요하다. 직경을 정확히 설정하려면, 그리고 컴퍼스 대용으로 사용 시 선을 선명하게 표시하려면 디바이더의 촉은 날카롭게 유지돼야 한다. 버니어 캘리퍼스는 양쪽 턱의 날카로운 끝을 둥글게 갈아놓아야만 회전하는 목재의 직경을 측정할 때 캐치가 생기지 않는다. 우드터닝용 양날 캘리퍼스는 형태가 뒤틀어질 수 있기 때문에 양쪽 턱이 잘 만나는지를 지속적으로 점검해야 한다.

디바이더 촉을 날카롭게 유지하기 위해 그라인더로 이따금 갈아준다.

6장 윤곽 표시하기와 측정하기

버니어 캘리퍼스 양쪽 턱의 입구를 둥글게 갈아주면 회전하는 목재에 갖다 대더라도 캐치가 발생하지 않는다.

예산이 빠듯한 많은 우드터너들이 나무나 합판으로 캘리퍼스를 만들어 사용한다. 이런 DIY 캘리퍼스는 아주 깊은 화병을 만들 때처럼 특수한 상황에서 많이 쓰인다. 이런 것들은 사용하기에 무리가 없지만 금세 망가지기 시작한다. 따라서 금속 자, 캘리퍼스, 디바이더를 구입하는 것이 낫다. 회전하는 목재에 플라스틱을 갖다 대면 쉽게 뭉그러지기 시작해서 심지어 사라져간다. 그것을 헐값에 구입할 때의 기쁨도 마찬가지다.

내경 측정하기

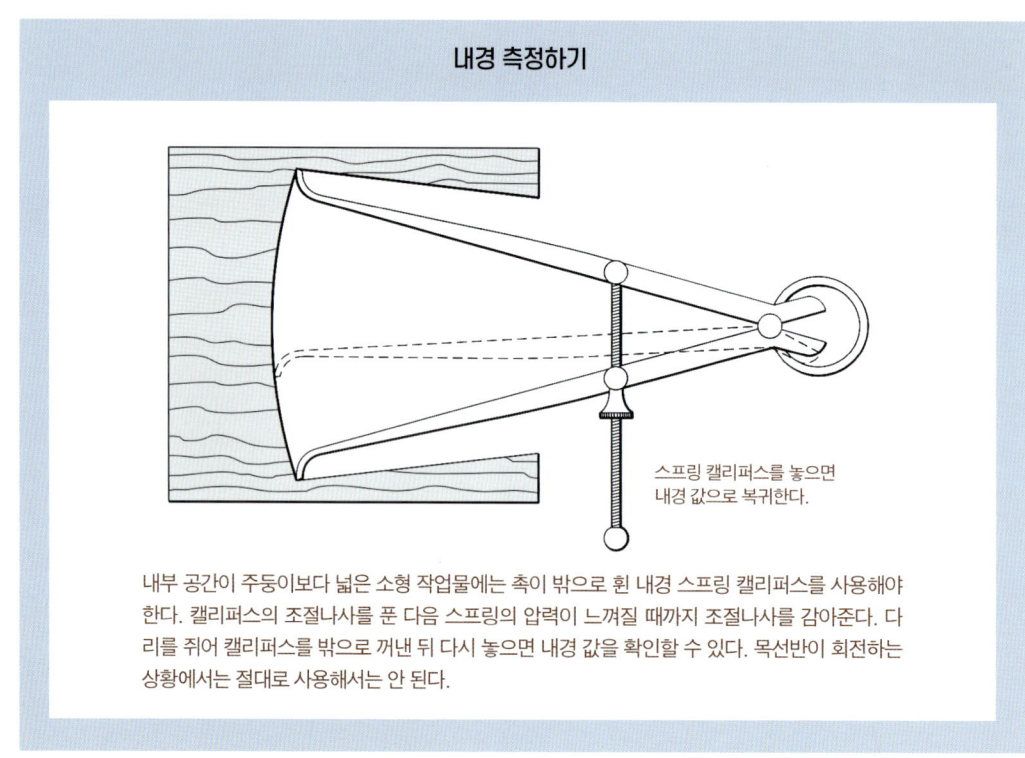

스프링 캘리퍼스를 놓으면 내경 값으로 복귀한다.

내부 공간이 주둥이보다 넓은 소형 작업물에는 촉이 밖으로 휜 내경 스프링 캘리퍼스를 사용해야 한다. 캘리퍼스의 조절나사를 푼 다음 스프링의 압력이 느껴질 때까지 조절나사를 감아준다. 다리를 쥐어 캘리퍼스를 밖으로 꺼낸 뒤 다시 놓으면 내경 값을 확인할 수 있다. 목선반이 회전하는 상황에서는 절대로 사용해서는 안 된다.

윤곽 표시하기

중심 찾기

일반적인 선질용 블랭크의 정사각형 단면에서 중심을 찾으려면 사진과 같이 모서리에서 모서리로 선을 긋는다 ①. 모서리가 없는 경우 쇠자로 측면에 평행선을 긋는다 ②. 정사각형이나 직사각형 모양에 대각선을 긋는다 ③. 중심을 찾는 더 빠른 방법은 센터파인더를 사용하는 것인데 사진과 같이 선질 블랭크나 원통형에 교차하는 두 개의 선을 그어주면 쉽게 중심을 찾아낼 수 있다 ④.

템플릿을 이용해 표시된, 직경이 더 큰 눈질용 블랭크의 중심을 찾기 위해서는 (보통 때라면 시중에서 원판형 파인더를 사서 쓰겠지만) 센터파인더를 직접 만들어야 하는 경우도 있다 ⑤. 이것을 이용해 서너 개의 선을 긋는다. 같은 지점에서 선이 교차하지 않을 경우에는 선이 교차하면서 생긴 삼각형이나 사각형의 가운데 부분을 어림잡아 중심으로 삼아야 한다.

윤곽 표시하기

디바이더로 눈질 중심을 찾을 수도 있다. 디바이더를 원판 반경보다 크게 설정하고 원판 가장자리에서부터 네 개의 호를 그려준다⑥. 이때 생겨난 사각형에서 모서리끼리 선을 그어주면 중심을 찾을 수 있다⑦. 정확도를 확인하기 위해 중앙에서 최대한 큰 원을 그려준다⑧.

컴퍼스나 디바이더로 눈질의 중심을 찾는 것은 어렵지 않으며 사용 후에는 중앙에 중심점의 흔적이 남게 된다.

목재가 회전하는 상황에서 중심을 찾고자 한다면, 중심이라고 생각되는 부분에 연필을 갖다 대기만 하면 된다⑨. 원이 표시됐다면 원의 중앙에 점을 찍거나 점처럼 작은 원을 내부에 다시 그려준다.

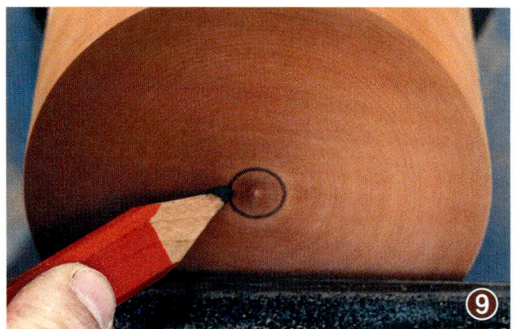

윤곽 표시하기

선질에 표시하기

형태가 유사한 환봉의 모양을 목재에 표시하는 것은 목선반이 회전할 때는 물론 멈춰 있을 때에도 가능하다. 사각형 단면을 포함하는 다리 형태를 한 개 혹은 한 세트 만들 때에는 작업대 위에서 표시 선을 긋는 것이 가장 편리하다①. 이 블랭크가 회전하면 전체에 선이 나타나므로 한 면에만 표시가 돼 있으면 된다.

사각형 단면이 존재하지 않는 경우라면, 블랭크를 우선 원통형으로 가공한 뒤 원본을 갖다 대고 세부 사항을 표시한다②.

같은 환봉을 여러 개 가공해야 한다면 패턴 표시용 널빤지를 사용한다. 패턴 표시용 널빤지를 만들려면 1/4인치(6mm) 두께의 판재를 준비하고 여기에 직각자를 사용해 홈들의 중심, 그리고 비드나 코브, 턱의 위치 등을 표시한다③. 표시된 선의 끝부분에 V자 홈을 만든다④. 이 홈에 연필이나 기타 표시할 수 있는 도구를 갖다 대면 원통에 패턴을 쉽게 표시할 수 있다⑤.

패턴 표시용 널빤지에는 홈이 아니라 핀을 이용하기도 한다. 그어놓은 연필선 위에 머리 달린 못을 박고 머리를 잘라내 못 끝부분을 예리하게 만들어준다⑥. 그 부분을 회전하는 목재에 대고 살짝 눌러준다⑦.

블랭크에 표시 선은 가급적 적게 남기는 게 좋다. 다양한 칼날의 두께나 너비를 이용하면 마킹을 줄여나갈 수 있다. 예를 들어 3/4인치(19mm) 스큐 날의 폭으로 세부 형태의 시작점과 끝점을 설정할 수 있다⑧.

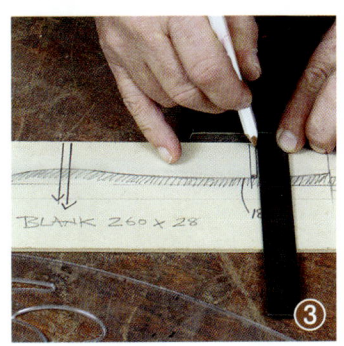

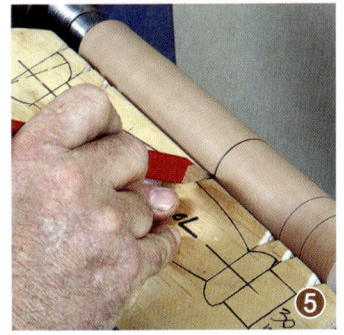

윤곽 표시하기

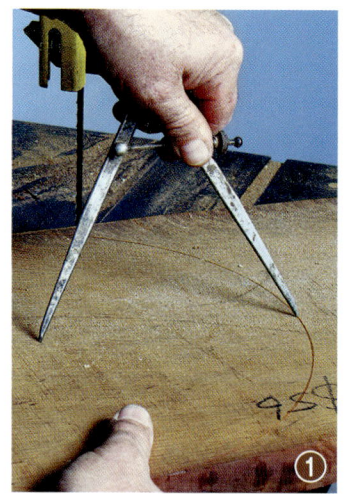

눈질에 표시하기

눈질에 표시 선을 남기고자 할 때에는 빨리 닳고 부러지기 쉬운 컴퍼스를 쓰는 것보다 디바이더로 스크래치를 내주는 편이 좋다①. 표면에 여러 개의 구멍이 나 있을 경우는 물론, 추후에 위치를 쉽게 찾기 위해 중앙의 홈에 V자를 표시해두는 것이 좋다②. 완성 치수가 정확해야 할 때에는 목재를 약간 더 크게 자르고 블랭크의 터닝 작업이 끝난 뒤 블랭크에 표시 선을 그어줘야 한다.

▶ 62쪽 '특정 직경으로 가공하기' 참조

눈질용 목재에 표시할 경우에는 투명한 플라스틱 템플릿으로 나뭇결과 흠집을 확인해가며 작업할 수 있다. 템플릿이 원하는 위치에 자리 잡으면 송곳으로 중심을 표시한 뒤③ 디바이더로 원을 그려준다.

흠 없는 목재 표면에 구멍을 남기기 싫다면 합판으로 템플릿을 만들거나④, 자투리 합판으로 디바이더나 컴퍼스의 중심 촉을 받쳐 목재 표면을 보호해준다.

윤곽 표시하기

깊이 값 표시하기

속파기 작업의 깊이를 설정하려면 스퍼가 달려 있지 않은 드릴을 사용해야 한다. 가장 빠른 방법은 목선반을 작동한 상태에서 깊이 가공용 드릴을 사용하는 것이다. 스큐를 칼 받침대에 평평하게 올려놓고서 목재 중심부를 원뿔 형태로 깎아낸다 ①. 테이프로 드릴에 원하는 깊이를 표시한다. 나는 드릴 날 측면에 깊이를 알 수 있도록 그라인더 자국을 내놓기도 한다 ②. 드릴 날 끝의 경사면을 목재의 파인 부분에 정렬한 뒤 수직 방향으로 단단히 붙잡고서 밀고 들어간다 ③. 밀고 들어가는 각도가 올바르게 정렬됐다면 드릴은 쉽게 파고들어간다. 그렇지 않고 드릴 비트가 중심을 벗어나 튀어 오르려 한다면 즉시 목선반의 작동을 멈춘 뒤 드릴이 들어갈 입수부를 다시 다듬어야 한다.

보다 정확한 깊이의 구멍을 뚫고 싶다면 탁상 드릴을 사용해야 한다. 드릴이 정반에 닿지 않도록 탁상 드릴의 높이를 설정한다 ④. 찻잔 받침과 같이 평평한 깊이 값을 설정해야 하는 경우라면 구멍을 중앙에 하나, 중심 바깥쪽에 하나 내어두면 좋다 ⑤.

▶ 223쪽 '초밥 접시' 참조

측정하기

특정 직경으로 가공하기

정해진 직경으로 선질을 진행하고 싶다면 캘리퍼스와 파팅 툴을 동시에 사용할 수 있다. 외경 캘리퍼스를 특정 값으로 설정하고서 목재가 깎여나가는 동안 목재를 감싸고 있는 상태에서 바깥쪽으로 잡아당긴다 ①. 캘리퍼스가 목재 밖으로 빠져나오는 순간 목재의 두께는 설정했던 직경과 같아진다.

버니어 캘리퍼스는 작은 직경을 설정할 때 사용하면 좋다 ②. 하지만 캐치의 위험이 있으므로 턱의 입구를 둥그렇게 연마한 뒤 사용해야 한다 (56쪽 사진 참조).

회전하고 있는 눈질용 목재에 직경을 표시하려면 디바이더에 직경 값을 설정하는 것부터 시작해야 한다. 그런 다음 회전의 중심(연필로 표시된 부분)을 사이에 두고 칼 받침대에 디바이더를 올려놓는다. 디바이더의 왼쪽 촉을 목재에 천천히 밀어 넣어 표면 전체에 원 모양이 생기도록 만들어준다 ③. 디바이더의 오른쪽 촉이 원과 일치하지 않으면 왼쪽 촉을 오른쪽으로 이동시켜 다시 원을 만든다 ④.

> **주의** 회전 중인 눈질 작업 시에는 스프링 캘리퍼스를 잡아당기는 용도로만 활용할 것. 목재에 밀어 넣으면 절대 안 된다.

측정하기

가지고 있는 디바이더의 최대치보다 만들고자 하는 직경이 더 크다면, 쇠자와 연필을 사용해 디바이더로 만든 원과 정렬되는 원을 그려준다 ⑤ ⑥. 자의 위치가 고정돼 있는지 반드시 확인해야 한다.

선질용 블랭크의 높이를 설정하고자 한다면 우선 목재를 원통형으로 가공해야 하며, 주축대 부분의 원형 가공이 끝나 있어야 한다 ⑦. 이후 쇠자와 연필로 높이를 표시할 수 있다 ⑧. 반복 작업이 필요하다면 디바이더에 원하는 고정 값을 주어 사용하면 된다 ⑨.

측정하기

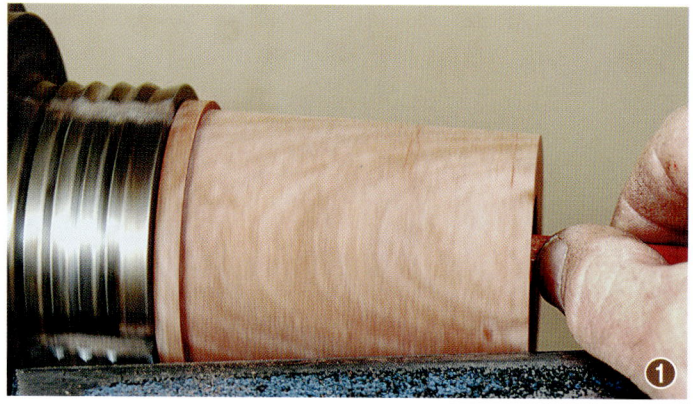

깊이 측정하기

속파기를 시작할 때, 지나치게 깊이 파 들어갈 위험이 있기 때문에 가능하면 드릴로 구멍을 뚫어 깊이를 설정해두는 것이 좋다.

▶ 61쪽 '깊이 값 표시하기' 참조

직경이 작은 기물이라면 연필을 사용해 깊이를 빠르게 측정할 수 있다. 목선반이 회전하고 있는 상황에서 연필을 그릇 바닥면에 살짝 스치게 하고 엄지손가락을 목재 입구와 같은 높이에 위치시킨다❶. 그릇 바깥 면에서 엄지손가락을 목재 입구와 같은 높이로 위치시키고 연필심을 그릇 벽면에 갖다 대면 깊이 값을 표시할 수 있다❷.

주둥이가 넓은 기물의 깊이를 정확하게 측정하려면 스트레이트 에지와 쇠자를 동시에 사용해야 한다❸.

> **팁** 터닝 작업을 진행하면서 가공물의 형태가 변화하기 때문에, 작업 초기부터 내부의 깊이를 정확하게 표시한 후 해당 표시선을 기준으로 작업이 이뤄져야 한다.

측정하기

두께 측정하기

벽면 두께는 목선반의 작동을 멈춘 뒤 캘리퍼스를 사용해 측정하는 것이 일반적이다①. 벽면 두께가 입구 테두리보다 얇다면 항상 양날 캘리퍼스가 필요하다. 이 캘리퍼스는 다양한 목선반 작업에 광범위하게 사용될 수 있도록 만들어졌다. 사용하기에 앞서 캘리퍼스의 양쪽 턱이 동시에 만나는지를 확인하고, 정확한 측정을 위해 휘어지지 않도록 주의해야 한다.

밝은 목재의 얇은 벽면을 깎을 때는 벽면 두께를 파악하기 위해 깎고 있는 그릇이나 화병 뒤에 100와트짜리 조명을 비치하는 것도 좋다. 눈이 부시지 않을 위치에 조명을 배치하고 가공이 끝나갈 무렵에 어느 정도의 빛이 목재를 투과하고 있는지를 확인한다②. 목재란 얇아지면 얇아질수록 구부러지는 경향이 있다는 것을 잊으면 안 된다. 얇게 가공된 기물을 다듬는 데 주어진 시간은 넉넉하지 않다.

척에 고정돼 있는 속이 빈 형태의 바닥 두께를 측정해야 할 경우, 한쪽 다리는 직선이면서 끝이 구부러져 있고 다른 한쪽 다리는 곡선으로 돼 있는 반원형 스프링 캘리퍼스를 사용해야 한다. 이 캘리퍼스의 직선형 다리는 척의 조 사이로 집어넣을 수 있다③. 압력이 느껴질 때까지 캘리퍼스의 나사를 조절해놓고 캘리퍼스를 빼낸 뒤 다시 오므리면 바닥면 두께를 파악할 수 있다④.

> **주의** 캘리퍼스로는 회전하고 있는 목재의 벽 두께를 측정해서는 안 된다.

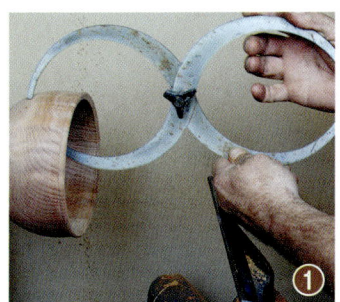

다른 대안으로 쇠자를 활용해 바닥 두께를 측정하는 방법도 있다. 척에서 기물을 떼어낸 뒤 측정하기 용이한 방법이고, 완성품이 아닌 초벌 작업된 그릇의 바닥 두께를 측정하기에 좋다. 우선 그릇의 전체 높이를 측정하고⑤, 내부의 깊이를 측정한 뒤⑥ 그 값을 전체 높이 값에서 빼주면 된다. 단, 척에 물릴 턱과 그릇 바닥의 오목한 면에도 두께가 필요하다는 것을 잊지 말아야 한다.

7장

블랭크 준비하기

블랭크 준비하기

초벌 재단_71쪽 선질용 블랭크_72쪽
횡단면 가공용 블랭크_73쪽 눈질용 블랭크_74쪽
자연 그대로의 모서리를 살린 그릇_75쪽

통나무 재단하기

판재로 가공하기_76쪽 작은 통나무 재단하기_77쪽

시간과 재료를 절약하려면 목선반에 목재를 장착하기에 앞서 가능한 한 최종 형태에 가깝도록 목재를 톱으로 다듬어줘야 한다. 목선반 작업을 위해 가공된 목재를 블랭크라고 부른다. 눈질용 블랭크는 원판 형태일 것이고, 선질용이나 횡단면 가공용 블랭크는 정사각 단면의 각재일 것이다. 나뭇결은 깎고자 하는 기물에 맞게 올바르게 정렬돼 있어야 한다. 만약 내구성이 필요한 도구의 손잡이를 만들고자 한다면 그 손잡이의 나뭇결은 블랭크 길이 방향으로 설정돼야 한다. 매우 유사한 이유에서 그릇, 접시, 쟁반 등의 나뭇결은 표면 전체를 가로지른다.

블랭크는 대칭적이고 균질한 형상을 가진 것일수록 좋다. 균형이 잡히지 않은 블랭크를 가공하면 진동이 발생해 깎기도 힘들 뿐만 아니라 위험하다. 이러한 원인에서 발생하는 위험은 치명적일 수 있다. 한 그루의 나무에서도 각 부분의 밀도와 무게는 천차만별이라는 사실을 반드시 인식하고 있어야 한다. 변재는 심재에 비해 무게는 가볍고 색은 밝지만, 밀도가 높은 갈래 부위와 벌 burl은 훨씬 무거울 수 있다. 가급적 밀도가 균일한 목재를 블랭크로 사용하는 것이 좋다.

완성품의 목리는 나무를 어떻게 제재하느냐에 따라 크게 달라지거니와 부분적으로는 나이테의 밀도, 나이테 중심의 위치, 나뭇가지, 옹이는 물

눈질용 원판의 나뭇결(앞쪽), 손잡이용 블랭크의 나뭇결(오른쪽 뒤), 횡단면 가공용 블랭크의 나뭇결(왼쪽 뒤)은 왼쪽에서 오른쪽으로 나 있다.

론 가공하는 형태에 따라서도 달라지게 된다. 상업용 제재목에서 블랭크를 만들어낼 생각이라면, 특정한 패턴과 목리를 만들어내기 위해 목재를 고르는 책임이 모두 당신에게 있기 때문에 각별한 주의가 요구된다.

우드터닝이 즐거운 이유 중 하나는 통나무에서 시작해 모든 과정을 조율할 수 있다는 점이다. 만들 대상물에 따라 통나무를 어떤 크기로, 어떤 형태로 자를 것인지가 결정된다. 문제는 통나무가 보통 매우 무겁기 때문에 원하는 크기로 최대한 빨리 자르기 위한 전략이 필요하다는 점이다. 휴대용 띠톱으로 잘라내는 것이 가장 좋겠지만, 나무가 잔뜩 심어져 있는 도시 주택의 뒷마당에서는 사용하기 부적합하다.

그래도 짧은 통나무라면 전기톱으로 쉽게 블랭크를 만들 수 있으니 다행이다. 나는 보통 20인치 (510mm)짜리 통나무를 선택한다. 내 목선반에 물릴 수 있는 크기이기 때문이다. 나는 통나무 직경의 두 배에다 목재 끝부분의 상태를 확인할 수 있

이동식 띠톱은 통나무를 다룰 수 있을 법한 크기로 탈바꿈시킨다. 제재된 판재는 터닝 블랭크로 다시금 잘라내게 된다.

나무의 갈라짐은 보통 나이테 중심에서 방사형으로 발생한다. 나이테를 따라 갈라진 부분을 컵 셰이크라 부른다. 쉽게 눈에 띄지는 않지만 이 사진의 목재 끝부분에는 명확히 드러나 있다.

대부분의 통나무에는 나이테 중심을 기준으로 도드라진 균열이 발생한다. 표면에도 여러 개의 얕은 균열이 생기는데 이를 모두 체크라고 한다.

7장 블랭크 준비하기

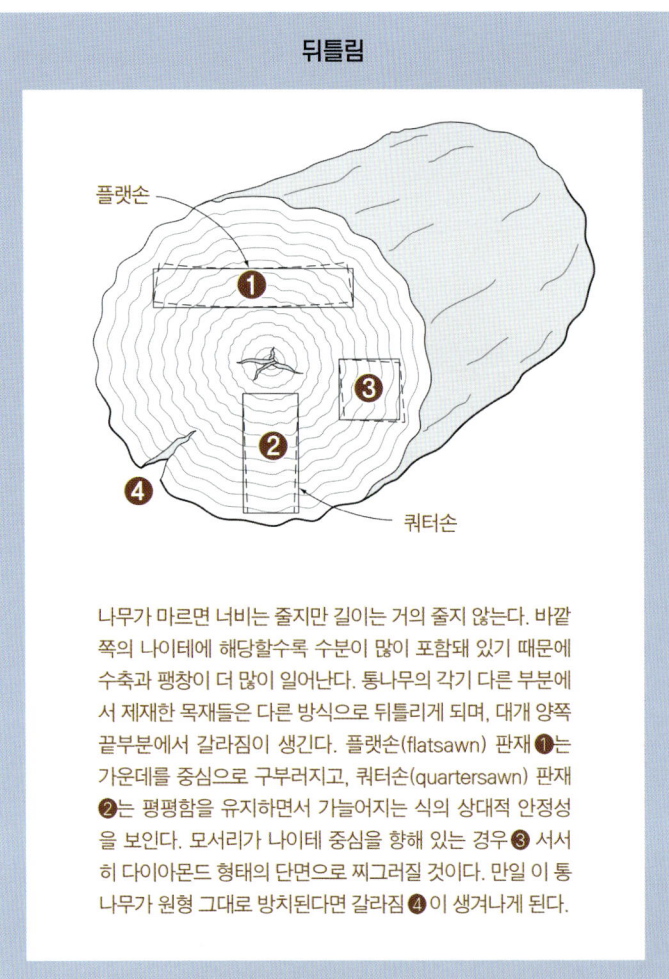

뒤틀림

나무가 마르면 너비는 줄지만 길이는 거의 줄지 않는다. 바깥쪽의 나이테에 해당할수록 수분이 많이 포함돼 있기 때문에 수축과 팽창이 더 많이 일어난다. 통나무의 각기 다른 부분에서 제재한 목재들은 다른 방식으로 뒤틀리게 되며, 대개 양쪽 끝부분에서 갈라짐이 생긴다. 플랫손(flatsawn) 판재 ❶는 가운데를 중심으로 구부러지고, 쿼터손(quartersawn) 판재 ❷는 평평함을 유지하면서 가늘어지는 식의 상대적 안정성을 보인다. 모서리가 나이테 중심을 향해 있는 경우 ❸ 서서히 다이아몬드 형태의 단면으로 찌그러질 것이다. 만일 이 통나무가 원형 그대로 방치된다면 갈라짐 ❹이 생겨나게 된다.

건조되지 않은 이 5인치(130mm) 두께의 목재에 생긴 얕은 체크들은 초벌 깎기를 거치며 제거될 것이다.

을 만큼의 길이를 더해 통나무를 자른다. 10인치(250mm) 직경의 통나무라면 2피트(600mm) 정도로 자른다.

블랭크에서 횡단면의 갈라짐과 실금은 충분히 없앨 수 있다. 대부분의 통나무는 나이테 중심에 갈라짐을 가지고 있고, 표면에서 갈라져 들어오는 형태의 실금을 가지고 있다. 오른쪽 위 사진에 보이는 것처럼, 5인치(130mm) 두께의 건조되지 않은 목재에 나 있는 실금은 블랭크로 깎는 동안 제거하지만, 심한 갈라짐은 작품의 특성이 되도록 남겨두는 경우도 종종 있다. 하지만 나무를 관통해 갈라진 블랭크는 고속으로 목선반을 회전시킬 경우 터져 나갈 위험이 있기 때문에 사용해서는 안 된다. (모든 우드터너에게 언제고 발생할 수 있는 위험이다.)

통나무와 판재를 톱질하기에 앞서, 건조되지 않은 목재는 변형되기 마련이고 우리는 이를 어느 정도 감수할 수밖에 없음을 기억하기 바란다. 목재가 마르고 나면 너비는 줄어들지만 길이는 거의 변하지 않는다. 한 통나무의 각기 다른 부분에서 나온 판재나 블랭크는 다른 방식으로 변화한다는 것도 잊지 말아야 한다.

> **주의** 어떤 종류의 나무건 목선반을 돌리다 보면 떨어져 나갈 수 있으므로 어떤 블랭크건 갈라짐 여부를 꼭 확인해야 한다.

목재 건조하기와 보관하기

시간이 흘러도 가공물이 뒤틀리지 않도록 목재는 잘 건조된 상태라야 한다. 나무가 더 이상 수축하거나 무게가 줄지 않으면 건조가 끝난 것으로 여겨진다. 목재는 자연 상태에서 건조시키거나 건조기에서 속도를 촉진할 수 있지만, 인공 건조 목재는 자연 건조 목재만큼 작업성이 좋지 못하다.

자연 건조 속도의 전통적인 경험적 법칙은 1인치(25㎜)당 1년에다 1년을 더한 것이다. 따라서 2인치(50㎜) 두께의 판재는 자연 건조에 이론적으로 약 3년이 소요될 것이다. 그러나 실제로는 많은 종류의 목재가 더 짧거나 더 긴 건조 시간을 필요로 한다.

목재가 수분을 잃고, 외부 층이 내부 층에 비해 더 빨리 줄어들기 때문에 균열 발생은 거의 불가피하다. 원형 그대로의 통나무라면 더 많은 갈라짐이 발생하기 때문에 최대한 빨리 블랭크로 재단해주는 것이 좋다. 통나무를 적절한 덩어리와 판재로 자른 후, 우드터닝 전문 매장에서 구할 수 있는 목재용 액상 왁스 실러를 횡단면 전체에 도포한다. 작은 블랭크라면 비닐봉투로 싸둬도 좋다. 벌이나 복잡한 목리의 목재인 경우 표면 전체에 왁스를 칠해주는 것이 현명한 행동이다.

건조 중인 목재는 덮개를 덮어주고 공기가 판재 사이를 순환하도록 해준다. 관리가 가능할 정도의 무게를 가진 판재들을 나무 산대를 이용해 쌓는다(37쪽 왼쪽 위 사진 참조). 두껍고 무거운 판재는 세워둘 수도 있다. 6피트(1830㎜) 길이의 두꺼운 판재는 매우 무겁지만, 세워놓은 상태에서는 기울여서 빼내기 쉽다. 이를 블랭크로 만들기 위해 받침대 위에 올려놓고 체인톱을 사용해 들어 올릴 만한 무게로 줄여나간다. 수평으로 쌓여 있

체크가 발생하는 것을 최소화하려면 통나무나 블랭크 횡단면에 액상 왁스 실러를 구입해 발라주는 것이 좋다.

두껍고 무거운 판재는 세워서 보관하면 관리하기 쉽다.

무거운 판재는 다루기 쉬운 크기로 잘라준다. 체인톱 사용 시 아래에 받침목을 괴어 양쪽으로 나뉘어 절개되도록 한다.

는 판재들은 무거워 움직이기 힘들기 때문에 가급적 세워두려고 한다. 문제는 나이가 들수록 더 힘들다는 점이다.

초벌 깎기

속을 파내야 하는 작업의 경우, 초벌 작업으로 건조 시간을 단축할 수 있는데, 초벌 가공이란 벽면 두께가 블랭크 직경의 최소 15퍼센트가 되도록 대략적으로 모양을 잡아주는 것이다. 초벌 가공된 블랭크의 경우 휘어질 수는 있어도 갈라지지는 않으며 통목 건조 시간의 절반 정도의 기간 내에 안정화가 이뤄진다. 초벌 가공 후 건조 과정을 모니터링할 수 있도록 날짜를 기입해둔다.

건조 시간을 줄이려면 초벌 형태로 가공을 먼저 진행한 뒤, 최종 터닝 작업 전까지 건조시킨다.

블랭크 준비하기

초벌 재단

항상 통나무나 판재의 끝부분을 얇게 잘라내는 것부터 시작한다❶. 끝부분을 유심히 관찰해 흠결 유무와 파손 여부를 확인한다. 크고 두꺼운 조각은 단단한 도구로 두드려봐야 한다. 나무껍질 밑 부분의 표면까지 점검할 필요는 없다. 통나무 길이에 영향을 미칠 때도 있지만 보통은 판재로 잘라낼 때 제거되기 때문이다.

목재의 단단한 부분을 확보하면서 갈라짐이 있는지 확인하기 위해 횡단면에서 나온 얇게 썬 횡단면 조각을 구부려본다❷. 실금이 많을 경우에는 다른 나무 덩어리를 자른다. 그러나 갈라짐이 하나 정도 발견된 경우라면 약한 부분만을 제거한다. 남은 부분을 마킹 도구로 사용해 단단한 목재 부분을 표시할 수 있다❸❹.

판재일 경우에는 심재의 갈라진 부분을 모두 켜낸 뒤❺ 남은 결과물을 넓게 펴놓는다. 얇은 판재라면 벌레 먹거나 약한 변재 부분과 수피 부분을 켜낸다❻. 한 면이 다른 면보다 훨씬 넓은 판재일 경우, 나무의 한 면이 적어도 1인치(25㎜) 너비가 되도록 껍질을 잘라낸다❼. 나는 이 나무 덩어리❽로 테두리가 넓은 접시를 만들기 위해 16인치(400㎜) 두께의 블랭크로 잘라냈다. 수피를 전부 제거했다면 블랭크의 가장 넓은 부분이 7인치(180㎜)에 그쳤을 것이다.

▶ 222쪽 '그릇의 분리' 참조

블랭크 준비하기

선질용 블랭크

난간봉, 공구 손잡이, 테이블 조명, 테라스 기둥의 단면을 보면 나뭇결이 목재 길이 방향을 따라 나 있다. 이런 것들은 테이블톱에서 펜스를 사용해 정교하게 재단된다①. 디자인에 각이 잡힌 세부 형태가 포함돼 있다면, 1/8인치(3mm)가량 크게 재단한 뒤 대패질로 톱날 자국을 없애 준다.

길이에 비해 직경이 작은 환봉의 경우 나뭇결은 직선이라야 한다. 결이 블랭크의 각 가장자리에 평행한지 확인해야 한다. 옹이가 없는 곧은결의 나무를 찾아야 한다. 피들백이나 물결무늬처럼 부러지기 쉬운 나뭇결은 없는지 주의한다.

전통적으로 과거에는 도끼로 작은 통나무를 쪼개 선질용 블랭크의 초벌 형태를 잡았다②. 쪼개 놓은 목재는 블랭크를 따라 결이 나 있기 때문에 매우 강하다. 그러나 요즘은 톱질해서 만들어내는 추세다. 톱질한 블랭크의 강성을 확보하려면 나뭇결이 블랭크에 평행해야 한다. 만약 그렇지 못하다면 나뭇결에 평행한 선을 그은 뒤 띠톱을 이용해 켜준다③. 테이블톱에서 켜기 힘든 목재라도 띠톱으로는 얇게 잘 켜진다④. 띠톱은 불규칙하게 잘리는 것으로 악명 높으므로 펜스를 사용하기보다는 손으로 결을 봐가며 켜는 편이 나을 수 있다.

직각자 없이 띠톱만으로도 직각 면을 쉽게 얻을 수 있는데, 띠톱으로 목재 표면에 얇은 홈을 낸 뒤 목재를 눕혀놓고 홈을 따라 자르면 된다⑤⑥. 판재로 만들어진 목재는 이제 테이블톱이나 띠톱에서 연필 선을 따라 재단하면 된다⑦.

블랭크 준비하기

횡단면 가공용 블랭크

횡단면 가공용 블랭크는 선질용 블랭크의 단순하고도 짧은 버전이다. 그러나 횡단면 가공용 블랭크는 척에 장착돼야 한다. 고블릿 잔처럼 가느다란 기물인 경우라면 나뭇결은 최대한의 강도를 가져야 하므로 직선이면서 목선반 축과 정확하게 정렬돼야 한다. 그러나 더 작거나 두툼한 원통형 합, 종이를 누르는 문진, 조명 받침 등은 나뭇결 방향에 크게 구애받지 않으므로 무늬가 복잡한 장식적인 목재를 선택할 수 있다. 나이테 중심은 갈라질 위험 때문에 일반적으로 제거하는 것이 좋지만, 생장이 매우 더딘 몇몇 수종과 관목의 경우 건조 후에도 중심 부분이 온전하게 남아 있는 경우가 있다.

나는 자투리 목재를 활용해 횡단면 가공용 블랭크를 만드는데, 속도와 편의를 위해 띠톱에서 펜스를 쓰지 않은 채 자유롭게 잘라낸다①. 척에 블랭크를 안전하게 장착하려면 단면이 직사각형이 아닌 정사각형이라야 한다. 블랭크를 준비하려면 먼저 블랭크의 단면에서 얇게 조각을 잘라낸 뒤 흠결 여부를 확인해보고 손으로도 구부려본다②. 블랭크 단면이 직사각형이라면 잘라낸 조각의 짧은 변을 마킹 도구로 활용해 단면이 정사각형이 되도록 표시해준다③. 표시한 연필 선을 따라 켜주면④ 정사각 단면 블랭크가 완성된다⑤.

블랭크 준비하기

눈질용 블랭크

눈질용 블랭크에서 나뭇결은 회전축을 90도로 가로지르게 된다. 대부분의 눈질용 블랭크는 디바이더로 표시한 다음①, 띠톱에서 원통형으로 잘라낸다②. 양면 도마를 만들기 위한 블랭크라면, 표면에 컴퍼스 구멍이 생기는 걸 원치 않을 것이다. 이럴 때는 컴퍼스 중심축 밑에 자투리 합판(60쪽 사진④ 참조)을 깔고 원을 그려줌으로써 표면을 보호할 수 있다.

넓은 판재는 점점 구하기 어려워지고 있지만, 잘 건조된 여러 장의 판재를 집성해서 만들어낼 수도 있다③.

블랭크를 잘라내기 전에 아직 건조가 되지 않았다면, 건조 과정에서의 갈라짐을 막기 위해 즉시 그것을 초벌 깎기해두거나 왁스로 밀봉해야 한다는 사실을 기억해야 한다.

▶ 70쪽 '초벌 깎기' 참조

주의해서 재단하면 종종 폐기될 재료에서도 블랭크를 만들 수 있다. 예를 들어 이 판재④는 크기가 같은 원판 세 개를 만들 수 있을 만큼 길지 않았지만, 버려지는 부분에서 쓸 만한 작은 블랭크들을 찾았다. 뒷면의 너덜거리는 부분을 잘라내고 어느 정도의 폭을 유지할 것인지를 측정했다⑤. 가운데 부분을 잘라 사각형 블랭크 두 개를 만든다⑥. 최종적으로 블랭크의 밑면을 지지하기 위해 쐐기를 받쳐놓고 원형으로 자른다⑦.

주의 | 밑면이 좁은 블랭크를 자를 때에는 반드시 빈 공간을 받쳐줄 쐐기를 사용해야 한다.

블랭크 준비하기

자연 그대로의 모서리를 살린 그릇

자연 그대로의 모서리를 살린 그릇용 블랭크는 그릇 윗부분이 나무껍질 방향에 위치하게 만들어야 한다. 이 짧은 반원형 목재로 두 개의 블랭크를 만들 것이다. 횡단면에 그릇의 형태를 표시한다. 이 경우, 첫 번째 블랭크를 표시하기 위해 나무껍질 안쪽에 쇠자를 대고 하나의 선을 긋는다. 그리고 길이가 같은 선을 하나 더 긋는다①. 그어진 선을 이등분해 90도로 (나이테의 중심 방향을 향해) 내리그은 뒤 이 선의 수직 방향으로 블랭크의 아랫면을 결정한다②. 블랭크의 윗선과 아랫선을 연결해 측면을 완성한다③.

같은 방법으로 나머지 블랭크의 윤곽을 잡고 띠톱을 이용해 그려진 선을 따라 잘라낸다④. 나무껍질에 원을 표시한다⑤. 블랭크를 자를 때에는 다른 목재 덩어리로 블랭크의 튀어 나온 부분을 지지해준다⑥.

통나무 재단하기

판재로 가공하기

그릇이나 속이 빈 화병을 제작하기에 적합한 짧고 두꺼운 판재를 슬랩이라고 한다. 슬랩을 자를 때에는 나이테 중심을 깨끗이 제거해야 하고, 중심에서 시작된 갈라짐이 슬랩에 포함되지 않도록 해야 한다.

여기에 보이는 통나무는 전통적인 그릇을 만들기 위한 블랭크로 잘렸다. 먼저 횡단면에 남아 있는 실금이 완전히 제거될 때까지 통나무 끝부분을 두툼하게 자른다①. 다음으로 직경보다 약간 길게 자른다②. 띠톱에 안정적으로 올려놓기 위해 한쪽 면의 수피를 일부 제거한 뒤 6인치(150mm) 두께로 켜낸다③. 크기와 무늬가 같은 그릇을 한꺼번에 가공하는 것이 편리하므로 비슷한 크기의 판재를 통나무 반대편에서 잘라냈다④. 최종적으로 통나무 중앙의 양쪽 면에서 두 개의 판재가 잘려나왔다⑤⑥.

이 목재 판재로 각 네 개씩의 그릇을 만들 수 있었다⑦. 그릇 터너로서 나는 벌목된 나무가 갈라지기 전에, 최대한 이른 시간 내에 판재로 자르고 초벌 깎기를 진행한다. 반면에 납작한 눈질 작업을 위해 필요한 얇은 판재는 자연 건조 후 필요할 때 블랭크로 만드는 게 낫다.

판재는 제재용 체인톱을 사용하면 정교하게 켜낼 수 있다⑧. 그 후, 톱질된 면은 곰팡이의 공격을 방지하기 위해 먼지를 털어줘야 한다.

> **팁** 와이어 브러시로 통나무나 판재의 먼지와 이물질을 제거해주면 체인톱 날을 아껴 쓸 수 있다.

통나무 재단하기

작은 통나무 재단하기

나는 작업장의 모든 통나무를 직경 12인치(305㎜) 이하로 자른다. 그 정도 직경에 4피트(1200㎜) 길이의 통나무를 더 이상 들어서 톱에 올려놓을 수가 없기 때문에 바닥에서 전기톱으로 길이에 맞춰 자른다①. 통나무가 바닥에 굴러다니지 않게 쐐기로 고정하고, 톱날이 바닥에 닿지 않도록 자투리 목재를 그 밑에 깔아놓는다. 잘린 통나무는 띠톱으로 다듬어준다②.

띠톱에서 작은 통나무를 블랭크로 만들 때에는, 횡단면을 얇게 자른 뒤에 갈라짐이 있다면 표시를 해두어야 한다③. 이후에는 직경과 비슷하거나 약 두 배의 길이에 맞춰 잘라준다. 이때 쐐기를 사용하면 목재가 톱날을 무는 현상을 방지할 수 있다④. 통나무가 너무 길어 켜내기 힘들 경우에도 쐐기를 사용하면 나무가 기우뚱거리는 것을 막을 수 있고, 나무의 갈라진 틈을 따라 켜내는 과정이 수월해진다⑤. 이 통나무는 왼쪽편이 흠이 없어 눈질에 적합하므로, 미리 표시해둔 균열을 따라 오른쪽을 잘라냈다⑥. 잘린 오른쪽 부분은 단면이 정사각형이 되도록 켜서 선질용 또는 횡단면 가공용 블랭크로 활용한다⑦.

통나무 재단하기

왼쪽 부분은 절반으로 잘라⑧ 판재 가공을 준비한다. 우선 나이테 중심부의 갈라진 부분을 제거한다⑨. 중심부와 평행하도록 수피 안쪽에 닿을 정도만 켜낸다⑩. 이 작업을 수행할 때에는 푸시 스틱을 사용해 수피를 따라 움직이는 톱날에 손이 닿지 않도록 한다. 끝으로 목재에 원을 그린 뒤에 띠톱을 이용해 원통형으로 블랭크를 잘라낸다⑪.

8장

목선반에 목재 고정하기

기본 방식으로 고정하기

선질용 블랭크_81쪽   횡단면 가공용 블랭크_82쪽
눈질용 블랭크_84쪽

척에 물리기

4조 척_86쪽   잼 척_87쪽   진공 척_89쪽

터닝 작업을 위해서는 기물의 형상에 충돌하지 않는 방식으로 되도록 빠르고 쉽게 목선반에 목재를 고정할 수 있어야 한다. 목재를 고정하는 방법에는 크게 세 가지가 있다. 블랭크 또는 부분적으로 완성된 작업물은 목선반의 회전축에 물릴 수 있고, 면판에 나사로 고정할 수 있고, 척에 물릴 수도 있다.

이 중에서 목선반의 회전축에 물어주는 방법이 가장 간단하다. 모터에서 발생한 동력이 스퍼 드라이브의 이빨을 통해 나무로 전달되며, 심압대축이 블랭크 반대쪽을 지지해주게 된다. 즉 블랭크를 절단하지 않는 이상 회전축 중심까지의 작업은 불가능하다는 뜻이다. 회전축 중심 사이에 장착하는 방식은 대부분 긴 형태의 환봉 제작을 위한 것이다.

면판은 눈질용 블랭크를 고정하는 데 사용된다. 전통적으로 모든 눈질은 여러 개의 나사를 사용해 블랭크를 면판에 부착해서 진행됐는데 사실 준비 과정이 지지부진하다는 단점이 있다. 최근에는 직경 12인치(305㎜) 미만인 블랭크는 보통 나사 척에 장착한다. 이 나사 척의 중심에는 회전축과 평행하면서 촘촘한 나사산을 가진 나사 하나가 고정돼 있다. 목선반을 구입하면 면판은 보통 함께 제공되지만 척은 별도로 구입해야 한다.

1980년대 중반에 우드터닝만을 위한, 기계적으로 중심점을 찾을 수 있는 4조 척이 개발됐다. 척은 이제 환봉 이외의 것을 가공하는 이들에게 필수적인 부품으로 여겨지고 있다. 각 제조업체

환봉 가공이라고도 불리는 선질은 스퍼 드라이브 축(왼쪽)과 심압대축 사이에 장착한다.

눈질용 블랭크는 나사 척으로 장착하는 것이 가장 쉽다. 여기서 블랭크와 척 사이에 끼운 원판은 나사 길이를 1/2인치(13mm)만큼 줄이기 위해 사용됐다.

횡단면 가공용 블랭크는 척을 사용해 고정하는데, 이 척은 빅마크사의 샤크 조(shark jaws)이다. 조는 작업물의 끝부분에 근접하게 물어줘야 한다.

는 다양한 작업을 위해 특수 설계된 다양한 조를 제공하지만, 조는 두어 개만 있어도 충분하다. 사실 한두 개만 있어도 무방하며, 필요에 따라 직접 제작해서 사용할 수도 있다. 척을 구입하고자 한다면 척의 어댑터와 나사산이 당신 목선반에 달린 축의 나사산과 일치하는지를 확인해야 한다.

척은 확장시켜 사용하는 것보다는 조이는 방식으로 활용하는 것이 좋다. 속파기 작업 시 척이 지지해주는 영역을 넘어서 힘을 가하거나, 턱 내부에서 조를 벌려 고정할 경우, 작용하는 힘에 의해 작업물이 쪼개질 가능성이 있기 때문이다.

기본 방식으로 고정하기

선질용 블랭크

선질(환봉 가공이라고도 불린다)을 위한 블랭크는 나뭇결이 목선반의 축과 평행한 상태에서 작업이 이뤄진다. 선질 블랭크는 보통 회전축 사이에 장착된다. 먼저 스퍼 드라이브 중심을 찾는다①. 다음으로 심압대축이 반대편을 지지하도록 고정시킨다②. 심압대축을 조정할 때 왼손을 칼 받침대에 올려놓으면 훨씬 작업이 쉬워진다. 심압대의 핸들을 돌려 블랭크가 단단히 고정된 것을 확인한 후, 1/8바퀴를 풀어준다. 블랭크에 과도한 힘이 가해지면 목재가 휠 수 있기 때문이다.

스퍼 드라이브는 반드시 목재를 물고 있어야 한다③. 소프트우드라면 심압대가 밀어주는 힘만으로의 경우 목재를 스퍼에 고정할 수 있다. 하드우드의 경우 나무망치로 스퍼 드라이브를 가볍게 쳐주거나④ 오래된 스퍼를 내리쳐서 자국을 남겨준다⑤. 하나의 스퍼로 이 작업을 해야 하는 상황이라면 스퍼의 끝부분이 손상되지 않도록 연질의 나무망치를 사용해야 한다. 밀도가 매우 높은 목재일 경우에는 캐리어 지그 가공물을 올려놓고 가공할 수 있는 지그. 사진에서는 45도 캐리어 지그를 사용와 띠톱으로 중앙에 열십자를 그어준다⑥.

최근에는 나무에 일정한 압력을 유지해주는 회전식 심압대축을 사용하는 것이 일반적이다. 베어링이 장착돼 있지 않은 모델이라면 윤활유로 미끄러질 수 있게 해줘야 한다⑦. 작업 과정에서 흔들림, 삐걱거림, 연기가 발생한다면 수시로 윤활유를 도포해줘야 한다. 결국 베어링이 달린 회전식 심압대축을 구입하는 편이 낫다.

아주 가느다란 선질용 블랭크는 3/16인치(5mm)

만큼 작은 직경까지 물어줄 수 있는 롱노즈 조를 사용해 작업하는 게 좋다⑧. 이 방식은 구동축은 블랭크를 붙잡아 돌려주는 역할을, 심압대축은 중심을 받쳐주는 역할만을 하게 만드는 것이다. 이때 장착 과정에서 심압대축을 강하게 감아버리면 블랭크가 휘어지므로 주의해야 한다.

8장 목선반에 목재 고정하기 **81**

기본 방식으로 고정하기

횡단면 가공용 블랭크

횡단면 가공용 블랭크의 나뭇결은 목선반 회전축과 평행하게 배열된다. 손잡이나 달걀 컵처럼 작고 단단한 물건, 그리고 두꺼운 받침대가 달린 기물 등은 나사 척으로 쉽고 빠르게 목선반에 장착할 수 있다. 나사 척을 사용하려면 우선 블랭크 끝이 회전축과 직각을 이룰 수 있게 단면을 절단하고, 절단된 단면에 나사를 끼울 수 있도록 구멍을 뚫어야 한다❶. 블랭크를 돌려서 나사에 끼워 넣는다❷. 이때 절단면은 척의 끝 면에 단단히 맞닿도록 한다❸.

속파기 작업을 할 블랭크는 척에 장착해야 한다. 직경 2인치(50mm) 이하, 길이 6인치(150mm) 이하인 짧은 정사각형 단면 블랭크는 표준 조에 장착하는 데 문제가 없다. 물론 조 내에 물려 들어가게 되는 부분이 쓸모없어지기는 한다❹. 다만, 조는 정사각형보다 원통을 더 강하게 물어줄 수 있기 때문에 끝부분을 둥근 촉이 되도록 가공한 뒤 척에 물려주는 것이 바람직하다❺. 작은 블랭크는 길이 3/8인치(10mm)짜리 촉 정도면 조를 사용해 작업물과 촉의 인접 면을 충분히 물어줄 수 있다. 길고 무거운 블랭크를 척에 장착할 때에는 심압대축을 이용해 조에 밀착될 수 있도록 한다❻.

기본 방식으로 고정하기

화병이나 속이 빈 형태를 가공하기 위한 커다란 횡단면 가공용 블랭크는 회전축에 물린 상태에서 초벌 가공이 이뤄져야 하며, 이때 길이는 짧으면서 폭이 넓은 턱을 만들어줘야 한다. 이 턱을 넓은 조에 물릴 수 있게 한다 ⑦.

컵 척은 소규모 생산 작업에 탁월하지만, 척에 맞는 크기로 블랭크를 자르거나 터닝을 해줘야만 한다. 블랭크와 컵 척의 직경이 같다면 끝부분에 미세한 테이퍼 폭이 점점 가늘어지는 형태를 주기 쉬워진다. 정사각 단면 블랭크의 끝을 살짝 테이퍼를 줘서 깎아주면 척 내부로 삽입해서 고정할 수 있게 된다 ⑧. 블랭크를 두드려서 척 속으로 삽입한다 ⑨. 블랭크 끝부분을 눈으로 확인해가며 살살 두드려 회전축을 맞춰준다 ⑩.

작은 블랭크는 도끼로 다듬어준다 ⑪. 이후에는 척에 물리거나, 혹은 구동축의 빈 속에 두드려서 넣어준다 ⑫. 목선반 작업이 종료되면 녹아웃 바 스퍼 제거에 쓰이는 금속 막대기로 구동축에 남아 있는 잔재를 스퍼 드라이브를 제거할 때처럼 빼내준다.

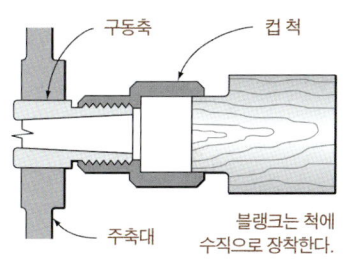

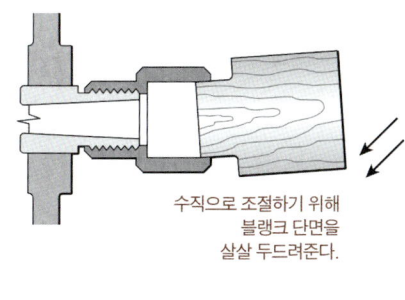
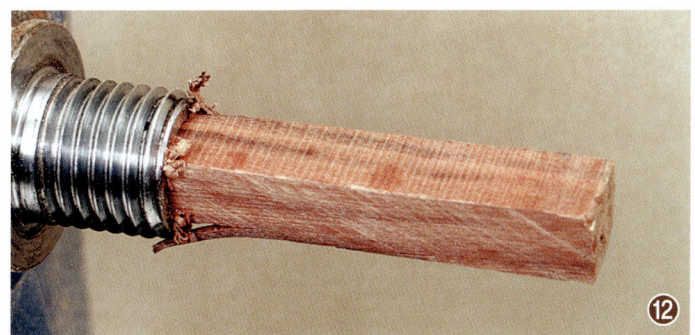

기본 방식으로 고정하기

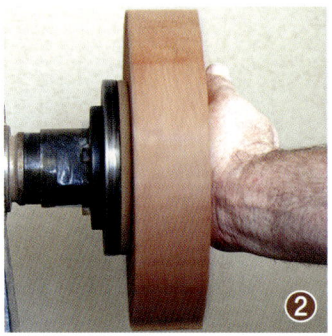

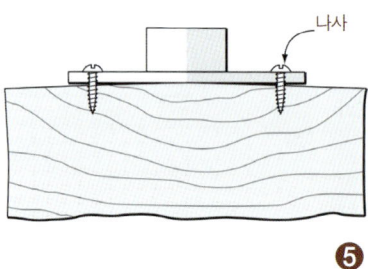

팁 척에 들어 있던 나사를 표준 조와 함께 사용할 경우, 터닝 작업으로 조 주변을 감쌀 수 있는 원판을 만들어 블랭크와의 접촉면을 늘려 주면 좋다.

눈질용 블랭크

눈질용 블랭크의 나뭇결은 목선반 중심축에 90도로 정렬된다. 면판과 다양한 척을 포함해 광범위한 블랭크 고정법이 쓰인다.

면판은 보통 외형 작업을 하는 동안 덜 다듬어진 상태의 블랭크를 고정하는 용도로 쓰인다. 이후 이 블랭크를 다른 면판이나 척에 다시 장착한 뒤 눈질이나 속파기 작업에 활용하게 된다. 때로는 이 블랭크의 좌우를 뒤집어 척에 물린 뒤 그릇의 바닥을 제거하거나 척에 물렸던 자국을 지우기도 한다.

평평한 면을 가진 눈질용 블랭크를 장착하는 방법은 나사 척을 사용하는 것이다. 주축이 돌아가지 않도록 고정시킨 뒤 손으로 블랭크를 감아 돌려 끼워 넣는다. 속도를 조절할 수 있는 목선반이라면 회전 속도를 300rpm으로 낮춘 뒤, 손바닥으로 블랭크 표면을 잡고① 나사가 목재에 물리면 손을 떼는 방법으로 시간을 단축시킬 수 있다②. 이 과정은 채 1초도 걸리지 않는다. 이후 목선반을 멈춘 뒤 축을 잠그고, 뒷면과 단단히 맞닿도록 손으로 블랭크를 끝까지 돌려서 끼워준다③. 면판이 넓을수록 쓸 수 있는 나사 길이가 짧기 때문에 가능한 한 큰 면판을 사용하는 것이 좋다. 나사가 길 경우, 블랭크를 장착하기 전에 얇은 합판이나 MDF 원판을 사이에 끼워① 나사의 장착 범위를 조절할 수 있다.

크기가 크거나 표면이 고르지 못한 블랭크의 경우 단단한 목재용 나사로 면판에 장착한다④. 나사는 회전축 양쪽에 대칭으로 박혀야 하며⑤ 최소 네 개 이상을 사용해야 한다.

기본 방식으로 고정하기

자연 그대로의 모서리를 살린 그릇과 같이, 면판에 맞닿을 평평한 면이 거의 없는 불규칙한 나무 덩어리를 가공하고자 한다면 우선 양 회전축에 매달아도 된다. 작은 덩어리의 블랭크라면 두 개의 이빨을 가진 스퍼에 쉽게 장착할 수 있다. 먼저 블랭크 중앙에 끌을 사용해 스퍼 너비에 맞는 V자 홈을 파준다 ⑥. V자 홈에 스퍼 드라이브를 위치시킨다 ⑦. 심압대축을 적절한 위치에 놓고 조인다 ⑧. 블랭크가 센터 사이에 걸리면 원하는 위치로 쉽게 조정할 수 있다 ⑨.

더 크고 고르지 못한 블랭크는 면판 드라이브로 장착한다. 블랭크 상단에 스퍼 달린 면판을 배치하고, 스퍼를 블랭크 표면에 가볍게 두드려준다 ⑩. 스퍼가 남긴 자국에 드릴로 구멍을 뚫는다 ⑪. 스퍼의 위치를 구멍에 맞춰 끼워 넣는다 ⑫. 심압대축으로 뒷면을 눌러준다 ⑬.

> **팁** 면판을 블랭크 중앙에 배치할 때, 면판보다 약간 큰 원을 블랭크에 그려주면 위치를 잡는 데 도움이 된다.

척에 물리기

4조 척

목선반 작업이 거의 완료된 작업물이라도 척 자국을 제거하거나 그릇 밑동을 다듬기 위해 뒤집어 장착해야 하는 경우가 많다. 주둥이가 서서히 좁아지는 형태의 작은 기물은 척의 조를 확장시켜 고정할 수 있다 ①. 이때 과도한 힘을 써서 고정하면 안 된다는 점을 명심해야 한다. 자주 사용하던 척이라면 목선반을 작동시키는 순간 원심력이 발생해서 조가 미세하게 팽창할 수 있기 때문이다. 목선반을 켰을 때 미세하게 균열이 생기는 소리가 들리면 당장 목선반을 멈추고 갈라짐이 생겼는지를 확인해야 한다. 커다란 작업물은 볼 조에 장착할 수 있다. 볼 조에는 그릇 테두리를 고정시킬 수 있도록 폴리우레탄으로 된 스토퍼나 버튼이 포함돼 있다 ②. 스토퍼나 버튼은 작업물의 직경이 크든 작든, 심지어 정사각형의 테두리까지도 붙잡을 수 있도록 여러 위치에 배치시킬 수 있다.

척에 물리기

잼 척

그릇의 발을 다듬기 위해 가공물을 뒤집어 매달 때 가장 쉬운 방법은 잼 척 jam chuck을 사용하는 것이다. 잼 척은 마찰력을 이용해 작업물을 회전시키는데 ①, 필요에 따라 자투리 목재를 활용해 다양한 형태의 잼 척을 만들면 좋다. 나는 MDF나, 횡단면 작업물에서 남은 원통형, 결함 생긴 그릇, 건조 중인 초벌 그릇 등을 재활용해 쓰고 있다. 잼 척의 테이퍼는 약 1도 정도로 매우 미세해야 한다. 가공물 테두리의 끝부분이 잼 척 테두리의 단면에 닿고, 테두리 안쪽 면은 잼 척의 테이퍼면에 닿도록 만들어주는 것이 이상적이다.

3인치(75mm) 미만의 횡단면 작업에 적합한 잼 척을 만들 때에는 짧은 나무를 척에 물려 가공하는 것이 좋다. 포플러처럼 부드러운 목재가 가장 좋지만, 나는 횡단면 작업에서 생긴 자투리(대부분 밀도가 높은 하드우드)들을 잼 척을 만들기 위해 모아둔다. 잼 척을 터닝할 때에는 작업물의 주둥이보다 큰 크기로 테이퍼 작업부터 시작한다. 그런 다음, 정확한 직경을 설정하기 위해 작업물을 단단히 붙잡고 테이퍼 면에 갖다 대서 마찰된 자국을 만들어준다 ②. 작업물 직경이 2 1/2인치(65mm) 미만인 경우에는 목선반이 회전하는 상태에서 이 작업을 수행할 수 있다. 직경이 이보다 크다면 주둥이를 잼 척 앞뒤에 몇 차례 마찰시켜 반짝이는 선을 만들어본다. 이 선이 힌트가 돼줄 것이다. 이를 바탕으로 아주 얕은 테이퍼를 가공한 뒤 ③ 목선반을 멈추고 가공물을 장착해보기를 반복한다. 가공물 테두리가 잼 척의 단면에 맞닿으면 잼 척 가공이 완료된 것이다.

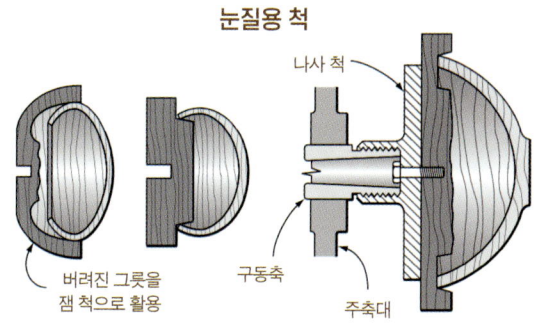

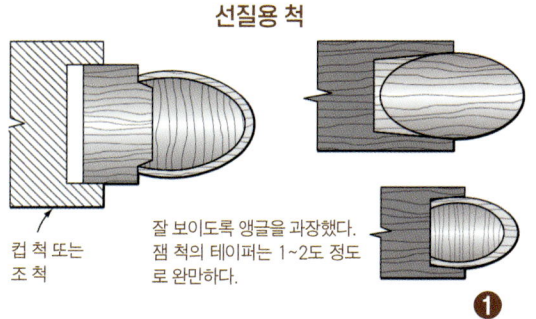

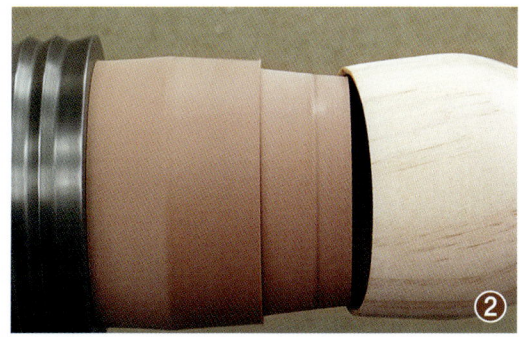

척에 물리기

더 큰 작업물을 장착하기 위해 두꺼운 MDF 혹은 자투리 목재로 만든 원판으로 잼 척을 만든다. 그릇을 장착하기 위해 원판에 그릇 테두리보다 살짝 큰 홈을 깎는다④⑤. 중앙에 남아 있는 살은 작은 작업물을 고정하는 데 사용될 수 있다. 속이 좁아지는 형태의 그릇은 짧은 촉을 사용해 고정할 수 있다⑥⑦.

잼 척을 사용할 때에는 심압대축으로 뒤를 받쳐주는 것이 좋다. 작업물에 손상을 입히지 않도록 심압대축과 작업물 사이에 MDF나 합판을 대준다⑧. (잼 척에 익숙해지면 심압대축으로 작업물 뒤를 받치는 것을 귀찮아하지 않게 될 것이다. 약간의 캐치만 생겨도 작업물은 척 밖으로 튀어 나간다.) 작업물을 잼 척에서 떼어낼 수 없는 경우, 잼 척을 망치나 렌치, 또는 다른 무거운 공구로 살살 쳐주면 빠져나온다.

가장자리가 울퉁불퉁하거나 매우 얇은 그릇을 장착할 경우, 그릇 내부의 곡면과 들어맞도록 원판의 가장자리를 터닝한 뒤 그릇을 장착하고⑨, 뒷면은 심압대축으로 지지해준다⑩. 평면형 심압대축을 사용하면 지지면이 심압대축에 의해 손상되는 것을 막을 수 있다. 이런 제품들이 시중에 유통되고 있지만, 나는 작은 목재를 터닝해서 회전식 컵 센터에 끼워 넣은 것으로 이를 대신한다.

척에 물리기

진공 척

진공 척을 사용하면 척 자국이나 고정했던 흔적을 남기지 않고 가공물을 거꾸로 고정할 수 있다. 진공 펌프는 척 또는 면판에 작업물을 압착해서 고정하는 데 사용된다❶. 간단히 말해서 낡은 진공청소기를 면판에 물려놓은 것이다❷. 면판 위에 MDF 원판을 부착하고, 이 위에 작은 작업물을 끼우거나 올려놓을 수 있는 6인치(150㎜) 직경의 골판지 파이프를 장착했다❸❹. 두꺼운 골판지 파이프는 카펫 가게에서 얻을 수 있지만, 그림 포장용 종이 관을 사용해도 무방하다. PVC 파이프도 사용할 수 있지만, 외과 수술용 반창고로 테두리를 감싸서 개스킷 역할을 하는 동시에 작업물에 상처를 내지 않도록 부드럽게 만들어줘야 한다. 골판지 파이프나 MDF 같은 부드러운 재료를 쓰면 보통 개스킷이 없어도 된다. 진공 상태를 만드는 데 어려움이 느껴진다면 수술용 반창고를 활용한다.

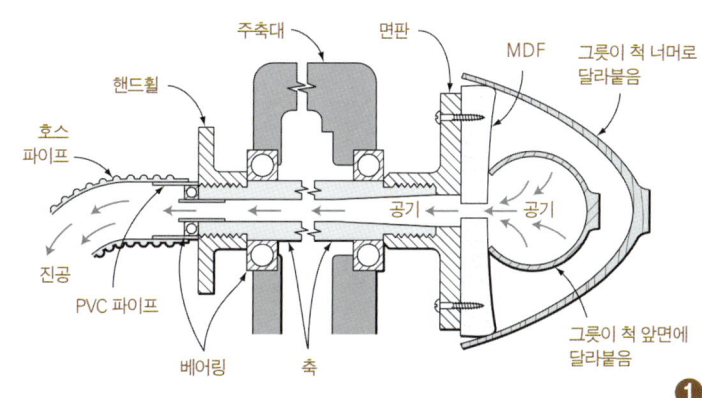

9장

연마하기

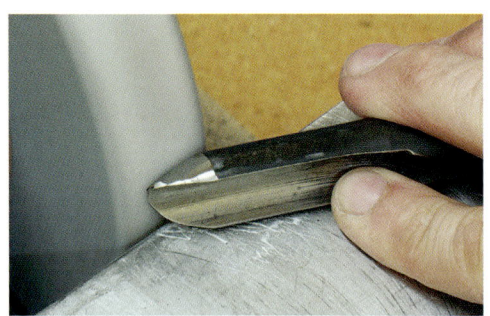

준비 과정과 형태 잡기

스크래퍼 날 형태 잡기_94쪽   가우지 날 형태 잡기_94쪽
칼등 경사각 설정하기_95쪽

연마하기

직선 또는 직선에 가까운 날_96쪽
핑거네일 가우지와 둥근 스크래퍼_98쪽
호닝_100쪽   후크 툴_101쪽   커터_101쪽

블랭크를 깨끗하고 안전하고 쉽게 깎아내려면 목선반 칼은 항상 예리하게 연마돼 있어야 한다. 터닝 도구는 많은 양의 나무를 매우 빠르게 깎아낼 수 있는데, 칼날을 날카롭게 유지하려면 지속적인 주의가 필요하다. 몇 번 정도는 호닝 honing 작업으로 칼날 끝을 세워줄 수 있겠지만, 일반적으로는 잽싸게 그라인더로 연마해주는 것이 시간을 더 효율적으로 사용하는 방법이다. 아주 거친 목재를 깎는 경우, 몇 분마다 다시금 날을 갈아야 하므로 효율적인 작업을 위해서는 연마 작업에 능숙해져야 한다.

칼날을 날카롭게 유지하려면 언제 연마해야 하는지를 알아야 한다. 가장자리에 거스러미가 없어야 하고, 칼등 경사면에 층이 여럿 나 있으면 안 된다. 또한 빛을 반사시켜도 안 된다. 다음 쪽의 왼쪽 사진은 목선반 칼에 발생할 수 있는 문제점들을 보여주고 있다. 둥근 스크래퍼는 끝부분이 평평해져서 연마 작업이 필요하고, 디스크 스크래퍼는 날 끝부분에 빛이 반사되는 것을 보니 호닝 작업이 필요하다. 가우지는 날 끝부분이 닳아 전혀 날카롭지 않다. 스큐는 칼날 이빨이 깨져 있고 칼등 경사면에 작은 층이 생겨 있어 사용이 어렵다.

날카롭거나 무뎌진 칼날 상태의 차이는 무척

> **팁** 새로 구입한 가우지, 평칼, 스크래퍼는 반드시 연마 작업이 필요하다.

이 공구들 중 어느 하나도 쉽게 깎이지 않을 것이다. 칼날 끝의 반짝임과 평평함으로 날이 무뎌졌음을 알아낼 수 있다. 깨진 이빨 역시 절삭을 방해할 것이다.

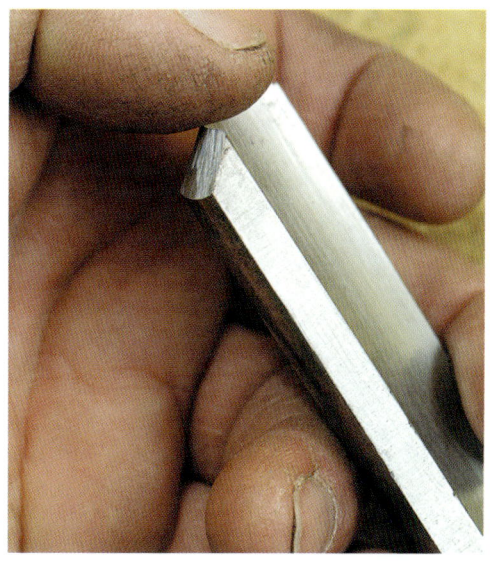

날의 직각 방향으로 엄지손가락을 살짝 쓰다듬어보면 칼날이 날카로운지 확인할 수 있다.

미미하지만 엄지손가락으로 칼날 끝을 부드럽게 쓰다듬어보는 연습으로 파악할 수 있게 된다. 만약 무뎌짐이 느껴진다면 즉시 연마 작업을 수행해야 한다.

그라인딩

그라인딩의 목적은 칼등의 경사면이 일정하면서도 살짝 오목한 형태가 되도록 가공하는 것이다. 오른쪽 사진 가장 위, 습식 그라인더로 연마한 경사면은 거의 완벽하다. 가운데 있는 스크래퍼도 날 윗부분만큼은 불규칙한 경사면이 남아 있지 않으므로 잘 깎인다. 칼을 연마했는데도 잘 깎이지 않는다면, 아래쪽 스크래퍼처럼 불규칙한 경사면이 반짝거리고 있는지를 확인해본다. 이러한 경사면은 아주 작더라도 절삭을 방해한다.

그라인딩은 수동으로 또는 지그를 사용해 진행할 수 있다. 지그를 사용하면 완벽한 날을 만들어낼 수 있으나 시간이 많이 걸리고, 특히 깊은홈 볼 가우지에 적합한 날을 만들어내기 어렵다. 대부분의 전문 우드터너들은 칼날이 무뎌진다는 생각이 들자마자 재빨리 날을 세울 수 있도록 수작업으로 그라인딩을 진행한다. 이 방식의 또 다른 장점은 작업이 진행될수록 특정 상황에 맞게 날의 형태를 조정할 수 있다는 것이다. 즉, 지그는 사용자가 날카로운 날에 대한 경험과 연마 절차에 대한 감각을 기르는 데 도움이 된다고 하겠다.

살짝 오목한 경사면을 가진 위쪽 칼날은 완벽하다. 가운데 날 정도면 사용하는 데 무리가 없지만, 아래쪽의 스크래퍼는 이곳저곳에 면이 잡혀 있어 무용지물에 가깝다.

> **팁** 수동 그라인딩은 천천히 그리고 꾸준히 수행하면 어렵지 않다. 칼날을 절대 연마석에 강하게 갖다 대지 않아야 하며, 고속강 칼날은 수시로 물에 담가 온도를 낮춰줘야 한다.

연마 작업에는 고속 건식 그라인더와 저속 습식 그라인더 모두 사용할 수 있다. 건식 그라인더로는 훨씬 빠른 연마가 가능하지만 연마 시 발생하는 열이 칼날 가장자리를 태워버릴 수 있다. 저렴한 고속 그라인더는 3450rpm, 더 비싼 모델은 약 1725rpm으로 작동된다. 1725rpm 정도면 날물을 태워버릴 가능성이 적겠지만, 나는 3450rpm 모델이 제공하는 빠른 속도를 선호하는 편이다. 고속강 날물을 연마할 때에는 가급적 자주 물에 담가 식혀주면서, 날물 모서리를 연마석에 세게 밀어 넣지 않는 것이 요령이다. 칼을 지지면에 갖다 댄 뒤, 칼날의 경사면이 최소 8초 정도 연마석에 가볍게 마찰되도록 하고, 과열되지 않도록 주의한다. 칼날 가장자리가 퍼렇게 변하거나 열 때문에 달아올랐을 때, 재빨리 광택 작업을 해주면 변색이 사라진다. 고속강은 탄소강과 달리 연마 과정에서 변색되더라도 성질이 변하지 않는다.

대부분의 그라인더에는 회색의 도화 연마석이 딸려 나온다. 이게 쓸모가 없는 것은 아니지만, 흰색이나 루비색의 산화알루미늄 또는 파란색의 세라믹 연마석을 쓰는 편이 훨씬 나을 것이다. 36번이나 46번 연마석은 칼날의 초벌 형태를 잡을 때 적합하고, 더 고운 60~80번은 최종 연마 과정에 가장 적합하다.

연마석은 자주 드레싱을 해줘야 고른 연마면이 예리하게 유지되고, 입자 빈틈에 금속 가루가 남아 있지 않게 된다. 연마 과정에서 연마석 표면에 어두운 부분이 생겼다면 다이아몬드 드레서로 제거해줘야 한다. 드레서를 지지대 위에 평평하게 위치시킨 뒤 연마석을 가로질러 움직여가면 평평하거나 미세하게 볼록한 표면이 생겨난다.

습식 그라인더는 천천히 연마되지만 과열의 위험 없이 우수한 날을 만들어낸다. 따라서 고속 건식 그라인더에서 초벌 연마를 진행한 뒤 습식 그라인더에서 마무리하는 것이 이치에 맞는다. 어떤 종류의 그라인더를 사용하든 칼날의 고정 방식은 거의 비슷하다.

> **주의** 연마 작업을 할 때에는 반드시 눈을 보호할 수 있는 보호구를 착용해야 한다.

그라인딩 도구 준비하기

가장 예리한 날은 양쪽 면이 모두 연마됐을 때 생겨나는 교차점에 자리한다. 그라인딩을 준비하려면 우선 가우지의 홈, 스크래퍼나 커터의 윗면에 남아 있는 흠집이나 가공 흔적을 제거해야 한다. 다이아몬드 호닝 툴이나 곡면형 숫돌 slip stone을

연마석이 금속 입자로 더러워지면 청소를 해줘야 한다. 다이아몬드 드레서로 청소와 평탄화 작업을 쉽게 할 수 있다.

지지대를 연마석 중심에 맞춰 평행하게 두고, 드레서를 지지대에 올려놓은 상태에서 좌우로 움직여준다.

위쪽 가우지에서 보이는 흠집과 가공 자국은 그라인딩을 저해한다. 홈이 연마된 아래쪽의 가우지는 보다 예리한 날을 가질 것이다.

천 사포를 목심에 말아 가공 자국을 제거하고 있다. 목심이 빠져나가지 않도록 유지하면서 곡면을 다듬어준다.

사용할 수 있지만, 천 사포를 쓰면 싸고 간단하다. 나는 150번 사포를 이용하지만 더 고운 사포로 갈아낸 뒤 컴파운드를 이용해 광택 작업까지 수행해주면 훨씬 더 고운 표면을 만들 수 있다.

홈을 다듬는 가장 좋은 방법은 목심이나 연필에 사포를 말아 사용하는 것이다. 사포를 앞뒤로 움직일 때에는 가장자리가 뭉그러지지 않도록 홈에 평행을 유지해야 한다.

스크래퍼의 광택 작업은 윗면을 사포가 부착돼 있는 바닥에 밀착시켜 진행한다. 이는 연마를 진행하기에 앞서 거스러미를 제거할 때 쓰이는 방법이기도 하다. 가장자리가 갈려나가지 않도록 스크래퍼를 사포 위에 평평하게 유지해야 한다. 다이아몬드 호닝 툴로 윗면의 날을 세워주는 것도 방법이다.

스크래퍼의 바닥면은 평판에 사포를 접착해 위아래로 문질러가며 광택을 낸다.

다이아몬드 호닝 툴 역시 스크래퍼 바닥면의 스크래치나 흠집을 다듬을 때 사용하기 좋다.

준비 과정과 형태 잡기

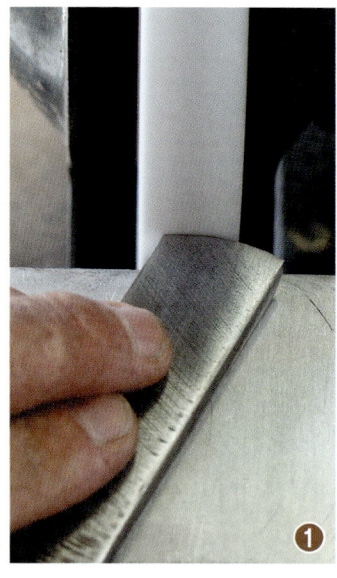

스크래퍼 날 형태 잡기

칼 단면은 필요에 따라 형태가 달라질 수도 있겠지만, 날의 형태를 처음부터 만들 필요는 없다. 새 칼을 구입했을 때에는 통상 형태를 살짝만 다듬으면 되지만, 어떤 칼은 특정 작업을 위해 대대적으로 손봐야 할 때도 있다. 이때 36~46번 정도의 거친 연마석을 사용한다.

스크래퍼 날의 형태를 잡으려면 지지대 위에 스크래퍼를 댄 다음 스크래퍼 손잡이를 수평으로 부드럽게 돌려준다①. 그러면 세로 경사면이 생겨난다②. 이 부분을 다시 45도로 연마하는 것이 필요하다. ▶ 다음 쪽 '칼등 경사각 설정하기' 참조

팁 스크래퍼 몸통 옆면을 살짝 굴려 곡면으로 하면 지지대 위에서 부드럽게 움직인다. 거친 연마 도구, 디스크 샌더나 벨트 샌더로 곡면을 만들 수 있다.

가우지 날 형태 잡기

사진 ①에서처럼 엉망이 된 핑거네일 가우지의 형태를 다시 잡거나 복구하려면 그라인더의 지지대를 수평으로 고정하고 가우지를 측면으로 대서 그라인딩을 시작한다. 가우지의 한쪽 모서리가 지지대에 밀착된 상태에서 양 날개가 연마석에 동시에 닿도록 해준다②. 칼날 끝이 회전운동의 중심이 되도록 가우지의 손잡이를 몸 쪽으로 천천히 한 번 잡아당긴다③. 두 번 정도 가볍게 움직이면 둥글고 좌우 대칭이면서, 홈 양쪽에 은빛이 도는 볼록한 면을 얻어낼 수 있다. 연마 작업 이후에 홈 안쪽은 가우지 날의 최종 날이 된다④.

준비 과정과 형태 잡기

칼등 경사각 설정하기

내가 설정하는 칼등의 경사면은 모두 45도에서 시작한다. 하지만 경사면 전체가 아닌 끝부분을 연마하는 경향이 있다 보니 전체 면을 45도로 연마하는 것보다 각도가 가팔라지는 경향이 있다. 이럴 때는 경사각을 다시 설정해야 한다. 가장 빠르게 각도를 재설정하는 방법은 칼을 옆으로 잡고 연마하는 것이다. 이렇게 하면 어떻게 연마되는지를 쉽게 확인할 수 있다.

가우지 경사면의 경우 양쪽 날개보다 코 부분이 더 길어야 하며, 이 두 경사면의 각도는 칼날 측면에서 만나 섞이게 된다. 날개에서 그라인딩을 시작하고 ① 가우지를 굴리듯이 회전시켜 코에 도달하게 한다. 동시에 칼날을 회전운동시켜 연마석 면에 45도에서 멈추도록 한다 ②. 가우지를 반대 방향으로 잡고 반대편 날개에서부터 코에 도달하는 식의 같은 작업을 수행하면 완료된다 ③.

둥근 스크래퍼의 경사면 각도도 가우지와 유사하기 때문에 코 부분의 경사면이 좌우측 경사면보다 가파르며, 두 각도는 서서히 섞이는 형태가 된다. 둥근 스크래퍼를 측면으로 세워 코 부분의 경사면을 연마한다 ④. 그런 다음 코의 경사면이 연마되도록 서서히 각도를 올려 세워가며 반복해서 움직여준다 ⑤.

평 스크래퍼도 반복적인 움직임을 통해 경사면을 설정할 수 있다. 지지대 각도를 설정하기 위해 스크래퍼 측면에 각도를 표시한 뒤 기준선으로 활용한다 ⑥. 이후 스크래퍼를 지지대에 밀착한 뒤, 만약 날 부분에 곡면이 생겨 있다면 손잡이를 좌우로 살짝 흔들어주듯이 연마한다.

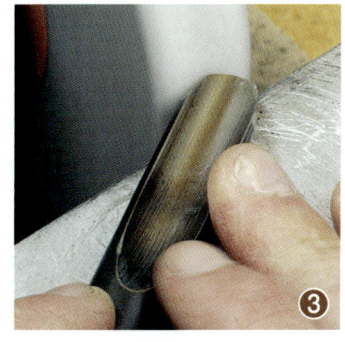

9장 연마하기

연마하기

직선 또는 직선에 가까운 날

스큐, 파팅 툴, 미세한 곡면형 스크래퍼, 끝면이 수직인 형태의 가우지를 연마할 때에는 그라인더의 지지대 각도를 설정한 뒤, 칼날이 연마석과 평행을 유지하게 해야 한다. 제어력을 유지하려면 칼날과 지지대를 같이 잡아줘야 한다 ①. 금속이 연마될 수 있도록 칼날을 천천히 전진시키면서 좌우로 굴려준다 ② ③. 날 윗면에 금속 불꽃이 튀면 작업이 끝난 것이다. 고속 그라인더를 사용할 때 날카롭게 연마가 끝났다는 것은 금속의 색상 변화를 보고도 알 수 있다 ④. 손이 밑으로 내려가는 것을 방지할 수 있는 넓은 지지대 위로 칼 윗부분을 단단히 눌러줘야 한다 ⑤.

| 주의 | 지지대는 반드시 그라인더를 멈춘 후 조정한다. |

연마하기

일부 연마 공구 세트에는 칼날 경사면의 기울어진 각도를 유지하기 위한 플랫폼이나 간단한 지그가 들어 있다. 90도 지그는 비딩 앤 파팅 툴 beading and parting tool처럼 직각 형태의 도구를 연마하는 데 적합하다❻. 직선형 스큐나 스크래퍼는 각도 지그를 사용해 연마할 수 있다❼. 제조업체들은 일반적인 각도에 맞는 지그를 제공하지만, 원하는 각도에 맞는 지그를 만들어 사용하기란 무척이나 쉽다. 이 지그는 나무로 만든 것으로, 오도넬사의 지지대와 함께 제공된 레일에 나사로 고정해서 사용한다. 직선형 칼날의 가장자리에 약간의 곡선을 주고자 한다면 사진에서처럼 칼날 하단을 지그에서 떨어지게 만들어 비비듯이 연마한다❽. 스큐의 긴 날 끝부분에 곡선을 주지 않도록 주의해야 한다.

스큐의 경우 칼날 경사면의 아랫부분과 모서리를 습식 그라인더나 호닝 스틱으로 연마해줘야 절삭 작업을 수월하게 할 수 있다❾.

연마하기

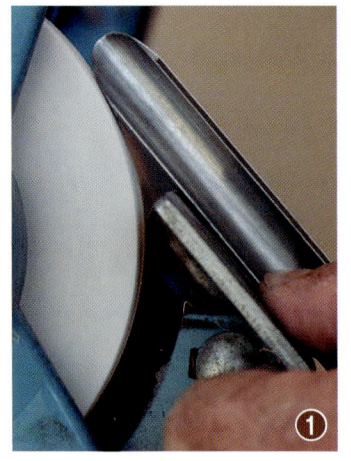
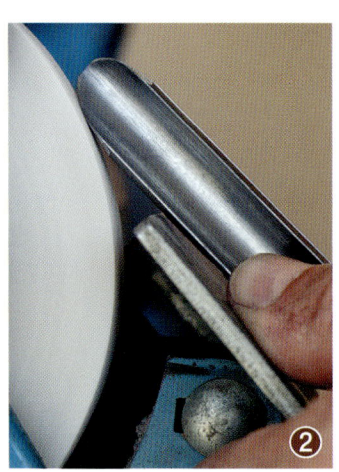

핑거네일 가우지와 둥근 스크래퍼

핑거네일 가우지나 둥근 스크래퍼를 잘 사용하려면 칼날은 반드시 매끈하게 볼록한 곡면형이어야 하며 곡선 중앙에는 40~45도의, 좌우에는 더 예리한 각도의 경사면이 만들어져 있어야 한다. 이처럼 다양한 각도를 연마하려면 지지대 위에 놓인 도구를 손으로 회전시켜 연마할 수 있어야 한다.

습식 그라인더에서는 아무리 힘을 주더라도 칼날이 타들어가지 않는다. 일부 습식 그라인더 장비 세트에는 가우지를 쉽게 연마할 수 있는 지그가 들어 있다. 이 지그들로도 쓸 만한 칼날을 만들어낼 수는 있다. 하지만 그릇 가공에 유용하게 쓰이는, 45도 각도의 코와 짧고 볼록한 곡면 날개를 가진 가우지 날은 연마할 수 없다. 습식 그라인더는 연마 속도가 더디기 때문에 건식 그라인더에서 빠르게 형태를 잡아가면서 시간을 절약하는 게 좋다.

맨손으로 연마 작업을 하려면 지지대를 가파른 각도로 설정하고 칼이 지지대 윗부분 끝에서 회전운동할 수 있도록 한다. 칼의 측면을 지지대에 올려 연마를 시작한다①. 그런 다음 칼을 회전시키면서 손잡이를 들어 올려가며 ②③ 날개에서 코 방향으로, 손잡이를 내리면서 코에서 날개 방향으로 연마를 진행한다.

연마하기

앞선 움직임을 위에서 내려다보면, 칼날이 왼쪽으로 약간 기울어진 상태에서 연마가 시작된다 ④. 칼날이 연마석과 수직을 이루도록 굴려서 홈 전체가 보일 때 코 부분이 연마된다 ⑤. 칼날 각도가 오른쪽으로 기울면서 손잡이는 내려간다. 동시에 칼날은 연마석 쪽으로 올라가게 되고, 오른쪽 날개 부분이 연마되면서 움직임이 완료된다 ⑥.

둥근 스크래퍼 연마도 가우지 연마와 매우 유사하다 ⑦⑧⑨.

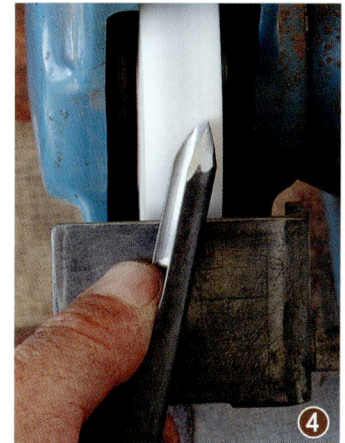

연마하기

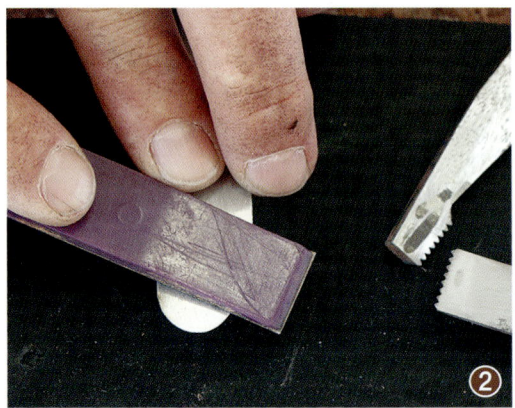

호닝

호닝이란 날카로움을 최대치로 끌어올리거나 복원하는 과정이다. 공구를 연마하면 가장자리에는 금속 거스러미가 남는다. 완벽하게 날카로운 날을 가지려면 이 거스러미는 제거돼야 한다. 정기적으로 호닝 작업을 해주면 날은 더더욱 날카로워질 것이다.

날을 호닝할 때에는 칼을 몸이나 작업대 또는 목선반에 단단히 고정해야 한다. 거스러미 제거부터 시작하는데, 목심에 150번 천 사포를 말아서 사용하면 된다①. 사포를 앞뒤로 세 번 문질러 거친 부분을 제거한다. 날이 뭉그러지지 않도록 홈에 단단히 밀착시킨 채 진행해야 한다.

스크래퍼 윗면의 거스러미를 제거하려면 평평한 판에 사포를 접착해서 사용하거나 (93쪽 오른쪽 가운데 사진 참조) 다이아몬드 호닝 툴을 사용한다②. 두 방법 모두 모양이 잡혀 있는 스크래퍼나 나사산 체이서의 연마에도 사용할 수 있다. 톱니나 날이 둥글어지지 않도록 칼날 평면만 호닝할 수 있게 주의를 기울여야 한다.

거스러미 제거가 끝나면 날이 뭉개지지 않도록 유의해 경사면을 연마한다③.

연마하기

후크 툴

많은 작업 과정에서 후크 툴은 내구성이 좋은 스크래퍼나 가우지로 대체됐지만, 여전히 많은 관심을 받고 있다. 후크 툴을 예리하게 하려면 날이 타지 않도록 습식 그라인더를 사용하며, 바깥쪽부터 연마해나간다. 우선 칼을 지지대에 견고하게 밀착시킨다①. 엄지손가락을 받쳐 위로 밀어주는 동작을 해준다②. 이때에는 습식 그라인더의 회전이 멀어지는 쪽(사진에서 시계방향)으로 해야 한다.

나는 이 앙드레 마르텔 André Martel사 후크 툴의 안쪽 면을 탁상 드릴에 저속 그라인딩 콘을 달아 연마했다. 다이아몬드 콘이 있다면 제일 좋다. 이때에는 탁상 드릴 정반에 손을 단단히 고정시켜야 연마되는 면을 세밀하게 조절할 수 있다③. 끝으로 날 내부 면을 원형 다이아몬드 스틱으로 호닝해 예리함을 유지하게 한다④.

커터

깊은 속파기에 흔히 사용되는 플랫 커터나 시어 스크래퍼는 고속 그라인더에서 수동으로 연마하기 어렵다(화상을 방지하기 위해 플라이어로 칼날을 잡고 연마할 수는 있다). 칼날을 태우지 않도록 습식 그라인더에 지그를 부착해 연마하는 것이 좋다①②. 커터를 연마하다가 호닝을 하고자 할 때, 커터에서 지그를 분리하면 안 된다. 그러지 않으면 지그의 설정 값을 되찾을 수 없게 된다③.

10장 | 선질 기법 _104쪽

11장 | 선질 프로젝트 _116쪽

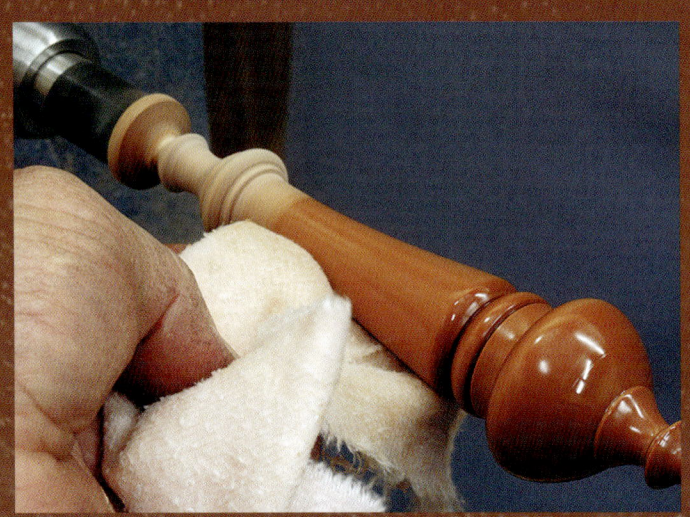

3부

선질 작업

선질 가공은 목선반을 이용한 우드터닝 기술의 기초에 해당한다. 수 세기 동안 우드터너들은 생활용품뿐 아니라 가구와 건축물에 필요한 동그란 부품을 대량 생산해내는 데 목선반을 사용해왔다. 낙타 코에 꿰는 막대기부터 야구 배트, 의자 다리에 이르기까지 이러한 물건 대부분은 목선반의 회전축과 나뭇결이 평행을 이루는, 기다란 환봉의 형태로 돼 있다. 환봉 가공은 선질이라고도 불린다. 손잡이처럼 짧은 기물이 척에 물려 가공되는 경우를 제외하고는 대부분 좌우 회전축 사이에서 목재를 가공한다.

선질은 마치 음악과도 같다. 비드, 코브, 필릿 같은 한정된 요소들을 음표 삼아 기본 테마를 거의 무한에 가깝게 변주해낼 수 있기 때문이다. 이러한 요소들은 직경과 길이를 다양하게 변화시키기도 하고, 복합적으로 사용됨으로써 개성 있는 결과물을 창작할 수 있도록 해준다.

10장

선질 기법

일반적 접근법

초벌 가공으로 원통 만들기_108쪽

선질 세부 가공

V자 홈_109쪽 비드_110쪽 좁은 비드_112쪽
코브_113쪽 오지_114쪽 파넬_115쪽

이번 장은 선질 터닝 기법에 대한 설명이다. 칼을 잡는 방법과 원리, 캐치를 피하는 방법, 그리고 거친 형태의 블랭크를 환봉으로 변형시키는 방법에 대해 설명할 것이다. 이후 기본적인 장식 요소인 비드, 코브, 홈, 오지ogee를 가공하는 방법을 살펴볼 것이다. 이러한 요소들은 의자와 식탁의 다리, 난간봉, 테라스 기둥, 그리고 그 밖에 가늘고 긴 형태의 요소들로 생활 속에서 쉽게 눈에 띈다.

나뭇결의 직각 방향으로 장식을 덧입히거나 굵기 변화를 주게 될 경우, 환봉이 깨끗하면서도 이어져 보이는 결을 만들 수 있다는 것이 우드터너에게 큰 이점이 된다. 이런 이유에서 여러 개의 홈으로 장식된 곡선들이 이어지는 전통적인 환봉에서는 직선형 원통 부분을 발견하기 어렵다.

선질용 칼

선질용 칼로는 러핑 가우지, 스큐, 스핀들 가우지, 파팅 툴이 사용된다. 사용되는 칼의 크기는 환봉의 크기와 개인의 선호도에 따라 달라진다. 작은 칼은 소형 작업에만 사용되는 반면, 큰 칼은 직경이 작은 작업과 큰 작업 모두에 사용할 수 있다. 단, 큰 칼은 매우 가느다란 환봉과 섬세한 세부 형태를 작업하기에는 그다지 편리하지 않다. 러핑 가우지는 한 개만 있어도 충분하고 홈은 깊든 얕든 상관이 없다.

스큐는 선질에서 가장 주요하게 사용되는 칼이다. 스큐는 캐치를 자주 발생시킨다는 악명을 가지고 있긴 하지만, 사실 그릇 터닝 과정에서 볼 가우지가 일으키는 캐치가 오히려 더 무시무시하고

선질용 칼. (위에서부터) 디테일 가우지, 스큐, 비딩 앤 파팅 툴, 얕은 러핑 가우지, 깊은 러핑 가우지.

절삭을 위한 일반적인 접근법

목재를 깎지 않고 깨끗하게 베어낸다면 힘들게 샌딩을 할 이유가 없어진다. 터닝의 기본은 목재가 칼날을 향해 돌아 내려온다는 것이다. 돌아 내려오는 목재와 칼날이 45도의 경사각을 이룬다면 깔끔하게 잘리게 된다. 우드터닝을 할 때에는 항상 45도를 기억하고 있어야 한다. 칼날이 45도보다 더 가파르게 설정된다면 절삭되는 양은 점점 줄어들다가 결국 더 이상의 칼밥이 나오지 않게 된다. 칼날 각도가 수평에 가까울수록 칼밥 크기는 커지고 강한 캐치가 생길 위험도 커진다. 칼날 모서리가 90도에 가까워지면 표면에 조악한 자국들이 남게 된다.

터닝에서 절삭의 핵심은 목재가 도구로 다가오도록 해주는 것이다. 즉 칼날을 회전하는 목재로 밀어 넣지 말라는 것이다. 최적의 각도(약 45도)로 유지하는 것을 잊어서는 안 된다. 그러면 목재는 아래로 회전하면서 칼날의 끝부분에서 잘려나가기 시작한다. 목재가 깎여나가기 시작하면 칼날을 앞으로 이동시키기 쉬워진다. 터닝이 진행됨에 따라 가우지나 스큐 칼등의 경사면이 목재에

위험할 수 있다. 그에 비하면 스큐 사용 중 발생하는 캐치는 짜증스럽고 불쾌한 정도일 뿐이니 사용법을 익히는 걸 미루지 말아야 한다. 사용법을 터득하면 스큐는 매우 놀랍고 재미있는 칼이다.

나는 직경 3인치(75mm) 이하의 환봉을 가공할 때에는 3/4인치(19mm) 스큐를 사용한다. 직경이 그보다 큰 경우, 안정성과 강도를 유지하기 위해 스크래퍼를 재가공해 만든 3/8인치(9mm) 두께의 1 1/2인치(40mm) 스큐를 활용한다. 칼 받침대를 따라 스큐가 원활하게 움직이게 하려면, 몸통 날 측면 모서리에 작은 곡면이 생기도록 사포질이나 연마 작업을 해줘야 한다.

1 1/4인치(30mm) 미만의 직경을 가공할 때라면 3/8인치(9mm) 스큐를 쓰는 것이 더 쉽겠지만, 대부분의 세부 형태 작업에서는 1/2인치(13mm) 디테일 가우지를 활용한다.

어떤 종류의 칼이든 가장 깨끗한 절삭면은 칼날이 다가오는 목재와 45도를 이룰 때 얻어진다.

닿게 되는데, 이때 목재를 누르는 느낌이 나서는 안 된다. 아래 그림의 화살표들이 보여주는 것처럼 모든 선질은 직경이 큰 쪽에서 작은 쪽으로 진행돼야 한다.

기초적인 선질 작업에 익숙해지려면 두께 2~2 1/2인치(50~65mm)에 길이 약 10인치(250mm)의 정사각 단면 블랭크로 연습해보는 것이 좋다. 블랭크 길이가 칼 받침대보다 짧으면 칼 받침대를 조정해야 하는 번거로움이 덜하다. 칼을 편안하게 잡을 수 있도록 칼 받침대를 설정한다. 목선반의 회전축 중심이 팔꿈치 높이 정도라고 가정하면 칼 받침대의 처음 높이는 회전축보다 살짝 높아야 한다. 블랭크의 직경이 줄어들면 칼 받침대의 높이도 서서히 낮아져야 한다. 당신이 키가 작은 편인데도 높은 목선반에서 작업을 진행해야 한다면 칼 받침대의 높이는 낮게, 반대로 키가 큰데 목선반은 낮다면 칼 받침대는 높게 설정돼야 한다.

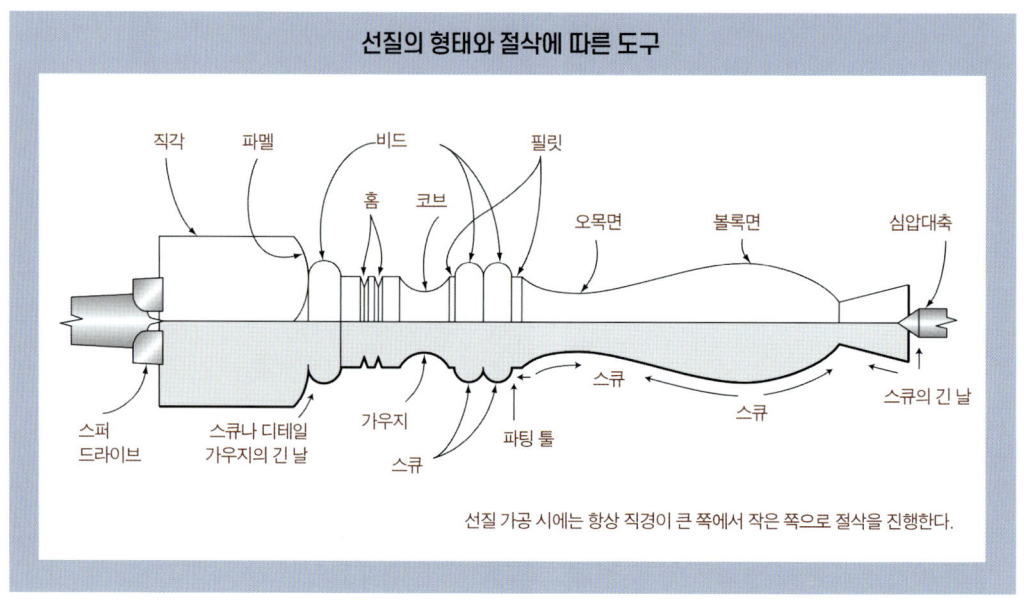

목선반의 속도 설정 - 나뭇결이 고른 선질용 블랭크

(단위: rpm)

직경	6인치(150mm)	13인치(305mm)	18인치(460mm)	24인치(610mm)	36인치(915mm)	48인치(1220mm)
1/2인치(13mm)	2500	2100	1500	900	-	-
2인치(50mm)	2000	2000	2000	1500	1200	1000
3인치(75mm)	1500	1500	1500	1500	1200	1200
4인치(100mm)	1000	1000	900	800	700	700
5인치(125mm)	900	900	700	700	600	600
6인치(150mm)	500	500	500	500	400	400

나뭇결과 밀도가 불규칙한 블랭크의 경우, 표기된 속도의 절반에서 시작해 블랭크가 균형을 잡아감에 따라 속도를 증가시켜야 한다.

캐치와 채터 자국

환봉 둘레에 나선형으로 발생하는 캐치와 채터 자국 블랭크 표면에 울퉁불퉁하게 생기는 절삭 자국은 두렵기도 하고 좌절감을 준다. 이런 현상은 충분히 피할 수 있다. 캐치는 칼날 모서리가 목재에 지지되지 못한 채 회전하는 목재에 닿게 되면, 칼날이 목재를 파고들거나 칼 받침대에 강하게 부딪혀 발생한다. 가장 단순하게 생길 수 있는 캐치는 칼날이 칼 받침대에 얹어지지 않은 상태에서 회전하는 목재에 닿았을 때 발생한다. 다른 종류의 캐치는 이런 현상의 변형된 사례이다. 오른쪽 그림과 같이 스핀들 가우지 홈을 위로 향한 상태에서 칼날의 옆면을 이용해 목재를 깎고자 할 때 캐치가 발생할 수 있다. 스큐의 캐치는 칼날의 절반 아랫부분을 사용함으로써 방지할 수 있다.

채터 자국은 나무가 칼날에 부딪혀 튕기는 현상 때문에 발생하고, 반대로 칼날이 튕길 때도 발생한다. 채터 자국은 목재의 축에 따라 절삭 순서를 지켜나가야 예방할 수 있다. 목재가 튕기는 현상을 막으려면 칼날을 목재로 강하게 밀어 넣지 말아야 한다. 그리고 가는 형태의 작업물은 손이나 스테디로 지지해줘야 한다 (22쪽 사진들 참조).

▶ 127쪽 '가늘고 긴 환봉' 참조

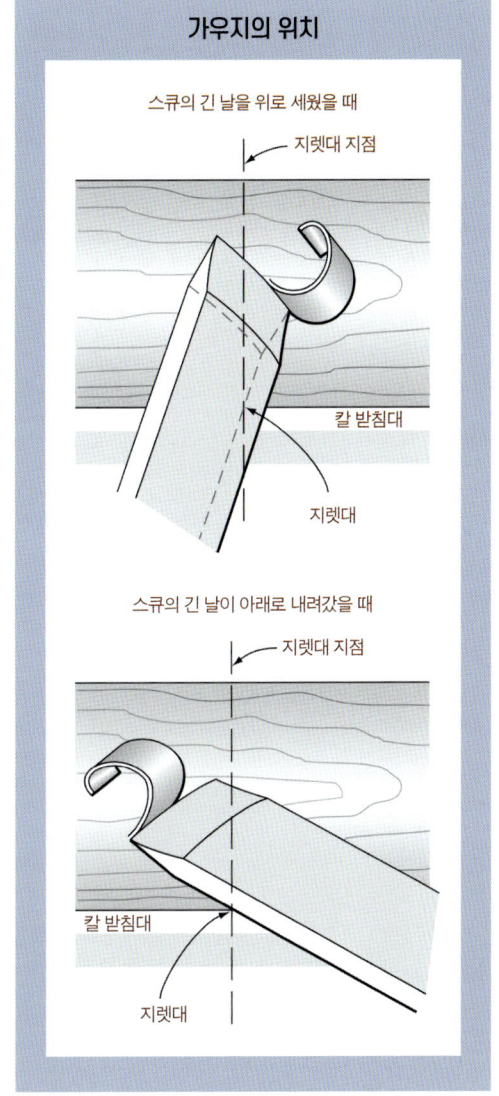

가우지의 위치

일반적 접근법

1~8 : 블랭크의 각진 모서리를 러핑 가우지로 제거하기
9~10 : 스큐로 다듬기

초벌 가공으로 원통 만들기

세부 형태 가공에 앞서 사각 단면 블랭크를 원통형으로 가공해야 한다. 홈이 깊거나 얕은 1인치(25mm) 러핑 가우지로 심압대에 가까운 쪽부터 스쿠핑 컷 가우지 곡면의 중앙을 이용해 떠내듯이 긁어 깎는 방법을 진행한다❶. 사각형의 흔적을 유지하면서 최대한 빠른 시간 내에 원통에 가까운 형태를 만들어 내기 위한 것이다. 러핑 가우지의 홈을 목재를 깎아내는 방향으로 살짝 굴려 기울여주고, 칼 몸통을 손으로 감싸 쥐어서 파편이 날아오는 것을 방지한다❷. 목재의 왼쪽 끝은 러핑 가우지를 반대방향으로 굴려 깎아낸다❸. 절대로 필요한 것보다 많은 양의 목재를 깎아내서는 안 된다.

목재 모서리를 가공한 후 원통 길이 방향으로 두어 번 절삭해서 불규칙한 면을 깎아낸다❹. 이렇게 하면 길이 방향으로 넓은 나선형 자국이 남게 되는데, 스큐로 매끈하게 다듬어준다. 스큐의 긴 날을 위로 가도록 잡고 원통의 오른쪽 방향으로 절삭한다❺. 그 다음 스큐를 반대로 가도록 해 왼쪽 끝 방향으로 진행시켜준다. 긴 날을 아래로 해 절삭할 방향을 가리키도록 한다❻. 긴 날을 위아래 어디로든 사용할 수 있지만, 아래 방향일 때 캐치가 덜 발생한다.

1인치(25mm) 미만의 블랭크는 스큐만으로 초벌 작업을 할 수 있으며, 한쪽 끝에서 시작한다. 스퍼 드라이브에 칼날이 닿지 않도록 나뭇결과 직각 방향으로 3/8인치(9mm) 지점을 찍어준다❼. 이 지점을 향해 스큐로 절삭을 진행한다❽. 원통을 다듬을 때에는 긴 날이 위로 가도 무관하다❾.

선질 세부 가공

V자 홈

V자 홈은 스큐의 긴 날을 아래로 가도록 위치시킨 뒤 절삭한다. 홈이 깊은 경우라면, 칼 받침대에 닿은 축을 기준으로 스큐 칼끝이 서서히 낮아지는 방식으로 진행해나간다①. 홈 중심을 찾아준다②. 스큐의 긴 날을 이용해 좌우로 번갈아가며 잘라나간다③④. 캐치 없이 홈을 가공하는 비결은 절삭하려는 방향으로 스큐의 경사면을 정렬하고, 절삭이 이뤄지는 동안 그 경사면이 절삭면에 접촉되도록 하는 것이다. 절삭 전에 반드시 칼날과 목재는 떨어져 있어야 한다는 점, 그리고 긴 날의 끝을 사용한다는 점을 유의한다.

연습을 위해 ⅜인치(9mm) 깊이에 1¼인치(30mm) 간격을 가진 홈을 대칭이 되도록 만들어보자.

캐치의 위험을 줄이기 위해 경사면이 긴 핑거네일 가우지로 홈을 가공할 수도 있다. 가우지를 사용할 경우, 날의 두께와 형태 때문에 좁고 깊은 홈을 만들 수 없다는 단점이 있다. 스큐와 마찬가지로 칼날의 경사면을 절삭하고자 하는 방향으로 정렬한 뒤, 칼날을 목재로 집어넣어 깎아나간다⑤. 홈이 끝나는 지점에서 칼날을 돌려 반대편 표면에 캐치가 일어나지 않도록 해준다⑥.

선질 세부 가공

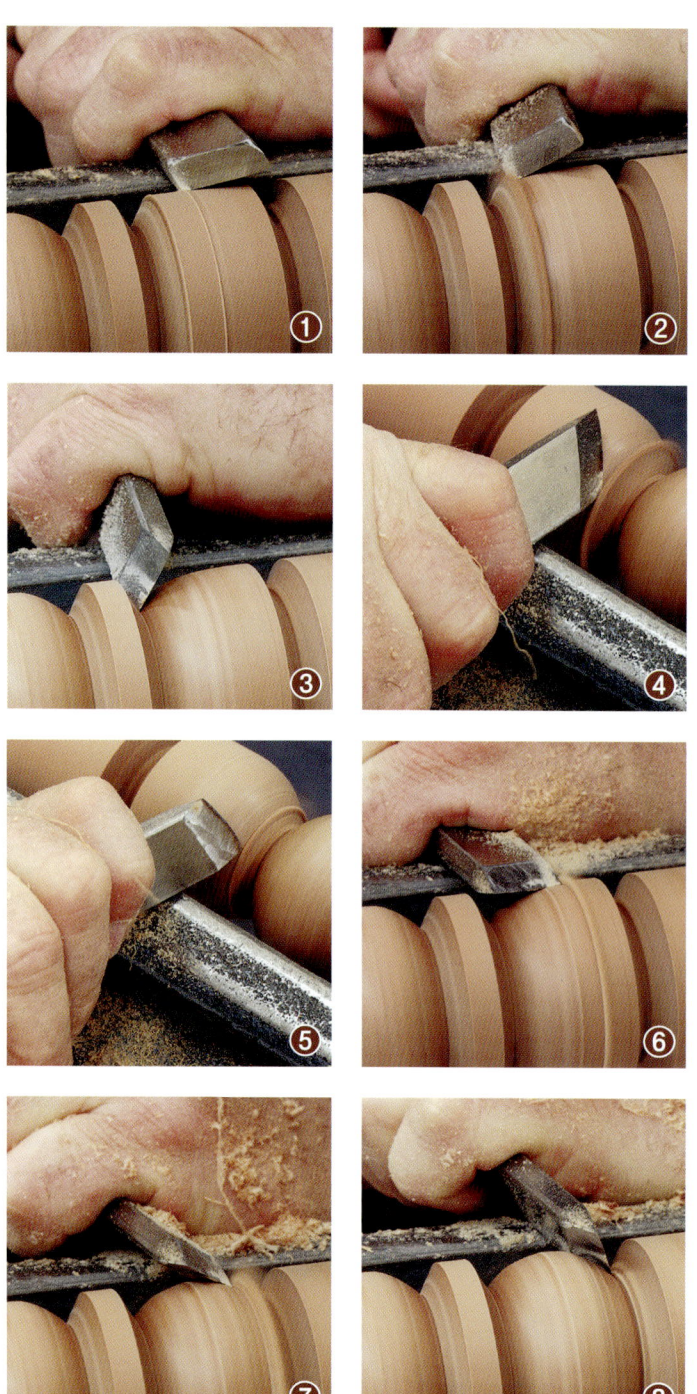

비드

비드를 성공적으로 가공해내는 것 역시 우드터닝의 진정한 즐거움 중 하나이다. 비드를 터닝할 때에는 날카로운 스큐의 모서리를 사용하게 되는데 목재를 강하게 밀어서는 안 되며 나무가 칼날에 다가와서 깎이도록 해야 한다. 한 번에 비드를 완성하려 하기보다는 여러 번에 걸쳐 가공하는 편이 좋다.

처음에는 한 쌍의 홈을 만들어 비드의 폭을 정한다. 스큐의 경사면이 절삭면을 타고 다니도록 해서 비드의 가운데 부분을 깎아나간다①. 스큐를 천천히 눌러 굴려주는 방식으로 나머지 부분을 절삭한다②③. 스큐의 칼날이 목재를 누르지 않도록 부드럽게 움직여주는 것이 요령이다. 비드는 두어 번의 칼질로도 만들어낼 수 있지만, 처음에는 곡선을 그리면서 아주 가볍게 깎아나가는 것이 좋다. 잘라낸 것을 대체할 방법이 없으므로 주의를 기울여서 진행한다.

곡선이 점점 가팔라질수록④ 비드의 모서리는 시야에서 사라지게 된다. 칼을 치우고 모서리 상태를 확인한 뒤, 스큐의 긴 날로 마무리 작업을 진행한다⑤. 반대편 곡선을 가공하기 위해 대칭면에 앞선 과정을 반복한다⑥⑦⑧. 모서리 부분 가공 시 칼날은 비드에서 떨어져 있어야 한다.

선질 세부 가공

비드를 가공할 때 가장 인기 있는 도구는 직각 형태의 1/2인치(13㎜)짜리 비딩 앤 파팅 툴이다. 스큐와 거의 비슷한 방식으로 사용되지만 절삭면 방향으로 날이 약간 기울어 있다 ⑨. 방향에 따라 칼을 뒤집을 필요가 없기 때문에 보다 효율적인 절삭이 가능해진다 ⑩.

비드는 길쭉한 핑거네일 형태의 디테일 가우지로도 가공할 수 있다. 하지만 홈을 가공할 때와 마찬가지로 디테일 가우지는 스큐처럼 깊은 가공이 불가능하고, 비드끼리 만나는 곡선의 끝점을 완벽하게 마무리하기 어렵다.

비드의 중앙에서부터 가우지의 경사면을 목재에 문지르듯이 절삭을 시작한다 ⑪. 칼 받침대를 따라 서서히 움직이며 가우지를 굴려준다 ⑫. 곡선과 연결 부위의 세부 형태를 표현하기 위해 가우지 칼끝은 곡면이 끝나는 지점과 만나면서 가공이 끝난다 ⑬. 반대편 곡선을 절삭하기 위해 대칭면에 앞의 과정을 되풀이한다. 칼끝의 밑면으로 절삭이 이뤄진다는 점을 잊지 말자 ⑭⑮.

비드 가공을 연습하려면 일련의 V자 홈을 일정한 간격으로 만든 뒤, 스큐나 비딩 앤 파팅 툴을 이용해 원통 부분을 둥그렇게 깎아나간다 ⑯. 가우지로는 그다지 만족스럽지 못할 것이다. 연필로 비드의 중앙을 표시해두면 연습 과정에 도움이 된다.

▶ 109쪽 'V자 홈' 참조

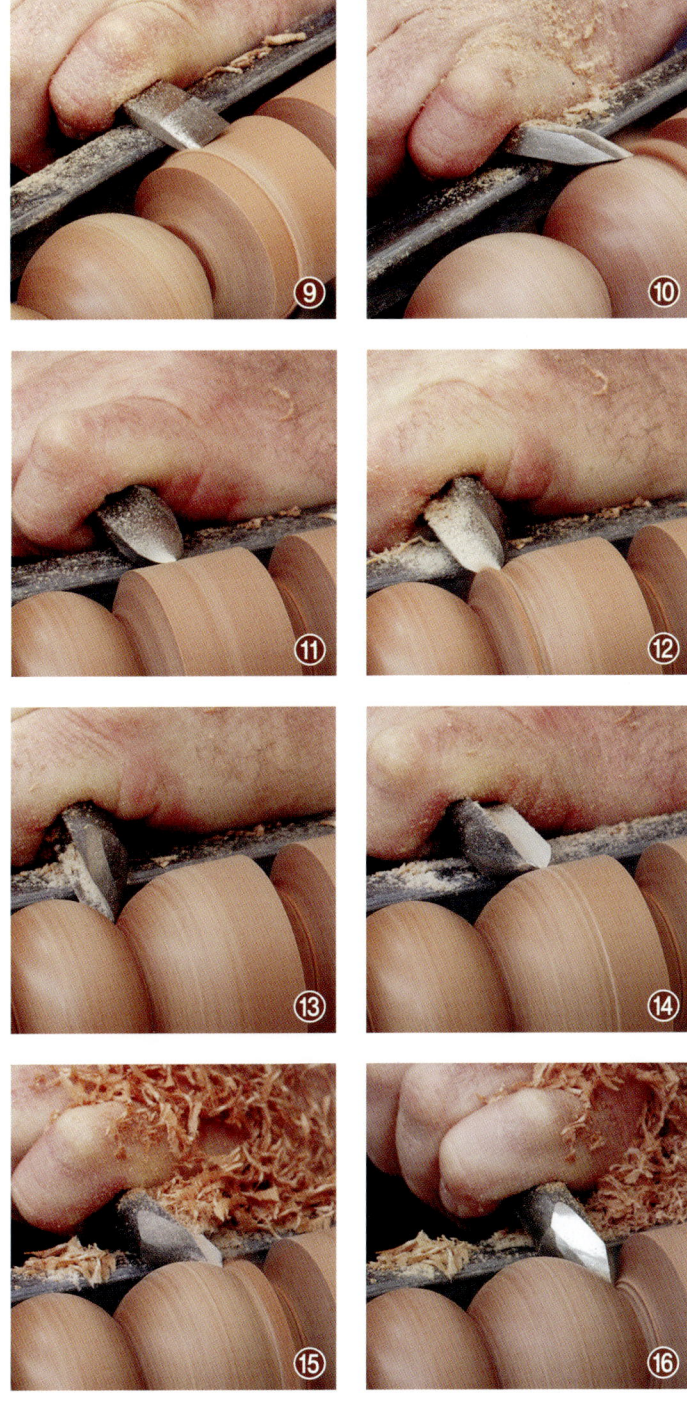

선질 세부 가공

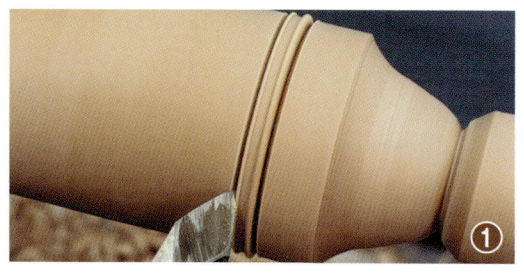

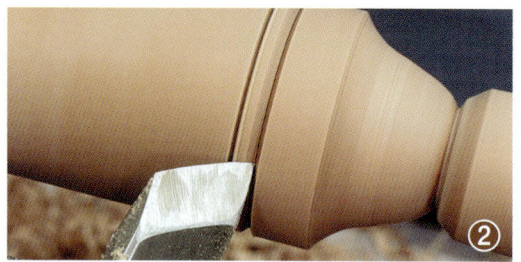

좁은 비드

좁은 비드는 칼날을 굴리기 힘들기 때문에 공간을 먼저 만들어놓은 후 필링 컷 peeling cut, 칼날의 전체 혹은 일부 면을 사용해 껍질을 깎듯이 가공하는 방법으로 모양을 만든다. 3/16인치(5mm) 폭의 비드는 3/4인치(19mm) 스큐로 만든다.

스큐의 긴 날로 비드의 너비를 설정한다①. 스큐의 긴 날로 비드의 양쪽 면을 대략적으로 깎아준다②③. 최종적으로 섬세한 필링 컷으로 모가 난 부분을 다듬어준다④⑤.

선질 세부 가공

코브

코브는 디테일 가우지로 가공하는 것이 가장 좋지만, 직경 3인치(75㎜)까지는 표준적인 스핀들 가우지도 사용할 수 있으며, 직경이 더 클 경우 더 견고하고 단단한 디테일 가우지를 선택하는 것이 좋다. 절삭은 양방향에서 이뤄진다❶.

코브의 너비를 표시한 다음, 선 안쪽에 초벌 절삭을 몇 차례 수행한다❷. 그런 다음 칼날의 경사면을 잘라낼 방향에 맞춰 정렬한 뒤 목재를 타고 들어가면서 회전운동을 해준다❸. 캐치를 방지하기 위해 가우지 홈의 곡면은 코브의 곡면과 방향을 일치시킨다. 사진에서 보이는 것처럼, 코브 중심으로 접근할수록 가우지를 틀어 칼끝 바로 밑부분에서 절삭이 이뤄지도록 한다❹.

반대쪽에도 동일하게 작업하고❺❻, 남아 있는 굴곡을 칼끝으로 제거한다❼.

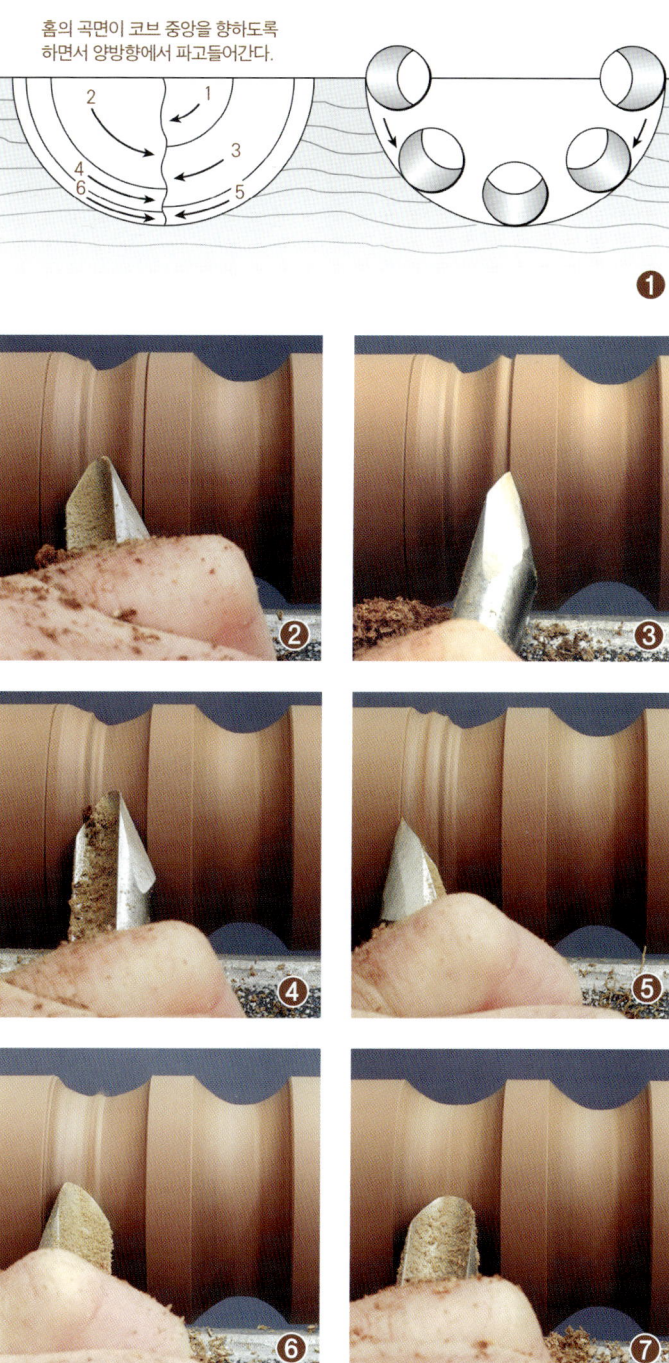

10장 선질 기법

선질 세부 가공

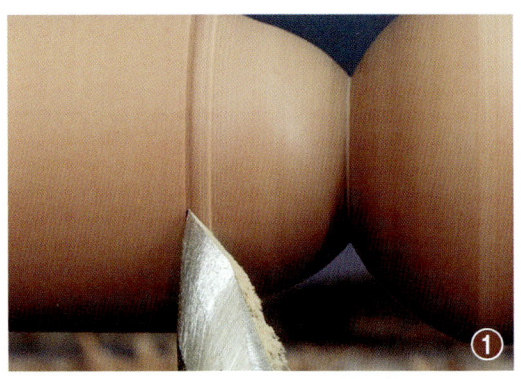

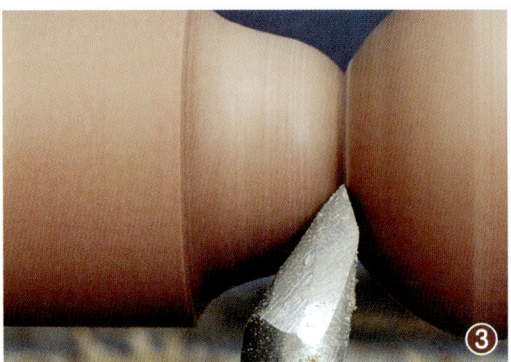

오지

오지는 장식적인 환봉에 흔히 사용하는, 코브와 비드의 S자형 조합이다. 오지는 스핀들 가우지로 터닝하는 것이 가장 좋다.

위쪽은 코브이므로 가우지 작업을 측면에서부터 진행한다①. 가우지의 경사면이 목재에 지지돼 문지르는 동작이 시작되면 서서히 칼날을 돌려② 오지의 곡선을 만들어준다. 볼록한 곡선이 만들어지면 가우지를 다시 돌려 곡선의 끝점을 찾아낸다③.

선질 세부 가공

파멜

환봉의 각진 부분이 둥그렇게 바뀌는 부분을 파멜 pommel이라 한다. 테이블이나 의자의 다리, 계단 끝 기둥 등에서 쉽게 발견할 수 있다. 이 기법은 홈, 코브, 오지를 제작하는 방식과 크게 다르지 않지만, 칼날의 경사면이 목재에 의지해 들어갈 수 있는 영역이 제한적이다. 비결이 있다면, 칼날이 목재와 닿아 있건, 허공을 가르고 있건 칼을 궤적에 따라 서서히 이동하는 것이다. 그러면 칼날의 경사면이 파멜의 턱을 만들어낸다. 칼을 너무 빠르게 밀어 넣으면, 목재 밑으로 칼이 들어가 뒤따라오는 파멜에 캐치가 생기므로 주의해야 한다.

정사각형 단면을 가진 블랭크의 한쪽 면에 직각이 생길 부분을 표시해준다. 스큐의 긴 날 끝을 이용해 V자 홈을 만들어 목재가 회전하는 동안 선명하게 확인할 수 있어야 한다①. 끝점이 원통에 닿을 때까지 가파른 각도로 V자 홈 작업을 지속한다. 이후 표시한 선에 맞도록 한 차례 절삭을 진행해 파멜의 끝선을 깨끗이 정리해준다②.

파멜의 아랫부분을 원통으로 만들려면 러핑 가우지를 사용해 나머지 모서리 부분을 제거하면 되지만, 나는 두께 2인치(50mm)까지의 목재는 스큐로 가공하는 것을 선호한다③. 스큐 손잡이를 살짝 낮추고 짧은 날을 이용하면 파멜과 원통의 교차점까지 깔끔하게 가공할 수 있다④⑤.

스큐의 긴 날로 파멜을 둥글게 만들 수 있다⑥. 우선 작은 V자 홈을 가공해 뜯겨 올라온 나뭇결을 정리한 후 오른쪽에서부터 아치 형태로 매우 천천히 왼쪽 밑으로 움직인다⑦. 이 과정을 통해 아주 매끄러운 형태의 연결부가 완성된다⑧.

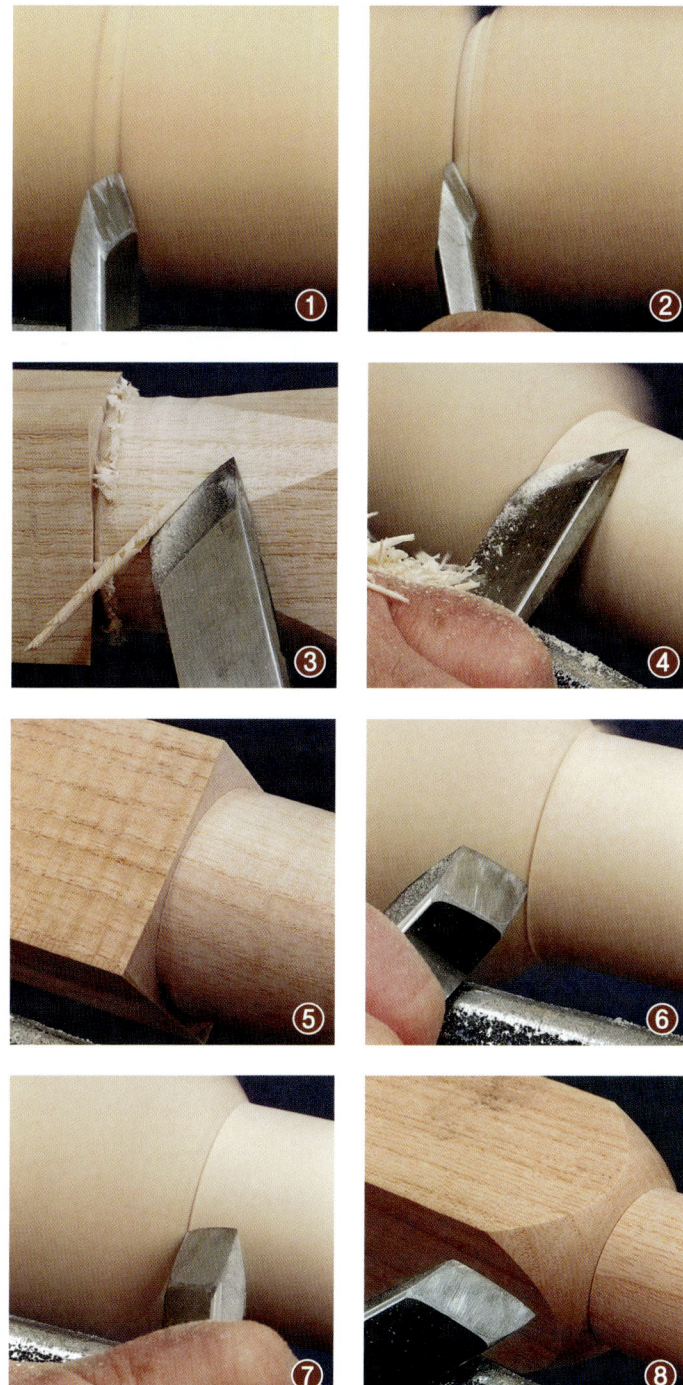

10장 선질 기법

11장

선질 프로젝트

손잡이

소형 칼 손잡이_117쪽
칼 손잡이_118쪽

다리

파멜이 포함된 테이블 다리_120쪽
캐브리올 다리_122쪽

기타

스플릿 터닝_124쪽 원통_126쪽
가늘고 긴 환봉_127쪽

이 장에 등장하는 선질 프로젝트에는 10장에서 다룬 모든 기법이 적용될 것이다. 유사한 프로젝트를 진행할 때 이 장에 나오는 절차들을 참고하면 우드터닝 기술을 익히는 데 도움을 얻을 수 있을 것이다.

칼 손잡이 제작 과정을 참고하면 대형 칼 손잡이약 400㎜를 가공하거나 오른쪽 사진처럼 작은 크기의 가우지를 만들 때에도 도움이 될 것이다. 파멜이 포함된 테이블 다리의 제작 과정은 훨씬 큰 건축물의 기둥이나 계단 끝 기둥에 이르기까지, 어떤 종류의 환봉 제작에도 적용할 수 있다. 캐브리올 다리 만들기는 재미있고 도전적이며, 편심 가공offset turning을 위한 좋은 연습이 된다. 스플릿 터닝에 대한 설명은 가구와 건축을 위한 목공에 아름답게 적용될 수 있는 요소를 제작하는 방법을 보여준다. 가늘고 긴 환봉을 제작하는 방법을 통해 펜이나 실뜨기용 실패 같은 얇은 물건을 어떻게 만드는지 알게 될 것이다.

소형 칼의 손잡이를 만들기 위한 블랭크는 가공 전에 미리 공구에 접착할 수 있다. 척과 롱 조를 사용해 공구 부분을 물려 놓고 블랭크를 가공하면 된다.

손잡이

소형 칼 손잡이

페럴 공구를 고정한 목재 부위가 벌어지는 것을 막아주기 위한 금속 고리이 필요 없는 소형 칼 손잡이의 경우, 코코볼로처럼 밀도가 높은 하드우드를 선택하고, 탁상 드릴로 칼 몸통과 직경이 같은 구멍을 뚫어준다❶. 순간접착제로 칼을 접착하고 칼 부분을 척에 부착하는데, 이때 블랭크가 조에 닿지 않도록 간격을 확보해준다. 반드시 그래야 하는 건 아니지만, 심압대축으로 지지해주는 것이 안전에 도움이 된다❷. 샌딩을 하기 전에 스큐의 긴 날을 이용해 끝부분을 터닝하고 다듬어준다❸. 마감재를 도포하는 일만 남았다❹.

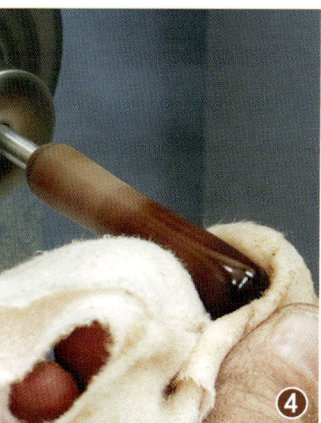

손잡이

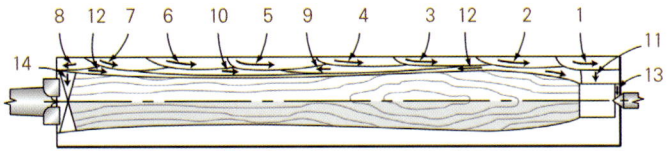

1~10: 러핑 가우지로 초벌 절삭 11: 파팅 툴로 페럴이 삽입될 크기의 장부촉 가공
12: 스큐로 형태 정리 13: 스큐의 긴 날로 페럴과 횡단면의 정리 14: 스큐의 긴 날로 절개

❶

칼 손잡이

손잡이 길이는 공구의 용도에 맞아야 한다❶. 이 우드터닝용 칼 손잡이는 옹이와 가로결이 없고 길이가 15인치(380㎜)에 두께가 1³⁄₈인치(35㎜)인 곧은결의 물푸레나무 블랭크로 만들었다. 여기에는 ³⁄₄~1인치(19~25㎜) 직경의 페럴이 필요한데, 이는 버려진 동파이프로 만들어도 된다.

페럴을 만들려면 롱노즈 조에 짧은 파이프를 물리고 스크래퍼로 양 끝을 다듬은 후 가장자리, 특히 내경 테두리를 둥글게 굴려줌으로써 이후에 페럴을 손잡이에 끼울 때 횡단면을 파고들어가지 않게 한다. 목선반은 400rpm으로 설정하고 스큐나 고속강 스크래퍼로 테두리를 다듬는다❷.

초벌 절삭으로 사각 단면 블랭크를 원통으로 만들고, 심압대 쪽 끝부분에 페럴의 길이를 표시한다❸. 캘리퍼스를 페럴 내경에 맞게 조정한 뒤 이 캘리퍼스(사진은 버니어 캘리퍼스)로 블랭크 끝부분을 페럴이 들어갈 수 있게 정확하게 가공한다❹. 비딩 앤 파팅 툴이나 스큐를 칼 받침대에 평평하게 놓고 필링 컷을 진행한다.

페럴은 끼워 넣은 이후에도 항상 단단하게 고정돼 있어야 한다. 정확하게 목재에 맞물리려면 장부촉 부분을 최종 크기에 가깝게 가공한다. 이후 장부촉 모서리를 다듬고 페럴을 시험 장착해 본다❺. 페럴이 목재에 마찰되면서 생기는 선은 페럴의 정확한 직경을 나타낸다. 장부촉을 완성한 다음, 스큐의 긴 날로 장부촉 아래쪽 모서리에 ¹⁄₆₄인치(0.5㎜)가량 절개선을 내준다❻. 이 방법을 쓰면 페럴을 끼우는 과정에서 깎여나온 가느다란 섬유질을 장부촉 끝부분에서 쉽게 제거할

손잡이

수 있다. 장부촉 가공이 끝난 뒤에는 페럴을 장착하는데, 이때 비슷한 크기의 페럴을 이용해 두드려주면 된다 ⑦.

페럴이 장착됐으면 블랭크를 다시 고정하고 터닝을 완료한다. 먼저 스큐의 긴 날로 장부촉을 페럴 끝까지 평평하게 절단한다 ⑧. 제거해야 할 부분이 많다면 심압대축을 조여놓고 작업한다.

그런 다음 가우지로 대략적인 형태를 잡아주는데, 부드러운 표면을 원한다면 스큐로 작업을 완료한다 ⑨. 손잡이가 점점 얇아져가면 채터 자국을 방지하기 위해 손으로 절삭면 뒤를 받쳐줘야 할 수도 있다 ⑩. 손잡이와 페럴을 사포질하고 왁스 마감재를 도포한다. 스퍼 드라이브 근처의 목재 부분에 깊은 V자 홈을 가공한 뒤 스큐의 긴 날로 잘라낸다 ⑪⑫.

마지막으로 목선반의 척에 장착된 드릴로 손잡이에 칼 몸통이 박힐 구멍을 뚫는다. 심압대축의 구멍을 이용하면 목재 중심과 드릴 중심을 쉽게 맞출 수 있다 ⑬. 심압대축을 제거하고 칼 손잡이의 바닥면을 심압대축의 구멍에 갖다 댄다 ⑭. 칼 손잡이를 단단히 붙잡고 목선반을 작동시킨 뒤 심압대 손잡이를 돌려 칼 손잡이를 드릴 방향으로 밀어 넣는다 ⑮. 칼 손잡이의 바닥면은 손으로 사포질을 하거나 척에 작은 샌딩 디스크를 장착해서 샌딩을 해준다.

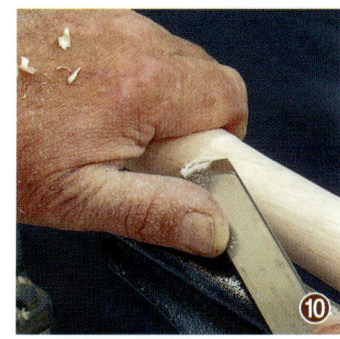

> **팁** 손잡이마다 모양과 장식을 다르게 하면 칼밥에 파묻혀 있어도 칼의 종류를 식별하기가 쉽다.

다리

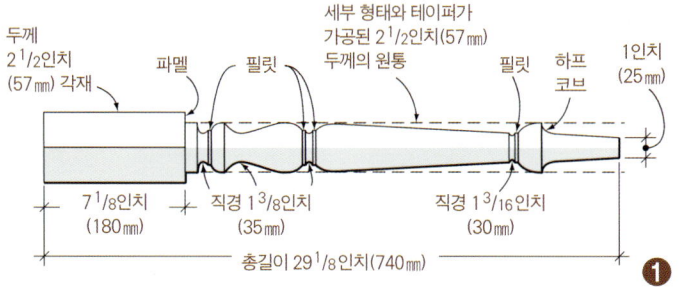

파멜이 포함된 테이블 다리

원통 부분이 정사각형 단면을 가진 파멜의 한가운데에 대칭으로 위치해야 할 경우, 블랭크 중심을 두 회전축 사이에 정확히 고정해야 한다는 점을 염두에 두고 블랭크를 목선반에 장착한다 ①. 장착된 블랭크에 파멜의 위치를 표시하고, 스큐의 긴 날로 V자 홈 작업을 진행한다 ②. 다음으로 러핑 가우지를 사용해 원통 부분을 가공한다 ③. 스토리 스틱 형태의 높낮이 위치를 표시하기 위한 템플릿을 사용해 외형의 세부 형태를 표시한다 ④.

▶ 59쪽 '선질에 표시하기' 참조

캘리퍼스로 정확한 직경을 측정한 뒤 파팅 툴을 사용해 필릿 부분을 깎아낸다 ⑤. 핑거네일 형태의 디테일 가우지를 사용해 코브, 필릿, 하프 비드가 조합된 형태를 가공한다 ⑥. 볼록한 곡면의 가공에는 스큐를 사용한다 ⑦.

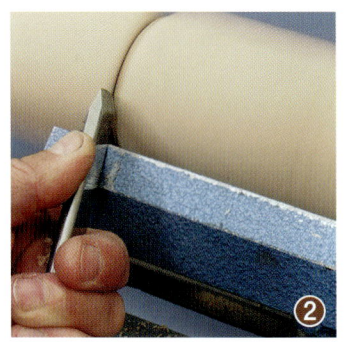

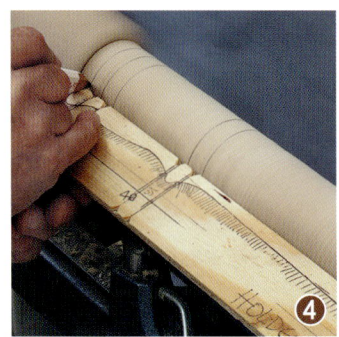
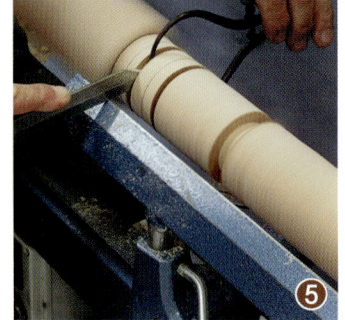

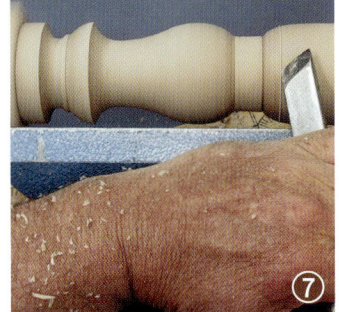

다리

칼을 바꿔가면서 작업하면 시간을 허비하게 되므로 코브와 필릿이 섞여 있는 부분의 가공에는 가우지만 사용한다⑧⑨. 가우지를 굴리면서 깎아낼 때, 예리한 교차점 부분에 가우지의 측면 날이 닿지 않도록 주의해야 한다.

긴 테이퍼를 만들기 위해서는 러핑 가우지를 사용해 살을 많이 덜어낸 후 스큐로 표면을 다듬어준다⑩. 칼 받침대에 스큐를 평평하게 위치시키고 다리 끝의 불필요한 부분을 필링 컷으로 깎아낸다⑪. 이후 왼쪽으로 이동해 하프 비드를 가공한다⑫.

디테일 가우지를 사용해 코브와 필릿을 만들어준다⑬. 다음은 하프 코브를 깎는다⑭. 디테일 가우지를 사용해 다리 아래로 길게 곡선을 연결해주고 나면, 스큐로 다리 끝부분까지 곡선을 방해하지 않고 가공을 완료할 수 있다⑮. 작업물을 샌딩하고 나서도 표면과 세부 형태는 사진에서 보이는 것처럼 반드시 나타나야 한다⑯.

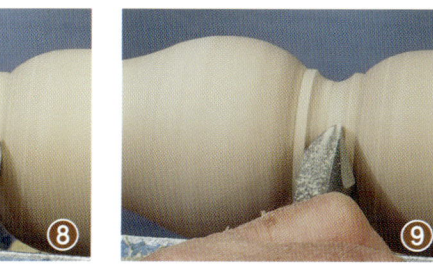

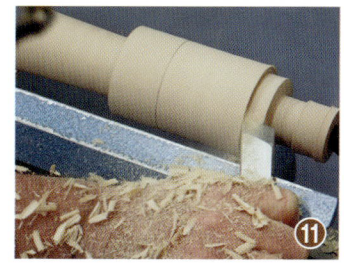

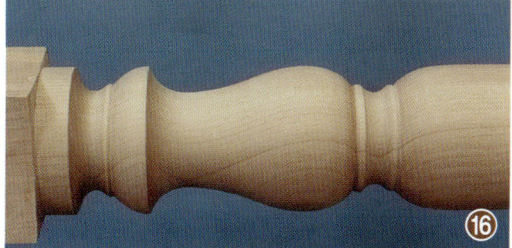

다리

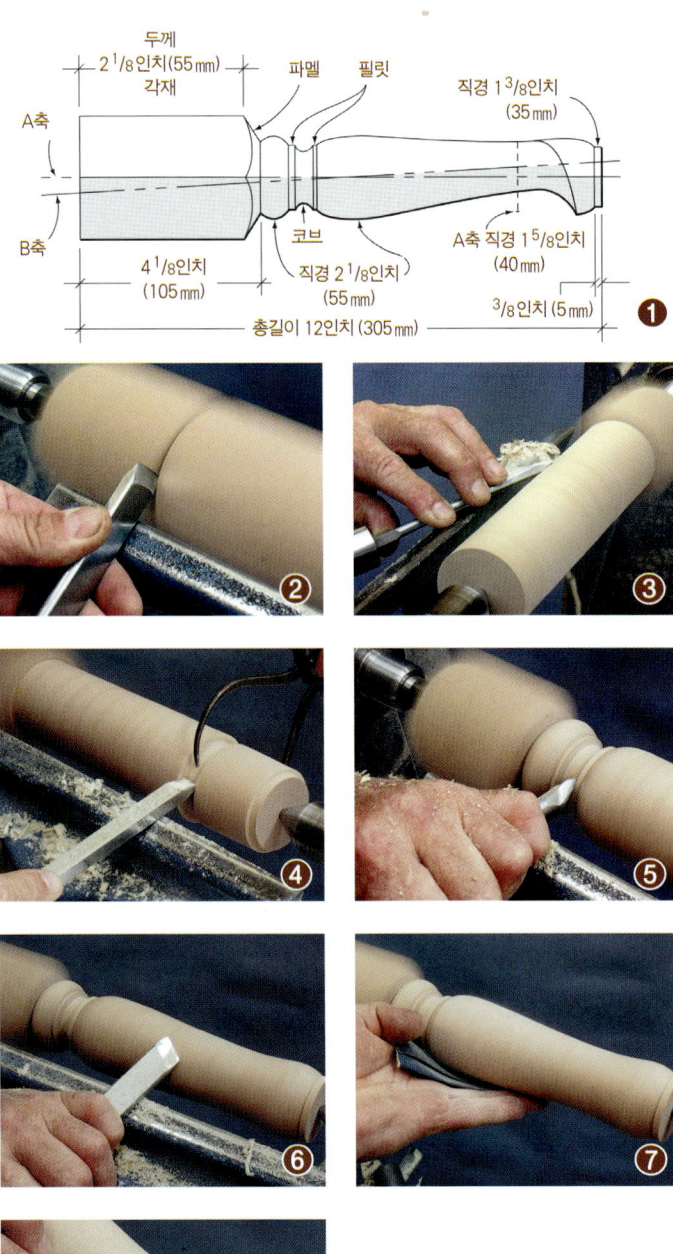

캐브리올 다리

블랭크를 원통으로 가공하고 파멜의 위치를 표시한다❶. 블랭크는 마감됐을 때의 길이보다 3/16인치(5mm)가량 길어야 하는데, 다리의 발굽 부분에 척 자국이 남지 않도록 하기 위해서다.

먼저 스큐의 긴 날을 이용해 파멜의 끝부분을 절삭한다❷. 러핑 가우지를 사용해 파멜 오른쪽의 다리가 될 부분을 원통으로 가공해주고, 스큐로 표면을 다듬는다❸.

이후 발의 직경과 다리의 가장 좁은 부분을 가공한 뒤❹ 필릿의 크기를 맞춰준다. 다음에는 디테일 가우지를 사용해 비드와 코브의 조합을 만든다❺.

발 끝부분에 3/16인치(5mm)의 여유분을 남겨두고 다리를 가공한다❻. 전체 면에 샌딩 작업을 진행한다❼. 샌딩 작업은 튀어 나온 발의 위치가 표시되기 전에 이뤄져야 한다❽.

다리

블랭크를 B축에 재배치한다 ⑨. 이때 일반적으로 원통 직경의 약 3분의 1 정도를 B축의 중심으로 선택한다. 새로운 축에 배치된 블랭크를 디테일 가우지를 활용해 잔상 왼쪽부터 시작해 발의 곡선을 가공한다. 잔상이 거의 사라질 때까지 작업을 지속한다 ⑩. 스큐를 사용해 다리를 완성하는데 ⑪ 무릎과 발목 사이에 남아 있는 잔상을 제거하는 것이다. 이때 무릎과 발목 사이는 목선반이 작동 중인 상태에서 샌딩해준다 ⑫.

샌딩이 끝난 후 다시 A축에 다리를 장착한다. 발에 남은 연필 자국은 샌딩으로 지워주고, B축 중심에 남은 자국을 절삭해서 없애준다 ⑬. 남은 부분을 최대한 줄인 뒤 ⑭, 가공된 다리를 목선반에서 떼어낸 후 끌을 사용해 남은 부분을 깎아낸다. 잘 설치된 목선반에서 작업이 진행됐다면, 손으로 다리의 발 부분을 붙잡고서 전원을 차단하는 도중에 완전히 잘라내는 방법도 있다. 캐브리올 다리가 완성됐다 ⑮.

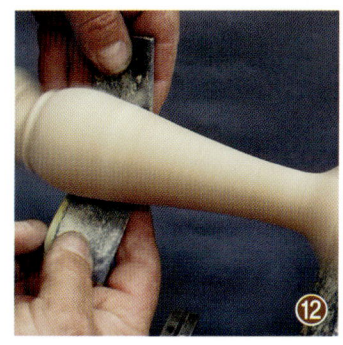

기타

스플릿 터닝

가구나 건축의 디자인 요소로 활용하기 위해 반쪽짜리 환봉이 필요한 경우가 생기곤 한다. 가공된 환봉을 반으로 켜내는 것은 어렵고 위험하며 더구나 완벽한 반원형의 단면을 가질 수도 없을 것이다. 전통적인 선질 기법 중에는 두 개의 목재로 조립된 블랭크를 터닝 후 분리시키는 방법이 있다. 두 목재를 붙일 때 사이에 종이를 끼우는데, 가공 후 목재의 분리를 쉽게 해주기 위한 것이다.

접합할 면이 평평한지 확인하면서 두 개의 절반짜리 블랭크를 준비한다. 각 면에 접착제를 바르고❶ 그 사이에 두껍고 흡습성 좋은 종이 한 장을 끼워 넣고 클램프로 조여준다. 접착제가 완전히 굳도록 해준다.

합쳐진 블랭크를 목선반 축에 고정한다. 드라이브 센터와 심압대축 끝에 달린 촉이 목재를 분리시킬 수 있으므로 블랭크 양 끝 중앙에 작고 얕은 구멍을 뚫어준다❷. 또한 드라이브 스퍼에 나 있는 네 개의 날이 각각의 목재에 두 개씩 박힐 수 있도록 대각선으로 배치하고❸ 컵 심압대축을 사용한다❹. 작업물이 커서 더 단단하게 고정해야 한다면, 직각이 잡혀 있는 부분에 테이프나 고

기타

무밴드를 감아 블랭크가 분리되는 걸 예방해야 한다. 작업이 진행됨에 따라 테이프나 밴드 위치를 가공면에서 멀어지도록 이동시킨다.

선질 가공이 완료되면 심압대 쪽 끝부분을 잘라낸 다음, 칼이나 끌을 나무망치와 함께 사용해 끝부분부터 절개해준다 ⑤⑥. 종이가 붙어 있던 부분을 디스크 샌더로 샌딩하고, 고무밴드를 이용해 다시 하나로 합쳐준 다음 척에 물린 디스크 사포로 끝부분을 다듬는다 ⑦. 대칭을 이루는 한 쌍이 완성됐다 ⑧.

기타

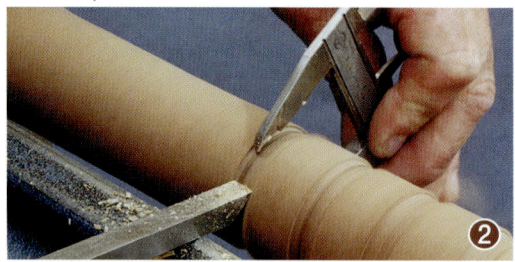

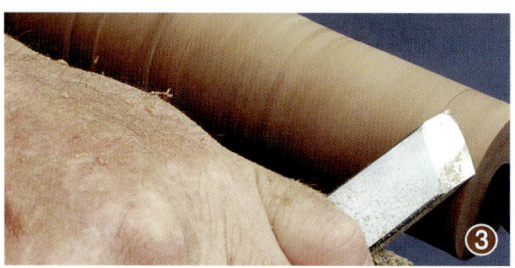

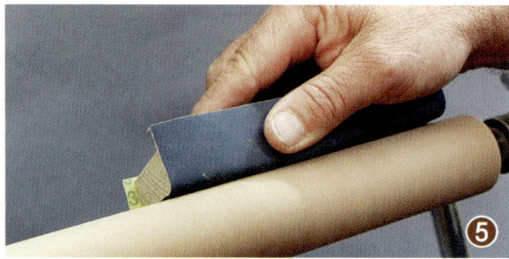

원통

먼저 러핑 가우지를 사용해 블랭크를 표면에 평면이 약간 남아 있을 때까지 가공해나간다 ①. 그다음 캘리퍼스와 파팅 툴, 또는 작은 스크래퍼를 사용해 2인치(50mm) 간격으로 블랭크에다 직경을 깎아 표시해준다 ②. 캘리퍼스가 목재에 흠집을 내지 않도록 캘리퍼스의 턱을 둥글게 굴려주는 것이 좋다 (56쪽 사진 참조).

이제 설정된 두께 값 사이에 남아 있는 살을 덜어낸다. 이때 가우지보다 스큐를 사용하는 편이 좋다. 스큐의 경사면을 목재에 지지시킨 상태에서 절삭이 이뤄져야 한다는 것을 잊지 말아야 한다. 스큐를 한 방향으로 보내서 한쪽 끝을 정리해주고 나면 ③, 경사면이 목재에 기대어 반대편으로 출발할 수 있는 고른 면이 생긴다. 끝 면이 정리되면 스큐를 뒤집어 반대 방향으로 절삭을 진행한다. 이를 위해 스큐의 긴 날이 위로 가도록 하고 손잡이는 원통과 90도를 이룰 정도로 잡은 상태에서 작업해도 되지만, 긴 날을 아래로 향하게 만들고 진행 방향으로 가공할 수도 있다 ④. 스큐는 긴 날을 아래로 향해야 조절하기도 쉽고, 블랭크에 압력도 덜 주게 된다.

마지막으로 긴 샌딩 블록을 사포로 감싼 상태에서 샌딩을 진행해 미세한 굴곡을 제거해준다 ⑤. 작업 진행 중에는 직선이 만들어지고 있는지 스트레이트 에지 등을 사용해 수시로 확인해야 한다.

기타

가늘고 긴 환봉

완성된 환봉에 나선형 채터 자국이 나 있다는 것은 터닝 과정에서 목재가 구부러져 있었음을 의미한다. 여기에는 두 가지 이유가 있다. 첫째, 심압대축이 목재를 너무 강하게 조였을 수 있다. 심압대축은 블랭크에 충분한 압력을 가해야 하지만, 구부릴 정도가 돼서는 안 된다. 두 번째 가능성은 절삭 과정에서 칼을 너무 세게 밀어 블랭크를 축에서 벗어나게 만드는 것이다.

가느다란 환봉 형태를 가공할 때에 절삭면과 그 반대 면에 칼의 압력이 반드시 동일하게 가해져야 한다. 스핀들 스테디를 사용할 수도 있지만 손을 쓰는 게 훨씬 편리하다 ①②.

실뜨개용 실패나 펜 같은 매우 가느다란 환봉에서는 터닝하는 내내 블랭크를 지지해줘야 한다 ③④⑤. 왼손은 위쪽을 감싸 목재를 받치는 동시에, 칼과 칼 받침대에 닿아 있어야 한다. 이런 형태로 잡고 있을 때 손가락이 너무 뜨겁게 느껴진다면, 칼을 목재로 너무 강하게 밀어 넣고 있는 것이다. 칼날과 손가락이 지나치게 가까이 위치해 있기 때문에 초보자들은 이런 상황에서 극도로 긴장하지만, 나는 이 상황에서 손가락을 베인 사람을 한 번도 본 적이 없다. 캐치가 생기더라도 칼날이 뒤로 튕겨져 나오지, 손가락을 향해 전진하지 않기 때문이다.

12장 | 횡단면 가공 기법_130쪽

13장 | 횡단면의 속파기와 형태 잡기_154쪽

14장 | 나사산 가공하기_178쪽

4부

횡단면 가공

여러 흥미로운 소형 목제품이 횡단면 터닝으로 만들어진다. 이 중에는 버려진 목재를 활용하는 좋은 사례도 많은데, 원통형 합이나 손잡이, 가족이나 친구에게 줄 선물 등이 그것이다. 이런 물건들은 심지어 판매할 수도 있다.

기본적으로 짧은 길이의 선질 작업에 해당하지만, 횡단면 작업은 척에 물려놓은 상태에서 심압대축 지지대 없이 작업을 진행하는 것이 가장 좋다. 여러분은 가우지와 스크래퍼로 횡단면을 파고들어가 부드럽게 흐르는 곡선과 매끈한 표면을 칼끝에서 바로 얻어내는 방법을 보게 될 것이다. 속이 깊고 벽면이 얇은 화병을 어떻게 파내는지도 알려줄 것이다.

나사산을 가공하는 방법도 배우게 될 것이다. 이 전통적인 기술은 부품을 나사처럼 고정할 수 있게 해줌으로써 양념통 위에 먼지가 수북하게 쌓이는 것을 방지하기도 하고, 원통형 합의 가치를 높일 수도 있다. 사실 이 기법이 횡단면 터닝과 완벽한 상관관계를 이룬다고 할 수는 없지만, 환봉을 깨끗하게 분리해낼 때 혹은 고블릿 잔이나 속이 빈 기물의 바닥면을 정리할 때 이 기술을 적용할 수 있다.

12장

횡단면 가공 기법

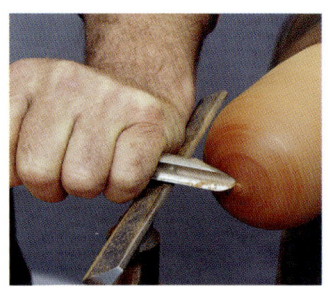

횡단면 형태 잡기

횡단면의 초벌 가공과 형태 잡기_132쪽
횡단면 평평하게 만들기_133쪽
원뿔_134쪽 반구_136쪽 오지_137쪽
횡단면 스크래핑_138쪽

횡단면 세부 가공

비드_139쪽 돌출형 비드_140쪽
V자 홈_141쪽 작은 피니얼_141쪽

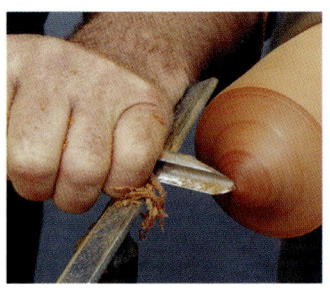

횡단면 가공 프로젝트

손잡이 세트_142쪽 구형 손잡이_144쪽
달걀형_146쪽 편심형 장식물_148쪽
죽방울_151쪽

횡단면 가공용 블랭크는 짧은 선질 블랭크로서, 나뭇결 방향이 목선반 회전축과 평행하게 장착된다. 길이가 짧아 목재의 강도는 크게 문제되지 않기 때문에 나뭇결이 뒤틀려 있거나 복잡한 무늬의 벌burl과 같은 경우에도 작업이 가능하다.

횡단면 터닝은 선질의 연장선에 있다 보니 마찬가지로 목재의 굵은 부분에서 가는 부분으로 절삭을 진행한다. 반구형이나 곡선은 절반 크기의 하프 비드와 하프 코브로 구성되므로 선질에서 사용되던 방법으로 작업을 시작한 뒤, 중앙을 향해 절삭이 진행되는 방식으로 바뀌어간다. 10장에서 이미 일반적인 선질 기법을 설명했으므로, 여기서는 횡단면 터닝의 마감 과정을 확인하게 될 것이다.

작업 효율을 높이기 위한 예로, 동일한 손잡이 세트처럼 두께가 일정한 작업물이라면 하나의 블랭크로 여러 개를 한꺼번에 만들어낼 수 있다. 블랭크는 척에서 8인치(200mm) 이상 튀어 나와서는 안 되는데, 캐치 발생 시 참혹한 결과가 생길 수 있기 때문이다. 연습은 가급적 척에서 4인치(100mm) 이하로 돌출된 블랭크로 진행한다.

횡단면을 깨끗하게 절삭하기란 쉽지 않다. 문제는 대부분 목재가 감당할 수 없을 만큼 급하게 절삭하는 것에서 비롯된다. 칼을 세게 밀고 들어가면 횡단면의 섬유질이 뜯겨나가 표면에 심각한 손상이 생긴다. 횡단면을 깔끔히 절삭하는 비결은 다른 작업들에서와 마찬가지로 목재가 칼로 다가오도록 하는 것이다. 회전축에 가깝게 절

일반적인 횡단면 가공용 블랭크는 긴 조가 달린 척에 가장 쉽고 안전하게 장착된다.

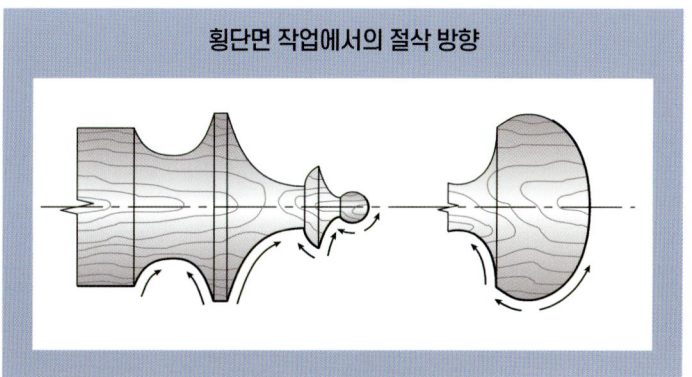

횡단면 작업에서의 절삭 방향

삭이 이뤄질수록 목재는 느리게 회전하므로 칼의 움직임도 전진할수록 서서히 느려져야 한다.

아름다운 무늬를 가지고 있는데도 다른 우드워커들에게 쓸모없다고 여겨지는 목재들이 우드터닝에서는 잘 활용될 수 있다. 두께 2인치(50㎜) 이상에 길이 3인치(75㎜) 이상인 자투리를 모아 상자에 보관해서 건조시킨다. 취미로 터닝을 즐기든 전문 우드터너가 되기를 원하든, 이것들을 잘 활용하면 꽤나 쓸모 있는 물건들을 만들어낼 수 있을 것이다.

긴 블랭크는 하나로도 여러 개의 물건들을 만들 수 있다는 점에서 팽이 같은 작은 기물의 제작에 적합하다. 달걀형 같은 작업들은 완성하려면 척에 뒤집어 달아줘야 한다. 반면에 손잡이는 평면에 맞닿아야 하기 때문에 뒷면을 깨끗이 절삭할 수 있도록 두 개의 고정 장치에 장착돼야 한다. (손잡이는 대부분 하나의 고정 장치로 제작한다.) 이 장의 편심 가공 연습에서는 삽입물, 메달, 브로치 등에 무한한 범위의 패턴과 변형을 만들어낼 수 있는 기법을 소개할 것이다.

죽방울은 '컵과 공'이라는 이름으로도 알려져 있는데, 끈으로 연결된 공과 통통한 고블릿 잔으

전문 우드터너라면, 자투리 목재로 여러 쓸모 있는 물건을 만들어낼 수 있다.

로 이루어져 있다. 공을 공중으로 던졌다가 컵 입구로 받아내는 오래된 놀이이다. 공은 선질로 가공을 시작해 눈질로 완료되며, 별도의 도구 사이에 장착된 채 샌딩이 이뤄진다. 공을 가공하는 것은 터너에게 목재의 모든 결을 가공해야 하는 유일한 작업이다. 크기가 같은 구형을 여러 개 만드는 것은 쉽지 않은 작업이지만, 죽방울에 매달 공에는 그 정도의 정확성까지는 요구하지 않는다.

횡단면 형태 잡기

횡단면의 초벌 가공과 형태 잡기

짧은 횡단면은 척에 고정하고 러핑 가우지로 가공한 뒤, 스큐를 사용해 원통형으로 매끄럽게 다듬을 수 있다. 단, 블랭크가 척으로부터 직경의 두 배 이상의 길이로 돌출됐거나 엇결 또는 벌 목재인 경우, 초벌 절삭 과정에 심압대축으로 돌출된 면을 지지해주는 것을 고려해야 한다.

횡단면 가공용 블랭크를 척에 가장 안전하게 고정하려면 한쪽 끝을 원통으로 가공한 뒤 블랭크를 반대로 돌려 그 부분을 척에 장착한다. 먼저 척에 정사각 단면 블랭크를 고정하고, 러핑 가우지를 앞뒤로 움직이면서 척에서 먼 쪽부터 살을 덜어낸다. 이후 스큐로 가우지 자국을 제거한다.

▶ 108쪽 '초벌 가공으로 원통 만들기' 참조

 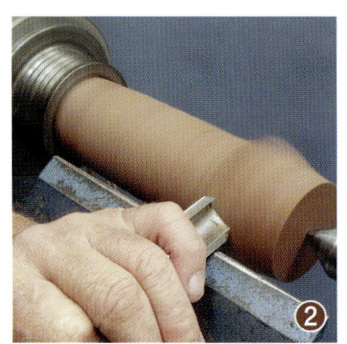

그 다음 스큐로 끝부분을 정리한다 ①. 끝 면이 정리됐다면 뒤집어서 정리된 면을 척에 물려주고, 러핑 가우지와 스큐로 남아 있는 수직면들을 가공한다 ②. 복잡한 나뭇결이나 벌에 일반적인 베어 깎기를 사용하면 표면이 지저분해질 수 있다 ③. 이런 경우라면 ④에서처럼 껍질을 벗겨내는 방식인 필링 컷을 활용하는 것이 좋다. 마지막으로 심압대축을 제거한 뒤, 심압대축이 남긴 원뿔형 자국을 없애준다 ⑤.

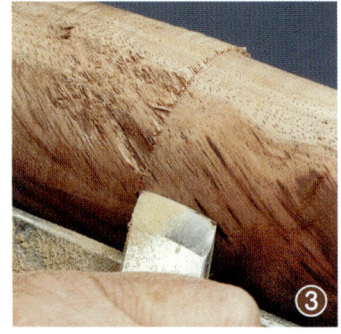 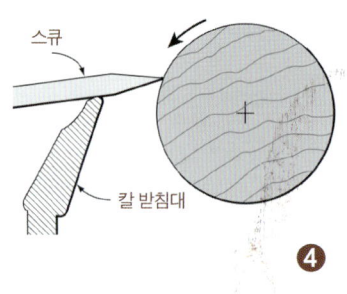

정사각 단면의 블랭크가 척에 단단하게 고정됐다고 판단되면, 굳이 뒤집어 끼울 필요는 없다. 여기서 끝내고 잘라낼 수 있지만, 척에 물린 사각형 부분은 버려질 것이다. 이 방식으로 작업할 경우, 초벌 절삭을 위해 척 가까이에 V자 홈을 만들어준다 ⑥. 이렇게 하면 척에 물린 부위가 너덜거리지 않고, 깨끗한 턱이 생기게 된다 ⑦⑧.

 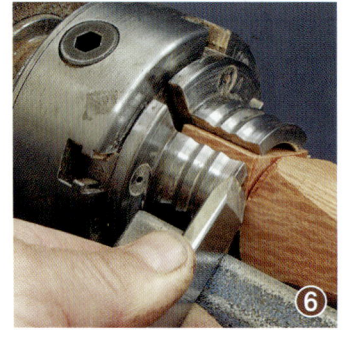

횡단면 형태 잡기

횡단면 평평하게 만들기

평평한 면은 가우지나 스큐를 이용해서 만들 수 있다. 많은 살을 덜어내는 작업(예를 들어 블랭크를 짧게 만드는 작업)은 핑거네일 가우지를 사용하는 것이 가장 좋다. 경사면과 절삭면을 정렬시키는 것부터 시작한다①. 그런 다음 반시계방향으로 살짝 가우지를 굴려 칼날이 목재와 더 많이 닿게 해준다②. 중앙으로 진행해갈수록 속도를 늦춰주고, 중앙에 도달했을 때 시계방향으로 가우지를 굴려 칼날 측면이 목재에 닿는 상태로 작업을 마친다③. 이 방법을 사용하면 살짝 홈이 파인 횡단면을 만들 수도 있다.

칼끝이 약간 곡면형인 이 스큐를 사용하면 횡단면 평면을 가공하는 것이 더 쉬워진다. 스큐의 긴 날을 목재에 호를 그리면서 접근시킨다④(109쪽 그림① 참조). 중심을 향해 이동할 때 칼끝이 작업물 표면에 닿지 않도록 유의해서 절삭한다⑤. 중앙 근처에 도달했을 때, 스큐 손잡이를 들어 올려서 긴 날의 끝점 바로 뒤에 있는 날로 가공을 완료한다⑥. 이 과정을 거치면 대부분의 블랭크에서 원뿔 혹은 주름진 형태의 칼밥을 얻는 흥미로운 경험을 하게 될 것이다(사진에서는 너무 작게 보인다). 스큐의 경사면이 때로 횡단면에 그을린 자국을 남기기도 하지만, 이는 샌딩으로 쉽게 지워진다.

팁 횡단면을 평평하게 만들 때에는 칼끝을 미세한 곡면 형태로 연마한 스큐를 사용한다.

횡단면 형태 잡기

원뿔

원뿔은 스큐나 가우지로 가공할 수 있다. 두 공구 모두 횡단면을 평평하게 만드는 작업에서와 같은 방식으로 사용되지만 캐치의 위험은 훨씬 낮다. 꼭짓점을 가공할 때 스큐를 사용하면 가우지를 쓰는 것보다 정교한 결과물을 얻을 수 있다.

초벌 절삭 후, 스큐의 긴 날을 아래로 향하게 하고 경사면을 절삭 방향으로 정렬한다. 호를 그리면서 목재에 접근한 뒤 절삭을 진행한다①②. 표면의 중간에 이르게 되면 스큐 손잡이를 들어 올려 칼끝이 아닌 칼날로 절삭이 이뤄지게 한다③. 칼날이 부드럽게 회전축을 가로지르면 예리한 꼭짓점이 남겨진다. 스큐를 너무 빨리 움직이면 섬유질이 뽑혀 나와 날카로운 꼭짓점을 만들 수 없다. 칼날 때문에 생긴 그을린 자국은 가벼운 샌딩으로 제거할 수 있다④.

횡단면 형태 잡기

디테일 가우지를 사용할 경우, 가우지 측면을 칼 받침대에 댄 상태로 호를 그리면서 중앙을 향해 이동한다. 느린 움직임을 유지하면서 중간 정도까지 진행하는데, 나뭇결이 찢기지 않도록 목재가 다가와서 깎이고 있는지를 확인해야 한다. 절삭은 가우지 칼끝 바로 아랫부분의 날에서 이뤄져야 한다 ⑤⑥⑦. 원뿔 끝부분을 절삭하려면 가우지 칼끝의 중심에 있는 곡면을 활용한다 ⑧.

잘록한 원뿔을 가공하려면 살을 많이 덜어낼 수 있도록 가우지를 반시계방향으로 살짝 굴려준다 ⑨. 끝부분에 이를 때까지 가우지를 계속 서서히 굴리면서 진행한다 ⑩⑪.

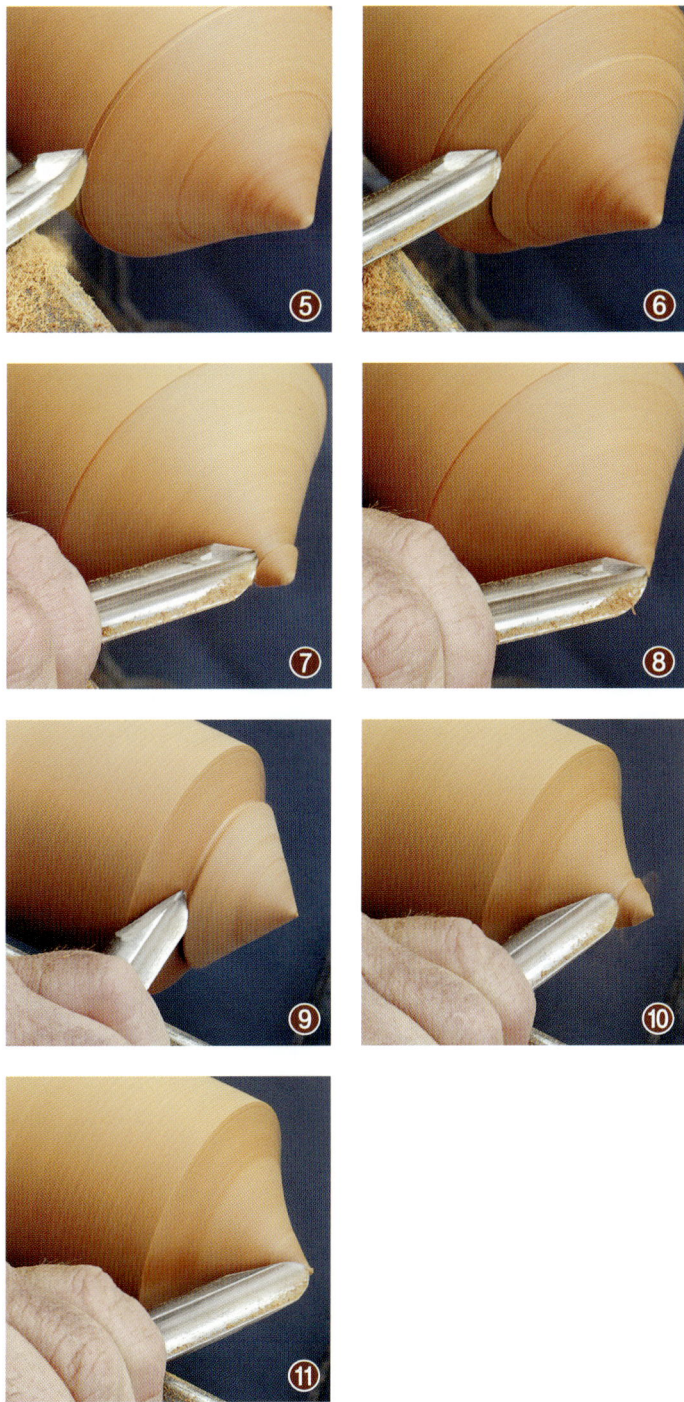

횡단면 형태 잡기

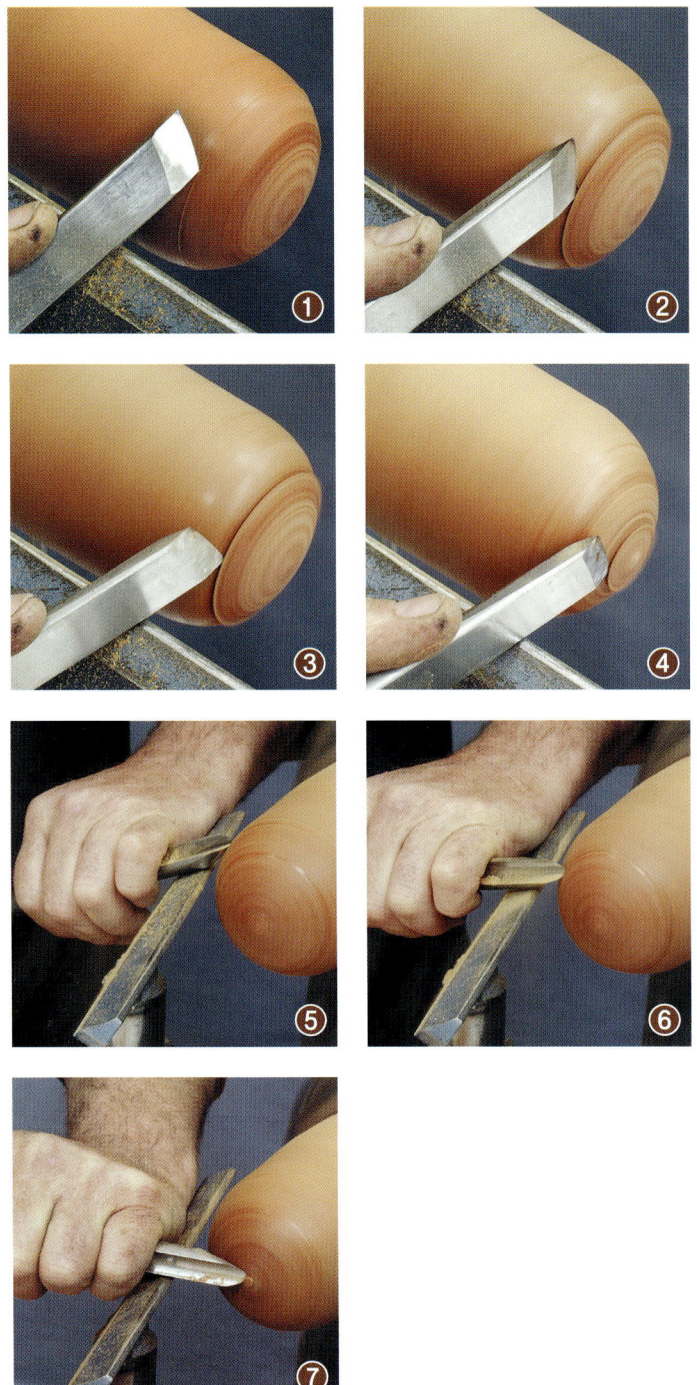

반구

반구는 스큐나 디테일 가우지로 작업할 수 있다. 스큐의 긴 날을 위로 세우고 경사면을 목재에 문지르면서 들어간다①. 칼 받침대를 따라 스큐를 이동시키면서 스큐의 짧은 날 모서리로 곡선을 가공해나간다②. 이 상태로 반구의 끝까지 절삭을 진행할 수도 있지만, 그러면 가공면을 확인하는 게 어려워진다. 이 문제를 해결하려면 스큐를 뒤집어 긴 날의 끝을 사용하고③, 스큐 손잡이를 들어 올려 칼끝이 아닌 칼날로 절삭을 마친다④.

가우지를 사용할 때에는 홈을 위로 향하게 하고⑤, 가우지를 시계방향으로 굴려 절삭을 시작한다⑥. 회전축에 이르렀을 때 가우지 칼날의 측면이 중심에 도달해야 한다⑦.

횡단면 형태 잡기

오지

오지를 가공하려면 디테일 가우지를 사용해야 한다. 가우지를 굴려가며 작업하려면 칼날이 다가오는 목재와 45도 각도를 항상 유지해야 한다는 사실을 유념해야 한다.

가우지를 측면으로 눕혀 잡고 경사면과 절삭면을 정렬시킨다①. 홈이 위를 향하도록 서서히 굴려주고 가우지의 손잡이를 들어 올려 오목한 면과 턱 부분을 절삭한다②③. 마지막으로 가우지를 시계방향으로 돌려 반구를 완성한다④.

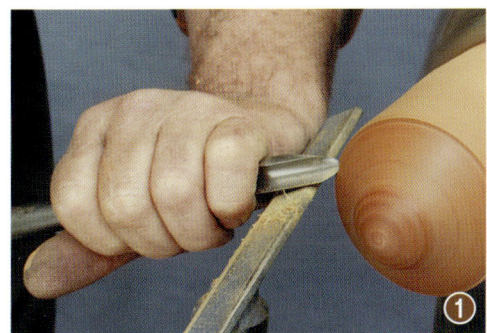

횡단면 형태 잡기

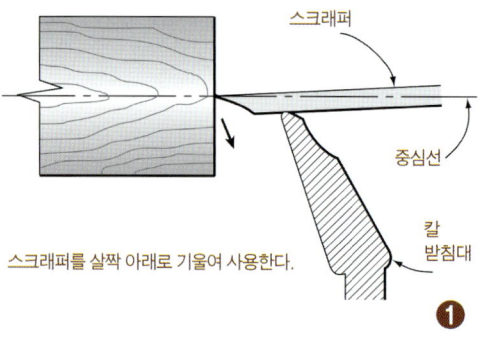

스크래퍼를 살짝 아래로 기울여 사용한다.

횡단면 스크래핑

표면에 남은 예리한 절삭선은 부드러운 스크래핑으로 다듬을 수 있다. 평평하거나 볼록한 표면에는 스큐를 스크래퍼로 사용한다. 이때 스큐의 칼끝은 미세한 곡면이 있는 형태라야 한다. 이렇게 해야 칼날 전체가 표면에 닿을 경우에 발생할 수 있는 캐치를 예방하는 동시에 칼날 전체를 고루 쓸 수 있다. 칼 받침대를 살짝 높여 스크래퍼의 각도를 중심축보다 낮춘 상태에서 사용한다①. 이 방법을 사용하면 캐치의 발생을 방지할 수 있다. 스크래퍼를 칼 받침대에 평평하게 고정하고, 곱슬거리는 부스러기나 먼지가 만들어질 만큼만 아주 미세하게 마찰시킨다②.

나는 오목한 곡선을 스크래핑할 때 오래된 스큐를 사용한다. 필요에 따라 스큐 모양을 연마해 변형시키고, 칼날 윗부분에 미세한 거스러미가 남도록 한다③. 칼날의 곡면은 목재의 곡선보다 약간 작아야 하며, 최대한 부드럽게 절삭한다.

비드나 축 하단 모서리를 스크래핑하려면 스큐 긴 날을 사용한다. 이때 스큐는 반드시 칼 받침대에 평평하게 밀착돼 있어야 한다④. 스큐를 뒤집으면 반대편도 가공할 수 있다는 것을 기억하자.

> **팁** 가능하다면 스큐로 스크래핑하는 게 좋다. 스크래핑할 때에 가공 중인 목재와 스크래퍼가 90도를 이뤄서는 안 된다. 스크래퍼는 회전축보다 낮게 각도를 틀어 줘야 한다.

횡단면 세부 가공

비드

횡단면의 비드는 길쭉한 핑거네일 형태의 3/8인치 (9mm)짜리 얕은홈 디테일 가우지로 가공한다. 홈은 횡단면에서 멀어지는 쪽으로, 그리고 경사면은 횡단면에 지지되도록 가우지를 측면으로 틀어 잡는다. 손잡이를 수평으로 회전시키면 칼날 끝이 회전운동을 하면서 횡단면으로 파고든다①. 그 다음 반대 방향에서 호를 그리며 절삭하는데 ② 이때 칼날 끝이 목재에 닿지 않은 상태에서 움직임이 시작된다. 목재가 다가와 절삭이 이뤄지도록 되도록 적은 양을 깎아낸다. 같은 방법으로 첫 번째 홈을 건너뛰고 또 다른 홈을 절삭함으로써 비드를 만들기 시작한다③④. 안쪽 홈의 가공을 먼저 완료한 뒤에 오른쪽에서 홈 방향으로 절삭한다⑤⑥. 비드에 남아 있는 모든 면은 가벼운 샌딩으로 둥글게 만들 수 있다⑦.

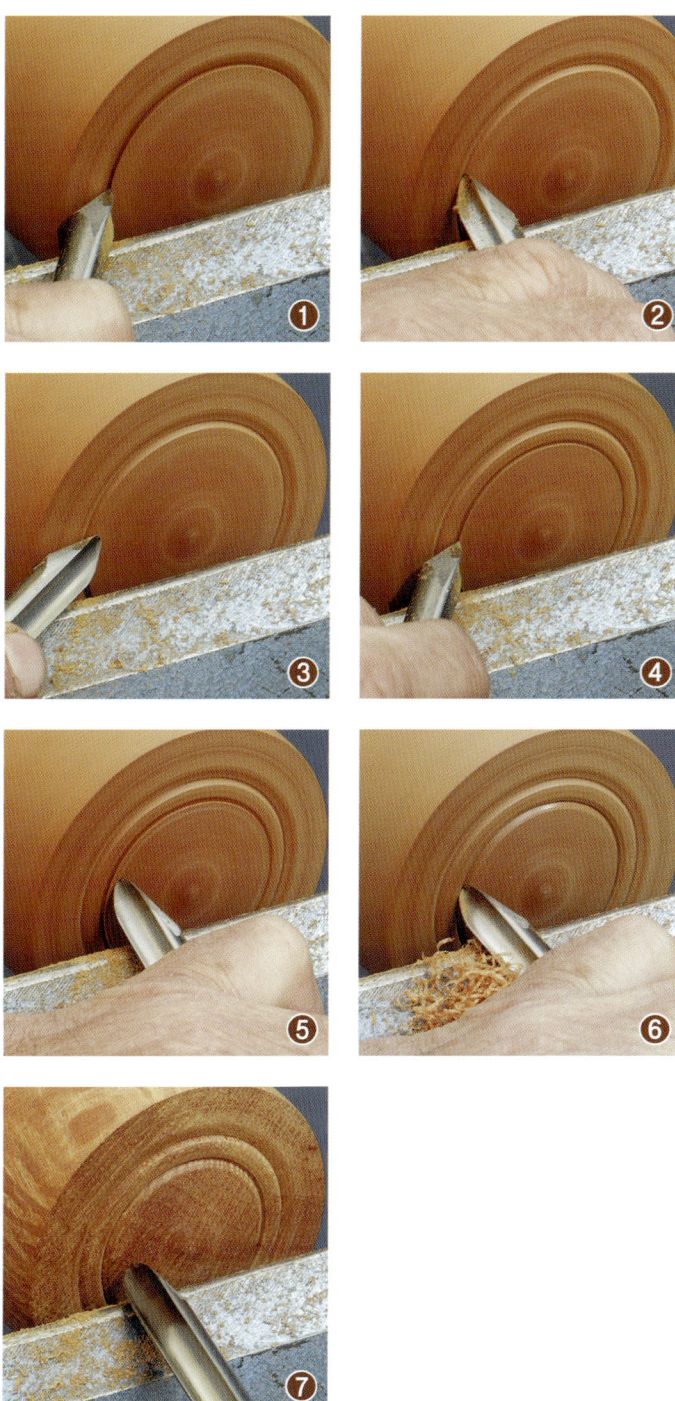

횡단면 세부 가공

돌출형 비드

돌출형 비드를 만들기 위해서는 '비드'(139쪽)에서 나온 대로 절삭 작업을 우선 수행하고, 이후 비드 주변의 불필요한 목재 부분을 깎아낸다. 디테일 가우지로 테두리에서부터 비드를 향해 절삭한다 ①. 절삭이 끝나면 스큐를 칼 받침대에 평평하게 올려놓고 가우지가 도달할 수 없는 나머지 부분을 스크래핑해준다 ②. 끝으로 비드 양쪽의 표면을 스크래핑한다. 아주 섬세하게 작업하면 ③ 비단처럼 부드러운 표면을 얻을 수 있다 ④.

횡단면 세부 가공

V자 홈

횡단면에 V자 홈을 만들려면 스큐를 스크래퍼로 사용한다. 칼 받침대에 스큐를 평평하게 위치시키고 1~2도 정도 아래로 기울인 상태로 부드럽게 목재에 다가간다①. 스큐 경사면이 아닌 칼날 몸통이 칼 받침대에 밀착되려면 칼 받침대를 목재에서 살짝 떨어뜨려놓아야 할 수도 있다②.

작은 피니얼

작은 피니얼을 만들려면 경사면을 길게 연마한 디테일 가우지가 필요하다. 대략적인 크기로 비드와 피니얼을 만들고①, 가우지 끝 날로 몇 차례 아래쪽으로 호를 그리며 절삭해준다②③. 이때 칼 받침대 위에서 회전운동을 해야지, 가우지를 밀어 넣어선 안 된다④.

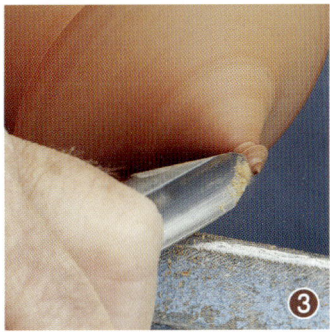

12장 횡단면 가공 기법

횡단면 가공 프로젝트

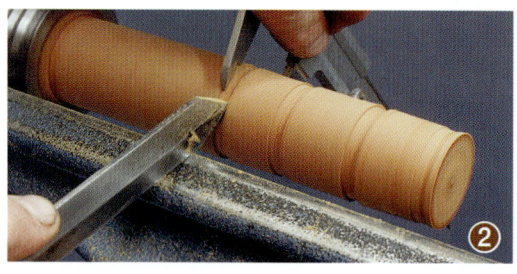

손잡이 세트

손잡이 세트를 만들 때에는 손잡이들의 직경과 길이가 똑같은지 확인하는 것이 중요하다. 모든 손잡이가 같은 방식으로 가공돼야 한다. 중간에 다른 방법을 시도하면 형태에 영향을 줄 수 있기 때문이다. 이 작업은 블랭크의 한쪽만 고정돼 있으면 되는데, 사진 속의 1 $\frac{1}{8}$인치(28mm) 블랭크는 빅 마크사의 샤크 조에 단단하게 장착돼 있다.

블랭크를 매끈한 원통 형태로 가공한다. 척에 물려 있는 부분에 거스러미가 생기는 것을 방지하기 위해 V자 홈을 만든다(132쪽 사진 ⑥~⑧ 참조). 횡단면을 평평하게 가공한다 ①. 직경을 설정해주고 ②③ 원통으로 가공한다. 첫 번째 손잡이가 될 부분을 횡단면 끝에서부터 표시한다 ④.

이 디자인에는 비드 형태가 포함돼 있으므로 이를 표시해준다 ⑤. $\frac{3}{8}$인치(9mm) 디테일 가우지를

횡단면 가공 프로젝트

사용해 비드를 가공한다 ⑥. 파팅 툴로 손잡이와 목 부분의 직경을 설정한다 ⑦. 디테일 가우지로 손잡이 부분을 완성한다 ⑧. 파팅 툴로 촉의 직경을 설정한다 ⑨. 목선반이 회전하는 동안 손잡이를 샌딩해서 마무리하고 (촉은 샌딩하지 않는다) 날 폭이 좁은 파팅 툴 또는 스큐의 긴 날로 손잡이를 분리한다 ⑩. 다음 손잡이를 만들기 위해 횡단면을 평평하게 가공한 뒤 앞의 과정을 반복한다.

12장 횡단면 가공 기법

횡단면 가공 프로젝트

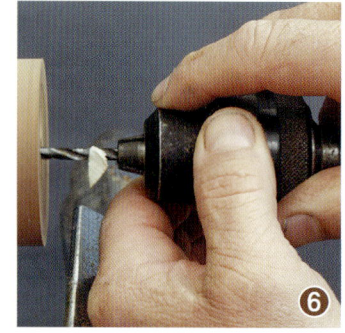

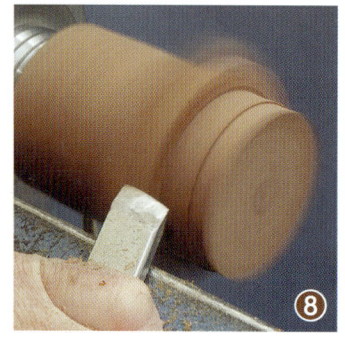

구형 손잡이

손잡이 바닥면이 척에서 돌출되도록 블랭크를 장착한다. 스큐를 칼 받침대에 평면으로 밀착시키고 필링 컷으로 턱이 될 부분을 가공한다①. 블랭크가 원통형이 되면 디테일 가우지를 사용해 횡단면을 매우 얕은 접시 형태로 가공한다②. 손잡이의 바닥면이 약간 오목해야 문이나 기타 평면에 밀착시킬 수 있기 때문이다. 스트레이트 에지나 가우지 날 몸통의 뒷면을 활용해 체크해보면 된다.

스큐를 눕혀 테두리를 부드럽게 스크래핑해준다③. 스큐를 틀어잡고, 긴 날로 드릴이 들어갈 자리를 원뿔 형태로 파낸다④. 척 나사의 몸통 부분과 직경이 같은 드릴로⑤ 척 나사를 장착할 구멍을 뚫어준다⑥. 드릴을 심압대에 장착해서 사용할 수도 있지만, 드릴 날을 드릴 척이나 나무 손잡이에 장착해 사용하면 시간을 절약할 수 있다. 드릴 날에 테이프를 붙이면 원하는 깊이 값을 측정할 수 있다.

블랭크를 뒤집어 나사 척에 장착하고⑦, 블랭크 표면에 남은 평면을 둥그렇게 가공한다⑧.

> **팁** 가우지 몸통의 뒷면을 이용해 스트레이트 에지처럼 사용하면 횡단면의 편평도를 쉽게 체크할 수 있다.

횡단면 가공 프로젝트

횡단면을 평면으로 다듬고⑨, 연필로 손잡이 길이를 표기하고⑩, 캘리퍼스와 파팅 툴로 직경 값을 설정한다⑪.

구가 될 부분을 가공한다⑫. 볼록한 곡선을 만들 때에는 스큐를 사용해야 더 나은 마감 상태를 얻을 수 있다. 구 밑부분의 하프 코브는 스핀들 가우지로 만들고⑬, 바닥면에 홈이 파인 형태의 디테일은 다시 스큐로 가공한다⑭. 목선반을 작동시킨 채 샌딩과 광택 작업을 진행한다⑮.

횡단면 가공 프로젝트

 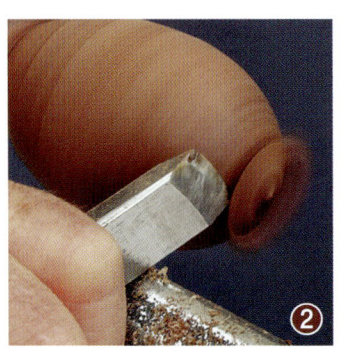

달걀형

이 프로젝트의 경우 벌 조각, 또는 옆 사진처럼 엇결이 있어 속파기 작업이나 얇은 환봉을 제작하기 어려운 블랭크를 활용하기에 이상적이다. 스큐 사용을 연습하기에도 좋다. 달걀 프로젝트는 닭이 산란할 때 아무런 고통을 느끼지 못할 만큼 요철이 없고 뾰족한 부분도 없는 매끄러운 곡면을 만들어내는 것이 핵심이다.

잼 척에 블랭크를 물리기에 앞서 짧은 블랭크를 양쪽 회전축에 물어놓고 목선반 가공을 진행할 수 있다. 그러나 이 방식은 목재를 세 번에 걸쳐 고정해야 한다는 문제가 있다. 여기에서는 대신, 조금 더 긴 블랭크로 한쪽 끝을 척에 고정하고 다른 쪽 끝을 완전히 가공할 수 있도록 했다. 이렇게 하면 전체 과정에서 두 가지 고정 방식이 적용된다. 나는 두께 2인치(50mm), 길이 8인치(200mm)인 블랭크로 세 개의 달걀을 만들었다.

스큐를 사용해 달걀 모양을 만든다①. 스큐의 긴 날로 횡단면을 가로지른다②. 반대편 끝을 1/2인치(13mm) 직경으로 줄이기에 앞서 노출돼 있는 횡단면의 달걀 형태를 완성해야 한다. 그렇지 않으면 목재가 흔들릴 수 있다. 달걀 중앙에 튀어 나온 결이 생겼다면 스큐를 칼 받침대에 평평하게 밀착한 뒤 섬세한 필링 컷 또는 스크래핑을 진행한다③.

스큐의 긴 날을 아래로 향하게 하고 달걀의 나머지 부분을 터닝한다④. 광택을 내기 전에 척에 장착될 부분을 포함해 가능한 영역 전부를 샌딩한다⑤. 스큐의 긴 날로 달걀 끝부분을 잘라낸다⑥. 잘라내는 부분을 손상시키지 않으려면 달걀을 잡

횡단면 가공 프로젝트

아당기지 않도록 주의한다. 잘리는 순간 달걀을 붙잡아야 한다.

직경이 큰 블랭크를 이용해 잼 척을 만든다. 벽 두께를 최소 1/4인치(6mm)로 유지하고 달걀 외형을 살짝 압착할 수 있도록 소프트우드를 사용한다. 잼 척으로 쓰일 블랭크를 원통으로 가공한다 ⑦. 달걀의 가장 넓은 부분의 직경을 측정한다 ⑧. 이를 블랭크의 횡단면에 표시한다 ⑨. 표시된 직경보다 입구를 약간 작게 파주고 벽면은 약 3/8인치(9mm) 두께를 유지한다 ⑩. 달걀 바닥이 닿지 않을 만큼 구멍을 충분히 깊게 파준다.

필요하다면 나무망치나 망치로 달걀을 두드려 잼 척 안으로 단단히 밀어 넣는다. 스큐의 긴 날로 남은 부분을 터닝한다 ⑪. 마지막으로 끝부분을 샌딩과 광택 작업으로 마무리한다 ⑫. 큰 렌치나 기타 무거운 도구로 잼 척을 두드려주면 달걀이 분리된다 ⑬.

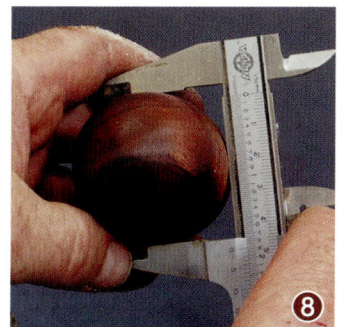

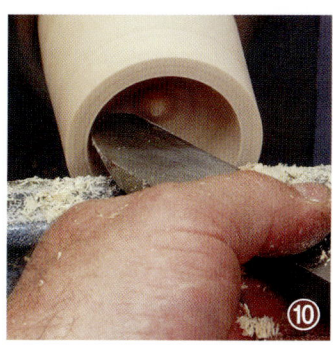
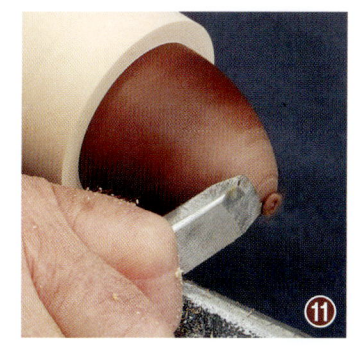

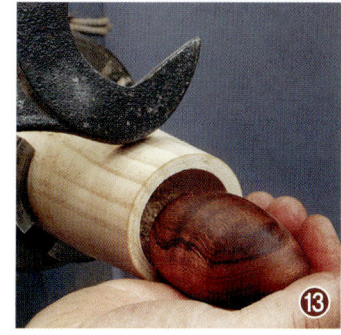

12장 횡단면 가공 기법 147

횡단면 가공 프로젝트

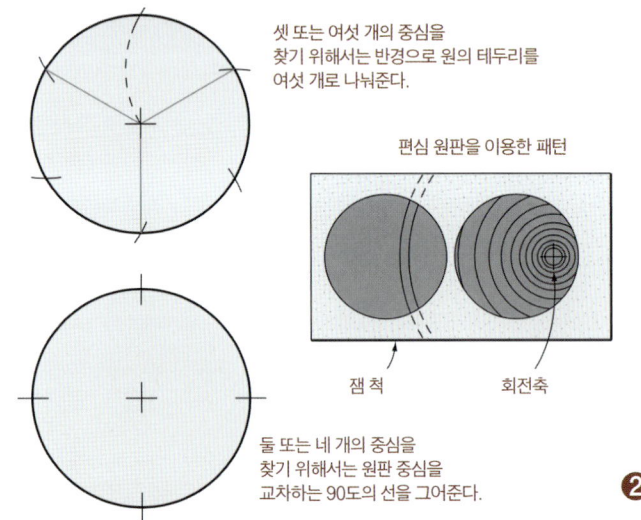

편심형 장식물

기하학적 패턴은 오프셋 척을 이용해 제작할 수 있다. 이 기법은 원통형 합의 뚜껑, 못대가리 장식, 삽입물 등을 꾸미는 데 이상적이다. 목재 원판을 오프셋 척에 장착하면 목선반 축을 중심으로 틀어진 채 회전한다. 좁혀진 궤도에 맞는 동심원이 생기고, 원판 테두리를 벗어나게도 할 수 있다 ①. 궤도가 넓어지면 모든 절삭면이 테두리와 교차한다 ②. 오프셋 척 내에서 원판 위치를 세 방향으로 틀어주면 세 개의 호가 새겨진 디자인을 만들 수도 있다 ①. 여기서는 두 번째 사례의 제작 과정을 설명한다.

먼저 끝부분이 반구형에 가까운 형태의 원통을 가공한 다음, 3/16인치(5mm) 두께의 원판을 분리한다. 템플릿으로 호를 세 개 그린다 ③. 원하는 숫자만큼 중심을 배치할 수도 있다. 중심을 세 개 또는 여섯 개 찾으려면 반경으로 원을 여섯 개로 나눈 다음 중점과 연결한 뒤, 원판 모서리에 표시하면 된다 ②. 네 개의 중심을 배치하려면 원판 중심에서 90도로 교차하는 두 개의 선을 그어준다. 연필로 원판 중심을 표시해두면 나중에 척과 원판의 위치를 조정하는 데 도움이 된다.

척으로 사용할 사각형의 판재를 준비한다. 판재 길이는 원하는 패턴에 따라 달라지겠지만, 너비의 세 배 이상은 쓰지 않는 것이 좋다. 두께가 최소 3/4인치(19mm) 이상인 MDF 판재는 평평하고 두께가 일정하기 때문에 단품 제작 시 일회용 척으로 사용하기 적합하다. 원판이 삽입될 부분을 가공하기 전에 판재 중심에 3/8인치(9mm) 깊이로 톱질을 해주면, 작업이 끝났을 때 원판을 제거하기 위해 레

횡단면 가공 프로젝트

버를 집어넣을 수 있다. 캘리퍼스를 원판 직경에 맞게 설정하고 ④ 측정값을 오프셋 척에 표시한다 ⑤. 그 다음 원판 두께보다 약간 낮은 깊이로 측면이 직각인 홈을 가공해준다 ⑥. 완료됐을 때, 원판이 홈에 단단히 고정돼야 한다. (사진에서 척은 예전에 쓰던 것이다. 이전 프로젝트에서는 원판을 볼록 튀어 나오게 만들어야 했기 때문에 주변에 경사면이 남아 있다.)

홈 가공이 끝나면 오프셋 척을 중앙에서 이동시킨다. 나사 척에 잼 척을 장착할 수도 있지만, 이때 약간의 캐치가 발생하는 것만으로도 중심을 잃어버릴 수 있다. 면판을 사용할 수도 있지만 셀프센터링 척에서 두 개의 조를 제거 후, 그 사이에 잼 척 블록을 장착하는 것이 낫다. 회전할 때 무게 중심을 잃게 되므로 107쪽 표에서 권장한 속도의 절반 이하의 저속으로 작업을 시작해야 한다.

원판을 오프셋 척의 중심선에 정렬시키고 홈 안쪽으로 단단히 눌러준다 ⑦. 나머지 호를 만들기 위해 원판을 회전시킬 때, 각각의 호가 동일하게 표시돼야 하므로 해당 모서리에 십자 표시를 해준다. 원판 터닝에 앞서, 연필을 사용해 절삭이 이뤄질 위치를 테스트해본다. 절삭될 선을 칼 받침대에 표시해두면 작업을 정교하게 시작하는 데 도움이 된다.

> **팁** 편심을 가진 원을 만들려면 회전축이 원판 반경의 절반 이하에서 이동돼야 한다. 원판의 테두리와 선은 회전축 중심을 반경의 절반 이상 이동시킨다.

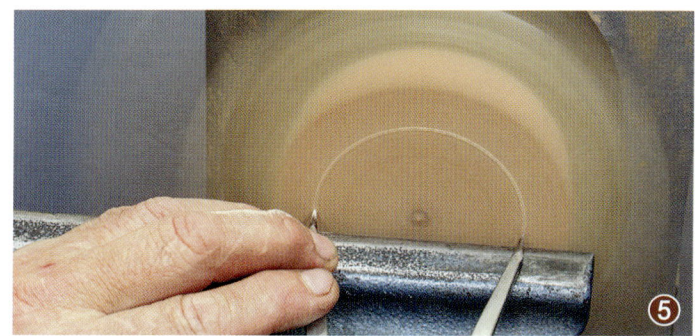

횡단면 가공 프로젝트

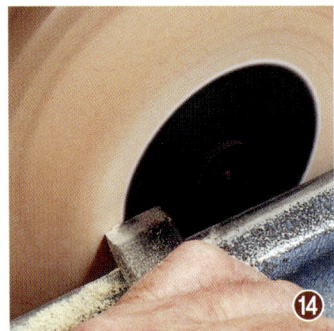

창칼형 스크래퍼를 사용해 첫 번째 호를 가공한다. 처음에는 가공면이 명확하게 드러나지 않으므로 아주 조심스럽게 접근시킨다. 스크래퍼가 아래쪽으로 기울어져 있어야 한다. 스크래퍼를 아래에서 위로 꺾어 올리는 방식으로 목재를 가공하는 것이 좋다.

오프셋 척과 원판의 색이 다를 경우에는 절삭될 때 발생하는 먼지의 색상으로 무엇을 가공하고 있는지 판단할 수 있다. 수시로 목선반을 정지해 진행 상황을 체크한다 ⑧.

두 번째 및 세 번째 가공을 위해 이전 방법과 같이 중심선을 홈의 가장자리에 맞춰준다 ⑨. 홈과 원판 사이에 작은 지렛대나 치과용 도구를 집어넣으면 원판을 쉽게 들어 올릴 수 있다 ⑩.

최종 샌딩 및 광택 작업을 위해 척을 원래의 중심축으로 재위치시킨다 ⑪. 원할 경우 동심원 패턴을 추가할 수도 있다.

원판을 잼 척에 뒤집어 끼워 넣어 반대편을 가공할 수도 있다. 사진 속의 원판은 미세하게 헐거워서 척에 화장지를 두 겹 덧대어 고정했다 ⑫. 튀어 나온 휴지를 잘라내고 ⑬ 뒷면을 가공한다 ⑭. 원판의 가운데 부분은 브로치 핀을 부착하기 위해 남겨두었다.

횡단면 가공 프로젝트

죽방울

죽방울의 공에는 환봉이 들어갈 구멍이 있다. 반대로 말하면 공을 고정할 수 있도록 환봉에 장부촉이 달려 있다고 할 수도 있겠다❶. 공을 만들려면 원하는 직경보다 약간 긴 블랭크가 있어야 한다. 척으로 사용할 비슷한 크기의 폐목재 덩어리도 두 개 필요하다. 직경 3인치(75㎜) 정도의 이 공은 죽방울에 쓰이기 적당하며, 만들기도 그리 어렵지 않다.

공을 만들기 위한 블랭크를 4조 척이나 컵 척에 장착해 회전축과 같은 방향의 나뭇결을 가진 원통으로 가공한다. 그 다음 직경과 같은 값의 너비를 표시한다❷. 4등분점을 표시한다❸. 4등분선은 정교하게 그려져야 하므로 목선반을 끄고, 연필을 등분점에 댄 뒤 손으로 목재를 돌려가며 표시해준다❹. 횡단면의 회전축과 테두리 사이의 중간 지점에 원을 표시해준다. 다음 4등분선과 횡단면의 중간 지점 사이를 대각선으로 절삭한다❺. 반대편은 파팅 툴로 직경을 줄여주고, 동일하게 가공한다❻. 원의 크기를 설정하기 위해 원통에 남아 있는 두 선 사이의 거리를 잰 뒤 이 측정값을 기준으로 줄여나간다. 양 끝을 사선으로 가공한 후 가공물을 잘라낸다.

다음으로 구를 가공하기 위한 척을 만들어야 한다. 척을 만들기 위해 얼마나 큰 블랭크가 필요한지 확인하려면, 우선 캘리퍼스로 공의 최대 직경(면부터 면까지가 아닌, 모서리에서 모서리까지)을 확인한다❼. 측정된 값에 3/4인치(19㎜) 정도를 더하면 컵 척의 벽 두께는 3/8인치(9㎜)가 된다. 포플러처럼 부드러운 목재를 사용하는 것이 이상적이다.

12장 횡단면 가공 기법

횡단면 가공 프로젝트

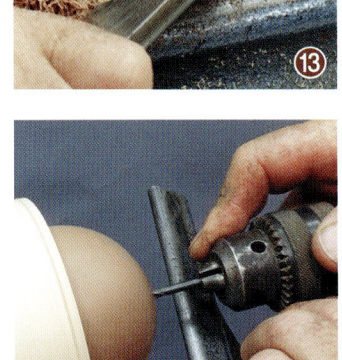

컵 척 블랭크를 원통 및 횡단면이 평평하게 가공한 후, 횡단면에 구의 최대 직경을 표시한다⑧. 가우지와 스크래퍼로 속파기 작업을 진행한다. 구멍은 안쪽으로 1도 정도 기울도록 만들어야 한다. 구를 컵 척에 밀어 넣어 구와 컵 척의 중심을 맞춘다. 가운데 끝부분에 연필을 대고 손으로 컵 척을 돌리면서 중심을 찾을 수 있다. 이때 생겨난 작은 원이 중심선에 의해 절반으로 나뉘면 중심이 정렬된 상태이다⑨. 정렬이 끝나면 작은 망치로 구를 컵 척 안으로 두드려 단단히 고정해주고, 정렬 상태를 재확인한다.

고정된 구의 결 방향은 눈질로 정해졌기 때문에 구의 중앙에서 바깥쪽 방향으로 절삭을 진행해나간다. 연필선이 깎여 사라지지 않도록 미세한 평면을 남겨둔다⑩. 그 다음 창칼형 스크래퍼를 사용해 척의 테두리 바로 안쪽 면을 다듬는다⑪. 연필선이 거의 식별되지 않을 때까지 작업을 계속하면 반구가 완성된다. 목선반용 렌치나 묵직한 스크래퍼 혹은 작은 망치로 컵 척을 두드려주면 작업물을 제거할 수 있다.

반구를 고정할 수 있는 작은 잼 척을 만든 후 반구를 척에 두드려서 고정시키는데, 구에 그려져 있는 중심선이 회전축에 정렬되게 한다⑫. 심압대축으로 정렬을 확인할 수도 있다. 남아 있던 중심선 부분도 터닝 가공을 완료한다⑬. 작업이 완료되면 가공된 구를 각기 다른 방향으로 컵 척에 고정해가면서 가볍게 샌딩을 진행한다. 샌딩을 할 때 (사포를 든) 손이 컵 척에서 구가 빠져나가는 것을 막아주기 때문에 단단히 고정시킬 필요는 없다.

횡단면 가공 프로젝트

마지막으로 구의 나뭇결을 회전축과 정렬한 상태에서 컵 척에 고정한다. 끈과 환봉을 집어넣을 수 있는 구멍을 뚫는다. 드릴의 중심을 찾을 수 있도록 원뿔형 홈을 만들어주고 ⑭, 끈이 들어갈 수 있도록 작은 구멍을 끝까지 뚫어준다 ⑮. 드릴 척으로 1/2인치(13mm) 드릴 비트를 심압대에 부착하고, 기존에 뚫린 구멍을 구의 3분의 2 깊이까지만 넓혀준다 ⑯.

죽방울의 환봉 부분은 바닥이 뾰족하면서 뚱뚱한, 고블릿 잔과 비슷한 형태라고 할 수 있다. 이 잔은 직경이 2인치(50mm)이고 환봉의 전체 길이는 7 1/2인치(190mm)이다.

선질 블랭크를 원통으로 가공한 이후, 횡단면의 속파기 가공을 시작한다 ⑰. 끈을 달기 위해서는 작은 드릴 비트로 약 1/2인치(13mm) 깊이의 구멍을 뚫어준다 ⑱. 이 구멍은 환봉의 내부에서 측면으로 끈을 연결하기 위한 것이다. 그릇의 안쪽 면을 샌딩한다.

환봉을 가늘게 만들기 전에 그릇 가공을 먼저 끝내도록 한다 ⑲. 손잡이 부분을 완성한다 ⑳. 컵의 구멍과 연결하기 위해 환봉 중심에 작은 구멍을 뚫어준다 ㉑. 구의 구멍에 맞도록 장부촉을 가공하고 ㉒, 샌딩 작업 및 마감칠을 한다 ㉓.

13장

횡단면의 속파기와 형태 잡기

초벌 속파기

기초 타공_157쪽
가우지를 이용한 속파기_158쪽
스크래퍼를 이용한 깊이 타공_159쪽

내부 형태 가공

원통_160쪽   곡선형 속파기_161쪽
턱 내부 가공_162쪽
깊은 속파기_163쪽

횡단면 가공 프로젝트

화병_164쪽   속이빈형태_167쪽
조명받침_170쪽   고블릿 잔_172쪽
원통형합_175쪽

횡단면 속파기에 사용하는 기법은 파내는 깊이, 형태, 작업물의 주둥이 크기에 따라 달라진다. 횡단면 속파기 시에는 대부분 칼이 칼 받침대에서부터 멀어지는 형태로 절삭이 이뤄진다. 이에 따라 칼의 균형을 잡는 것이 가장 중요한 문제가 된다. 칼이 칼 받침대에서 멀어질수록 캐치의 발생 확률은 높아진다. 따라서 흔들림을 방지하기 위해 단단한 칼을 사용해야 하며, 깊이 파갈수록 캐치에 대응하기 위해 긴 손잡이를 필요로 한다. 칼 손잡이를 팔뚝 아래에 정렬시키고 체중을 칼에 지속적으로 실어줘야 한다. 횡단면 속파기를 시작할 때에는 작업물이 심각한 캐치로 박살날 경우를 대비한다. 충격에 강한 안면보호구를 착용해야 한다.

초벌 속파기를 할 때에는 다음 두 가지 방법 중 하나를 선택할 수 있다. 첫째, 깊게 구멍을 뚫은 다음 구멍에서부터 바깥쪽으로 절삭해나가는 것이다. 둘째는 칼을 횡단면 안쪽으로 밀어 넣는 것이다. 베어 깎기는 익히기 매우 까다롭다. 하지만 횡단면을 직접 파고드는 것보다 훨씬 깨끗한 표면을 얻을 수 있고 많은 양의 살을 빨리 덜어낼 수 있다.

무뎌진 칼로는 횡단면 속파기를 원활히 수행할 수 없기 때문에 잘 연마된 칼이 반드시 필요하다. 횡단면 작업 중 캐치가 발생하면 $1/16$인치(1.5mm) 가량의 깊이를 파고들어가게 된다. 이런 흠집을 칼질 한 번으로 없애기란 불가능하다. 게다가 옆 부분의 나뭇결까지 찢어지기 때문에 최종적인 칼질은

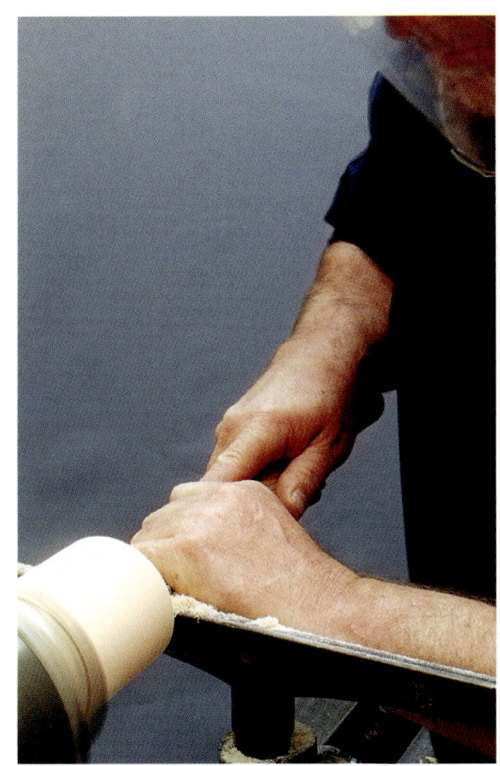

깊은 속파기 작업을 진행할 때에는 칼 손잡이를 팔 밑에 정렬시키고 체중을 실어 유지해준다.

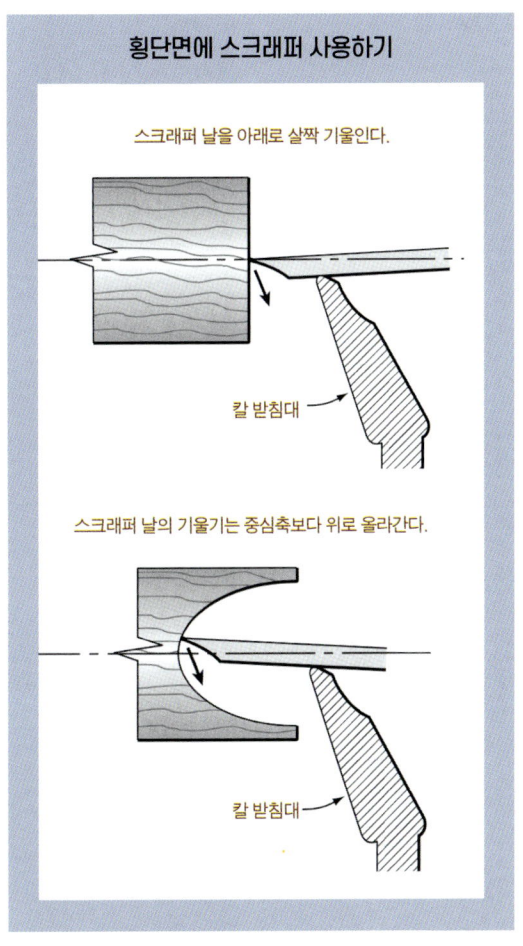

횡단면에 스크래퍼 사용하기

스크래퍼 날을 아래로 살짝 기울인다.

칼 받침대

스크래퍼 날의 기울기는 중심축보다 위로 올라간다.

칼 받침대

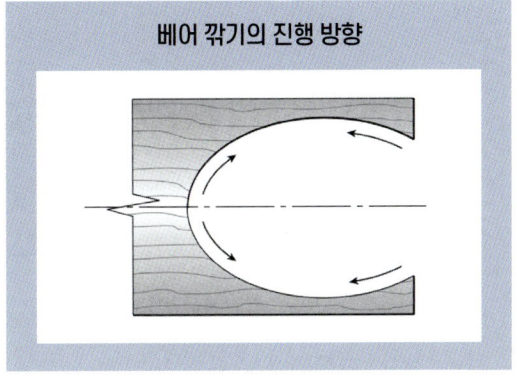

베어 깎기의 진행 방향

표면에 스칠 듯 정교하게 이뤄져야만 한다.

평평한 횡단면이나 블랭크의 회전축 부분에서는 캐치를 막기 위해 칼날을 밑으로 몇 도 정도 기울여줘야 한다. 곡면에서는 날이 회전축보다 위로 올라와야 칼날이 섬유질을 잘라내면서 부드러운 표면이 만들어진다. 베어 깎기를 진행할 때에는, 옆 그림처럼 칼날이 회전축에서 멀어지는 방향으로 움직이게 된다.

일반적이면서도 매우 재미있는 횡단면 가공 프로젝트 세 가지를 꼽자면 고블릿 잔, 뚜껑 있는 원통형 합, 화병일 것이다. 고블릿 잔은 산업혁명 이전부터 수 세기에 걸친 전통을 이어오고 있는데, 당시에는 나무로 만든 큰 컵이나 물병 등이 널리 사용됐다. 원통형 합 역시 오랫동안 다양한 종류의 향신료, 코담배, 바늘, 담배, 알약 등을 수납하기 위해 변모해왔다. 뚜껑 없는 원통형 합은 연필, 펜 등을 보관하기에도 좋다.

13장 횡단면의 속파기와 형태 잡기

속이 빈 형태 가공법으로 말린 꽃을 꽂아놓을 근사한 화병을 만들 수 있다. 높고 얇은 화병은 넘어지지 않도록 무게를 유지해주는 것이 좋다.

다만 화병은 예외적으로 현대의 물건이며, 유리나 도자기로 만들어진 형태를 모방한 것이다. 화병은 만들기가 결코 쉽지 않다. 얇은 벽과 좁은 주둥이는 "와! 이걸 어떻게 만들었을까?"라는 궁금증을 자아낸다. 하지만 옛날의 우드터너 중 어느 누구도 흙이나 유리, 심지어 금속으로 쉽게 만들 수 있는 물건의 형태를 따라 하기 위해, 많은 시간과 소중한 재료를 낭비하지는 않았을 것이다. 조명 받침은 화병 형태의 변형으로서 종종 도자기의 외형에서 영향을 받는다. 이 장에 등장하는 조명 받침의 경우 내부 구멍을 관통시키지 않으면 화병으로 쓸 수도 있다.

초벌 속파기

기초 타공

깊이 가공용 드릴을 사용해 손으로 타공할 수 있다(61쪽 사진①~③ 참조). 그러나 더 넓은 구멍은 1000rpm 이하의 회전에서 심압대축에 고정된 드릴 비트로 타공할 수 있으며, 목재의 크기에 따라 107쪽 표를 참고해 속도를 낮춰야 한다. 여기서 드릴 척에 물려 사용된 1 3/4인치(45mm)의 포스너 비트는 화병의 중심 부분을 제거하는 데 활용됐다①. 드릴이 구멍 속으로 파고들면서 드릴 날의 몸통 주변에 부스러기가 끼게 되므로, 드릴을 뒤로 빼고 목선반의 작동을 멈춘 뒤 부스러기를 제거해줘야 한다②.

드릴 날의 길이보다 더 깊이 파고들려면 먼저 심압대축에 원하는 깊이를 표시한다③. 심압대축을 되감아주고 목선반을 끈 상태에서 드릴을 구멍 안으로 끝까지 밀어 넣는다④. 심압대축을 정반에 고정하고 목선반을 작동시킨 뒤 드릴 날을 전진시킨다⑤. 심압대를 뒤로 이동시켜 끼어 있는 부스러기를 수시로 제거해줘야 한다. 목선반이 회전 중이라면 드릴 날의 헤드가 절반 정도 나올 때까지 되감아주는 방법으로도 파편이 제거된다.

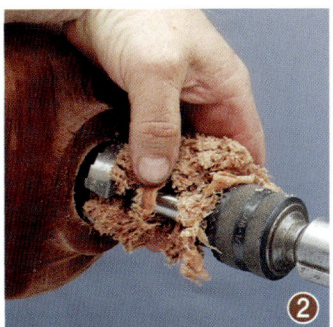

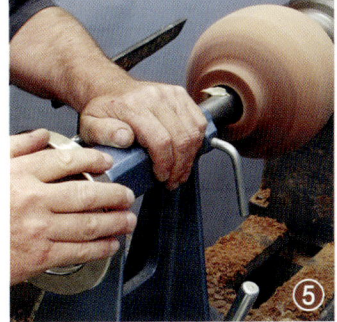

초벌 속파기

가우지를 이용한 속파기

3인치(75㎜) 깊이까지 가장 빨리 속살을 덜어내는 방법은 (얕은홈 디테일 가우지가 아니라) 얕은 가우지를 뒤로 잡아당기는 방식의 후진 절삭이다. 이때 가우지의 칼날 형태와 경사면 길이가 매우 중요하다. 경사면은 길어야 하며, 칼날은 직선이 없는 둥근 핑거네일 형태라야 한다①.

드릴로 구멍을 뚫어 깊이를 설정하고, 그림② 상단 1~6번에 해당하는 속파기 절삭을 진행한다. 1번 절삭을 위해 가우지 측면 날로 중심에서부터 깊이 방향으로 밀고 들어가기 시작한다③. 가우지의 손잡이를 뒤로 잡아당기고 내려주는 동시에 시계방향으로 굴려준다. 가우지가 거의 뒤집힌 상황에서 회전축의 약 2시 부분에 절삭이 일어나기 시작한다④. 이후 중앙으로 돌아가 같은 방식으로 내부를 절삭한다. 주둥이를 좁게 유지하면서 내부 공간을 넓혀준다⑤⑥. 필요한 깊이에 도달하면 7번과 8번 절삭으로 주둥이를 넓힌다.

다른 방법은 그림②의 하단에 표시된 것처럼 횡단면 표면에서부터 절삭해 들어가는 것이다. 이런 상황에서는 가우지를 측면으로 눕혀 홈이 회전축을 향하게 하고, 중앙으로 움직이면서 가우지를 반시계방향으로 천천히 굴려줄수록 더 크게 절삭된다⑦.

초벌 속파기

스크래퍼를 이용한 깊이 타공

스크래퍼를 타공 도구로 사용해 횡단면을 직접 파고들 수도 있지만, 이러한 경우 한 번에 1/2인치(13㎜) 이하로만 사용한다❶. 칼 받침대는 스크래퍼가 수평을 유지했을 때 스크래퍼 윗날이 회전축보다 높아 목재에 닿을 수 있게, 아랫날은 목재와 떨어져 있게 그림❷처럼 조정한다. 얇은 리본이 생겨 나오도록 스크래퍼를 부드럽게 밀어 넣는다❸. 스크래퍼의 모든 날을 한 번에 사용하지 않도록, 중심에서 멀어질수록 절삭되는 폭을 줄여야 한다.

우선 둥근 스크래퍼를 중심 부분에 밀어 넣은 뒤 중심에서부터 원통의 바깥을 향해 여러 번에 걸쳐 살을 덜어낸다❹. 한 번에 스크래퍼 날 폭에서 1/2인치(13㎜) 이하만 사용한다❺. 스크래퍼의 날 전체를 쓰면 캐치가 생긴다.

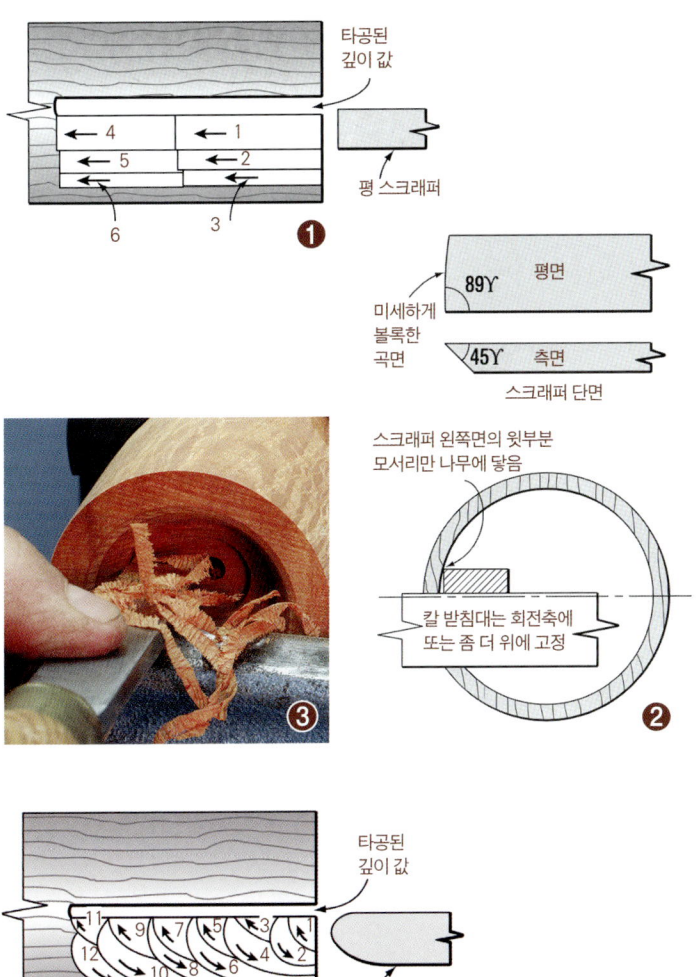

13장 횡단면의 속파기와 형태 잡기 **159**

내부 형태 가공

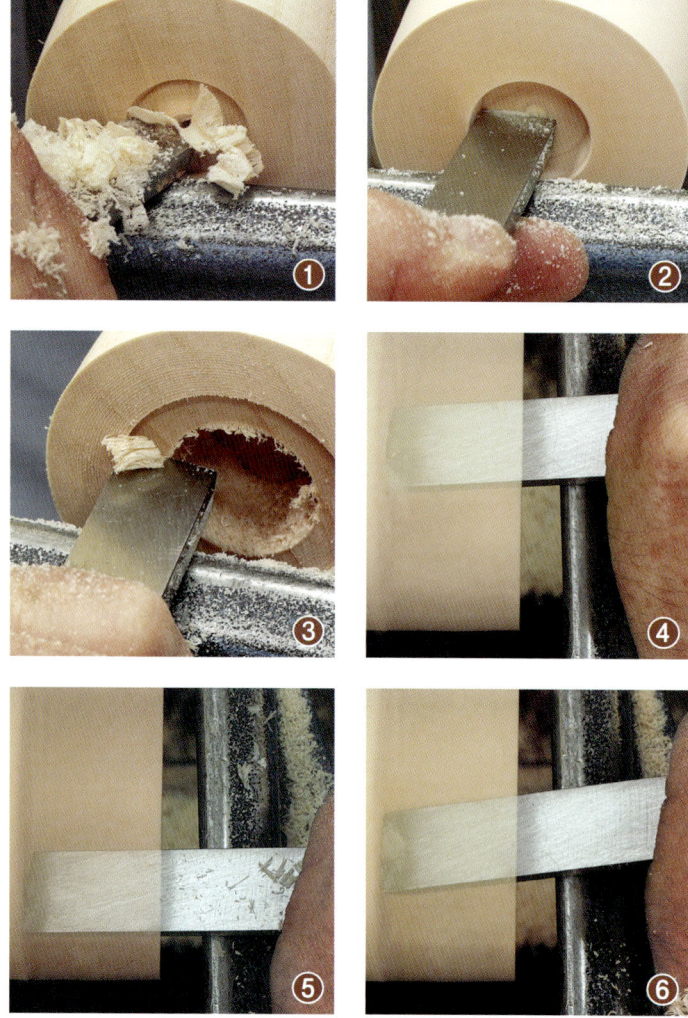

참고: 사진들은 잘 보이게 하기 위해 블랭크 절반을 잘라내어 엑스레이 효과를 주었다.

원통

작은 원통형 구멍은 157쪽 사진들에서처럼 포스너 비트를 심압대에 장착해 사용했을 때 가장 잘 뚫린다. 단, 심압대축은 목선반 회전축과 정확히 정렬돼야 한다. 포스너 비트 중앙 촉이 횡단면 중심에 흔적을 남기게 되지만, 깎아서 없앨 수도 있고 가죽이나 원판으로 막을 수도 있다. 또한 원통 끝까지 구멍을 뚫어 튜브를 만들고 나서, 삽입물을 터닝해서 끼워 넣어 막아주는 방법도 있다.

원통은 날 왼쪽 모서리가 89도 정도이고 곡면이 살짝 잡혀 있는 평 스크래퍼로 속을 파낼 수 있다 (159쪽 그림② 참조). 속파기되는 목재에 스크래퍼 왼쪽 윗부분 모서리만 닿도록 칼 받침대를 충분히 높여 조정한다. 스크래퍼를 살짝 기울여 왼쪽 모서리 윗부분에서 목재 중앙을 향해 절삭한 뒤①, 스크래퍼 날을 회전축과 평행하게 조정한다②. 날이 중앙을 가로질러 타공을 시작하면, 척이 압력을 흡수해 생각보다 강하게 밀어 넣을 수 있다. 중앙에서 스크래퍼의 날은 0~3도 내에서 기울여 절삭해야 한다. 주둥이에서 속으로 들어가면서 점차 좁아지는 형태가 된다. 원통형 구멍을 만들려면 스크래퍼 날을 수평으로, 또 목선반 축과 평행하도록 유지한다③.

횡단면을 평평하고 부드럽게 가공하기 위해 스크래퍼의 왼쪽 모서리 날을 회전축에서부터④ 모서리까지⑤ 왼쪽으로 이동해가면서 여러 단계 반복해 절삭한다. 스크래퍼 모서리를 오른쪽으로 회전시킨 뒤, 곡면이 살짝 잡혀 있는 스크래퍼의 중앙 부위로 매우 가볍게 절삭하면서 중앙으로 이동한다⑥.

내부 형태 가공

곡선형 속파기

곡선형 속파기의 마감 절삭은 주둥이에서 안쪽으로 시작해①, 다시 바닥에서 주둥이로 빠져나오는 과정으로 이루어진다②(155쪽 '베어 깎기의 진행 방향' 참조). 주둥이 주변을 절삭할 때 진동을 줄이려면 엄지손가락을 지렛대처럼 스크래퍼 날의 측면에 고정시키고, 나머지 손가락은 목재 위에 올려놓는다. 스크래퍼를 위로 기울여주면 주둥이에서 시어 스크래핑이 일어나게 된다③. 그런 다음 손잡이를 들어 올려 스크래퍼를 수평으로 만들어 곡면을 가공한다④. 중심에서부터 스크래퍼를 아래로 기울여 절삭을 시작하고, 아래쪽에서 곡면을 완성한 다음⑤, 손잡이에 체중을 싣고 몸에서 멀어지도록 밀어 스크래퍼를 수평한 상태(회전축보다 위)로 되돌리며 절삭해나간다⑥.

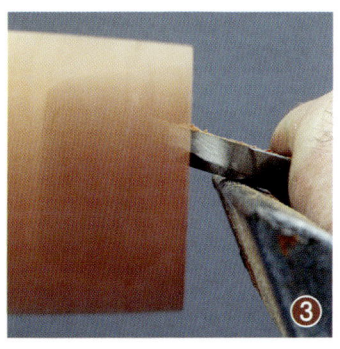 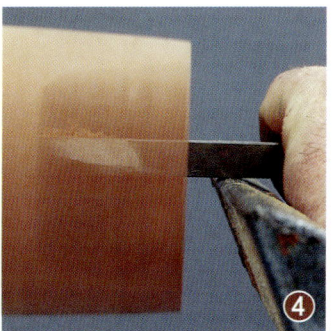
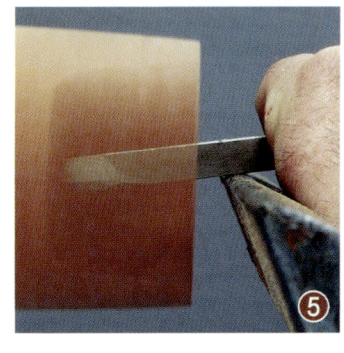 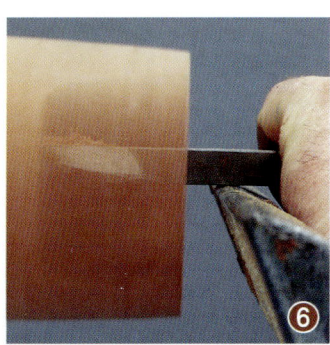

내부 형태 가공

턱 내부 가공

주둥이보다 내부 공간이 넓은 자그마한 원통형 합이나 화병일 경우, 내부 공간에 결합턱이 생기게 된다. 턱 아랫부분을 깎기 위해서는 사이드 스크래퍼가 필요하다. 다양한 모양의 사이드 스크래퍼가 판매되고 있지만, 낡은 대팻날이나 스크래퍼를 이용해 원하는 모양으로 가공할 수도 있다.

우선 블랭크 중앙에 깊이 값에 해당하는 구멍을 드릴로 뚫어준 뒤, 평 스크래퍼로 내부의 살을 최대한 덜어낸다❶. 작은 기물을 작업할 경우, 사진에서 보이는 것처럼 낡은 1인치(25㎜) 스크래퍼를 연마해 결합턱과 내부 벽면을 깎아낼 수 있다❷. 스크래퍼의 날 전체가 칼 받침대에 붙어 있어야 한다. 스크래퍼의 가늘어지는 부분이 칼 받침대에 얹어질 경우 캐치가 쉽게 발생한다. 스크래퍼 측면의 긴 모서리에는 살짝 곡면이 있어야 하고 한 번에 매우 좁은 영역만을 사용해 가공해야 한다는 점을 잊지 말아야 한다. 평평한 바닥면과 바닥면의 모서리를 가공할 때는 같은 스크래퍼를 사용해도 되고❸, 살짝 사선으로 가공된 평 스크래퍼를 사용해도 된다❹. 칼날에 붙인 테이프는 깊이를 확인하기 위한 것이다.

내부 형태 가공

깊은 속파기

커다란 입구 아랫부분의 속파기는 고강도의 보링 바나 손잡이가 길고 무거운 굽은목 스크래퍼를 사용한다①. 데이브 릭스Dave Reeks사의 속파기 장비 세트 같은 제품의 칼 받침대는 캐치를 방지할 수 있도록 설계돼 있다②.

굽은목 스크래퍼를 사용할 때에는 칼 받침대를 기물에서 떨어뜨려 고정시켜야 스크래퍼 몸통의 직선 부분을 칼 받침대에 얹을 수 있다③④.

보링 바에는 목재에서 발생하는 힘을 분산시키지 못한 채 직접 받아내야 하는 오프셋 커터가 달려 있다. 보링 바를 수동으로 사용할 때에는 커터를 30도 정도 아래로 기울여 작업을 시작하고, 목재의 회전력에 익숙해질 수 있도록 칼날의 각도를 굴려 천천히 들어 올려준다⑤.

②와 같이 슬롯형 칼 받침대가 달린 보링 장비 세트는 절삭면과 지지면이 일직선이 아니라 편심일 경우에도 캐치가 발생하는 것을 막아준다. 이를 사용할 경우, 우선 칼날 높이를 회전축보다 살짝 높게 한 뒤 고정시킨다. 이후 칼 받침대를 조정해서 칼끝이 목재의 중앙을 깎을 수 있도록 해준다. 가공한 구멍이 깊어짐에 따라 칼 받침대를 계속 조정해줘야 한다.

보링 바에 달린 칼날은 상황에 따라 교체 또는 조정이 필요하다. 여기서는 둥근 형태의 칼날이 내부 곡면의 끝부분을 스크래핑하기에 가장 적합했다⑥. 폭이 좁은 커터는 측벽의 살을 빠르게 덜어낼 때 효과적이다⑦. 하지만 바닥면으로 내려갈수록 횡단면을 절삭해야 하므로 칼날의 각도를 틀어줘야 했다⑧.

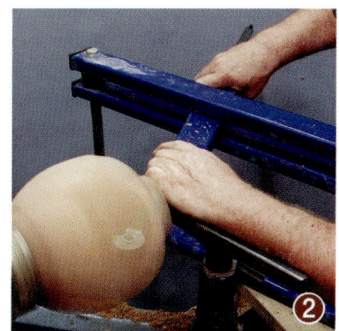
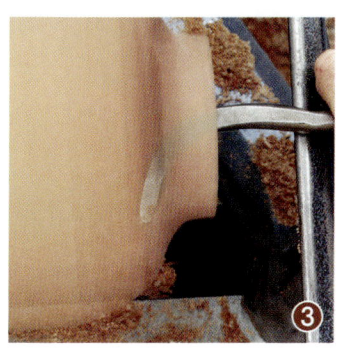
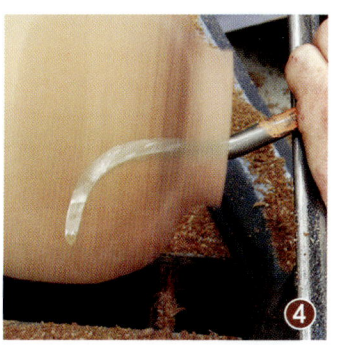

커터의 각도를 눕힌 상태에서 시작하고, 서서히 굴려 세워주면서 절삭한다.

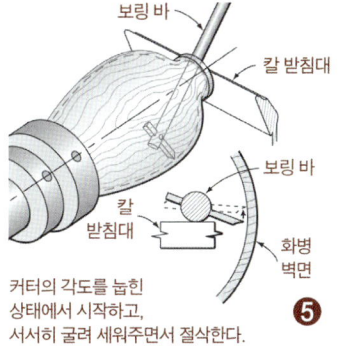
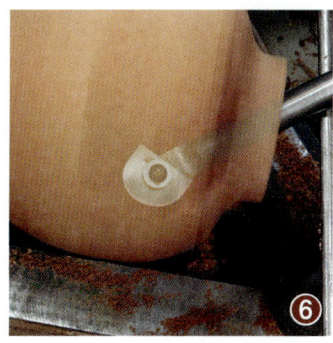
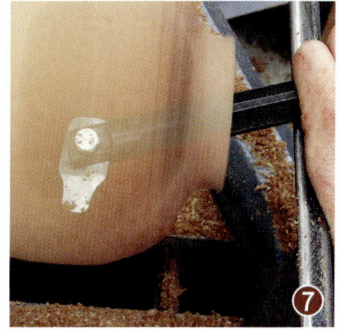
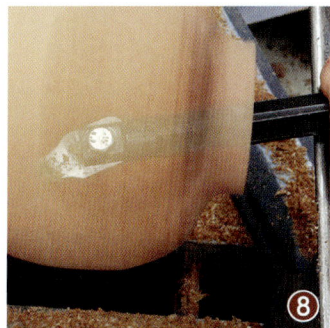

13장 횡단면의 속파기와 형태 잡기

횡단면 가공 프로젝트

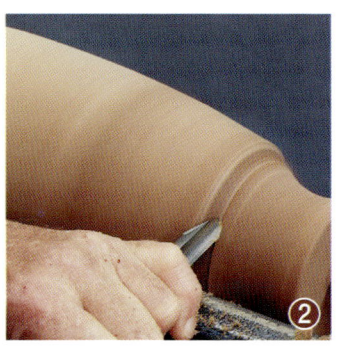
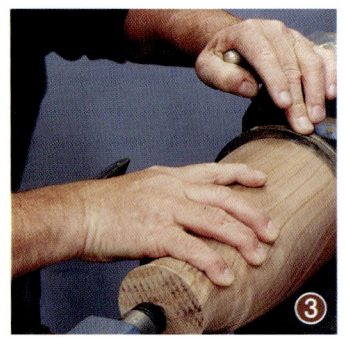

화병

블랭크를 목선반의 양쪽 회전축에 물려 ① 화병의 외형을 가공하고, 오목한 바닥면 또는 짧은 촉을 만들어준다. 이 블랭크의 경우, 직경 5인치(125mm)인 조에 장착될 수 있도록 했다. 기물을 뒤집어 척에 장착할 목적의 촉을 가공하고자 한다면, 조가 벌어질 수 있는 최대 크기와 같게 만들어야 가장 단단하게 장착된다. 스큐를 이용해 화병의 몸통을 매끈하게 다듬고 얕은 가우지를 사용해 목 부분의 형태를 대략적으로 깎아낸다 ②.

심압대축을 사용해 작업물을 척 중심에 다시 물려준다 ③. 바닥면에 5/8인치(16mm)가량의 두께가 남도록 넓고 깊게 드릴 작업을 진행한다 ④. 목 부분은 가급적 두껍게 유지한다 ⑤. 컴프레서와 에어 건을 사용하면 화병 안에 쌓인 칼밥을 쉽게 제거할 수 있다. 막대기로 속을 휘저어가며 칼밥을 제거하는 것은 너무 오래 걸린다. (옆면이 뚫린 공예품을 깎을 때의 장점 중 하나가 칼밥 제거가 쉽다는 것이다.)

벽 두께를 수시로 측정해 어느 정도 진행됐는지를 확인한다 ⑥. 벽이 얇아질수록 절삭 과정에서 높은 음의 소리가 나지만, 그것이 정확히 무엇을 뜻하는지는 여러 개의 작업물을 망가뜨려 봐야지만 깨닫게 될 것이다. 측벽에 구멍이 뚫린 공예품인 경우라면 실제로 벽 두께의 많은 부분을 눈으로 직접 확인할 수 있다.

횡단면 가공 프로젝트

화병 몸통의 크기가 줄어들면 둥근 스크래퍼로 목의 안쪽을 다듬는다⑦. 손이 닿는 데까지 샌딩을 한다⑧. 반드시 목 내부 작업이 완료된 후에 외형 작업을 진행한다. 디테일 가우지를 사용하고⑨, 벽면 두께를 수시로 확인한다. 이후 화병 윗부분을 샌딩한다.

이제 회전축 사이에 작업물을 다시 장착하고 척에서 물렸던 자국, 촉, 혹은 발 부분을 깎아낸다. 이를 위해서는 잼 척을 만들어야 한다. 목의 내경을 측정한 뒤⑩, 그에 맞춰 테이퍼된 촉을 만든다⑪⑫. 화병을 회전축 사이에 장착한다⑬.

13장 횡단면의 속파기와 형태 잡기

횡단면 가공 프로젝트

나뭇결이 불규칙하다면 부드러운 필링 컷⑭이 베어 깎기보다 안전하다. 조에 물렸던 자국을 제거하기 힘들 경우, 스큐 끝날로 V자 홈을 만들어 숨겨주는 편이 나을 것이다⑮.

디테일 가우지로 화병 바닥면을 약간 오목하게 다듬어준다⑯. 스큐를 이용해 장식적인 홈을 추가해준다⑰. 바닥면의 꼭지 부분을 제외하고, 전체적으로 샌딩과 광택 작업을 진행한다. 마지막으로 꼭지를 샌딩하고⑱ 작업을 완료한다⑲.

횡단면 가공 프로젝트

속이 빈 형태

위쪽의 좁은 입구를 통해 속파기 작업을 수행하는 것은 매우 어렵다. 하지만 이를 대체하는 방법이 있는데, 하단의 더 큰 구멍을 통해 속을 비워낸 후, 플러그로 그 구멍을 막아주는 기술이다. 플러그는 하단 구멍의 안쪽에 삽입한다 ①.

일체감을 위해서는 플러그의 나뭇결이 주둥이 둘레의 결과 되도록 일렬로 정렬돼야 한다. 따라서 한쪽 끝의 결이 곧은 블랭크를 선택하는 것이 우선이다. 곧은결이 있는 부분이 바닥면이 되고, 플러그를 만들어낼 부분이기도 하다. 잘 정렬된 곧은결은 추후 결합된 부위를 감추는 데 도움이 된다.

회전축 사이에 화병을 고정한 뒤 대략적인 형태를 깎아나간다 ①. 윗부분에는 두툼한 촉을 남겨 척에 물릴 수 있도록 한다. 척에 이 촉을 장착한 뒤, 바닥면에 턱을 깎는 동안 심압대축을 사용해 지지해준다. 플러그가 될 중앙 부분의 턱은 몸통에서 분리시키기에 앞서 곧은결인지, 바닥면보다 직경이 작은지를 확인해야 한다 ②.

플러그를 절개한 뒤 직경을 측정하고 ③, 측정값을 횡단면에 옮겨준다 ④. 심압대에 장착한 직경이 큰 드릴 비트로 구멍을 뚫어 깊이를 설정한다 ⑤. 플러그 크기에 맞게 스크래퍼로 속을 파준 뒤, 깊이를 깎아나간다 ⑥. 측정 작업을 병행한다 ⑦. 주둥이가 플러그는 물론 고정용 턱의 직경보다 커지지 않도록 각별히 주의해야 한다.

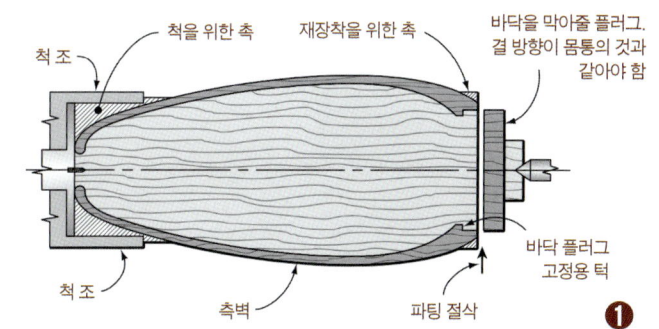

 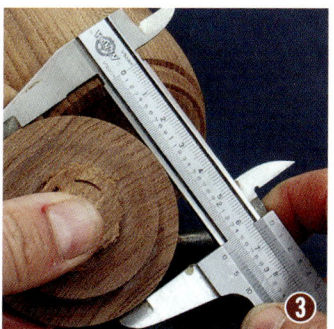

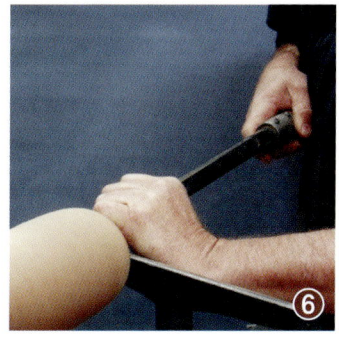 

횡단면 가공 프로젝트

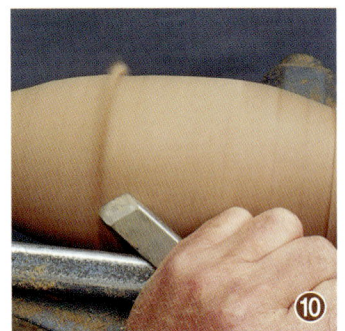

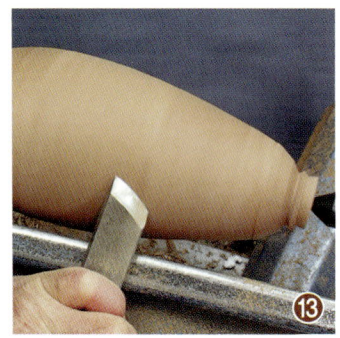
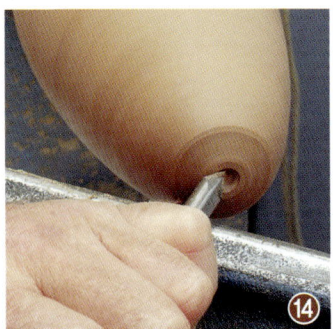

다음으로 플러그를 끼울 턱을 가공한다 ⑧. 횡단면에 미세한 턱을 깎아 고정용 지지면을 만들어줌으로써 ① 플러그가 구멍 안으로 밀려들어가지 않도록 해준다. 플러그 크기가 맞으면 나뭇결을 정렬하고 접합면을 찾기 위한 참조 선을 그려준다 ⑨.

벽 두께를 측정할 동안 하단의 재장착용 촉을 유지하면서 외형을 다듬어준다 ⑩. 그 다음 순간 접착제로 플러그를 끼운다. 앞서 그어둔 연필선이 참고가 될 것이다. 중앙의 꼭지를 유지한 상태에서 디테일 가우지를 사용해 바닥면을 살짝 오목하게 가공해준다 ⑪. V자 홈을 한두 개 가공해주면 착시를 일으켜 접합면을 감출 수 있다 ⑫.

화병을 뒤집어 척에 물리고 화병의 윗부분 형태를 가공해준다 ⑬. 작은 디테일 가우지를 사용해 상단을 원뿔 형태로 가공한 다음 ⑭, 깊이 가공

횡단면 가공 프로젝트

용 드릴로 구멍을 뚫어준다⑮. 둥근 스크래퍼를 사용해 주둥이를 다듬는다⑯. 이때 샌딩, 왁스칠, 광택 작업을 최대한 많이 진행해놓는다.

구멍이 주축대 쪽으로 가도록 기물을 양 회전축 사이에 장착한다. (사진에서처럼) 원뿔형 라이브 센터를 사용할 수 있지만, 나무로 만든 원뿔이 목재를 더 잘 잡아준다. 또한 목재 원뿔은 심압대축의 크기와 무관하게 다양한 크기로 주둥이에 맞춤 제작이 가능하다. (원뿔을 가공하려면 잼 척을 만드는 것과 같은 방식을 적용한다. 87쪽, 165쪽 사진⑪~⑬ 참조.) 얇은 바닥면은 강한 압력을 견딜 수 없으므로 심압대를 강하게 조이지 않도록 주의해야 한다. 장착이 완료되면 남아 있는 턱을 제거한다⑰.

샌딩 및 마무리 작업을 완료한 후 하단의 꼭지를 제거한다⑱. 스큐로 꼭지를 잘라낼 자신이 없다면, 샌더로 작업을 완료한다⑲⑳.

13장 횡단면의 속파기와 형태 잡기

횡단면 가공 프로젝트

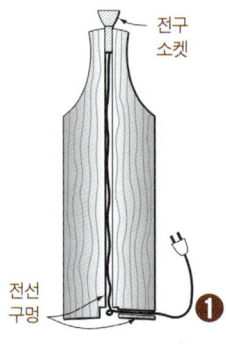

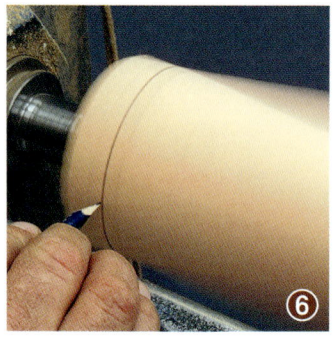

팁 목선반에서 타공한 구멍은 나뭇결이 오거 비트의 날을 중심에서 밀어내기 때문에 정교하게 가공되지 않는다.

조명 받침

조명 받침은 두툼한 환봉이라고 볼 수 있는데, 배선을 위해 중심축과 측면이 관통돼 있다. 두 구멍은 밑부분의 홈에서 만난다①. 직경 4인치(100mm), 높이 13인치(330mm)의 이 조명은 회전축세 개를 사용해 폭이 좁아지는 타원형으로 제작됐다.

조명 하단이 주축대 구동축의 중심에 오도록 블랭크를 장착한다. 오거 비트를 사용해 목선반 회전축에 3/8인치(9mm)의 전선 구멍을 뚫어준다. 스퍼 드라이브에 도달하지 않는 한 최대한 가까이 뚫어주는데, 이때 오거 비트를 자주 빼줌으로써 내부에 쌓인 파편들을 제거할 수 있다②.

목선반에서 블랭크를 제거한 후, 스페이드 비트로 바닥면 가운데에 1인치(25mm) 깊이의 홈을 뚫어준다③. 홈과 스퍼의 직경이 같으면 가장 좋지만, 오거 비트가 중심에서 많이 어긋나 있다면 더 넓은 구멍을 뚫어야 한다. (스퍼 드라이브의 중심을 찾기 위해서는 첫 번째 구멍의 흔적에서 힌트를 얻어야 한다.) 3/8인치(9mm) 드릴 비트로 블랭크 측면에 두 번째 전선 구멍을 뚫어 하부의 홈 내에서 두 구멍이 교차하는지 확인한다.

하단의 홈 중앙을 스퍼 드라이브에, 반대쪽 끝은 원뿔형 심압대축에 다시 장착한다. 블랭크를 원통으로 가공한 후 가우지로 바닥면을 약간 오목하게 깎아 테두리가 바닥에 닿게 한다④. 심압대의 횡단면으로 가서 블랭크가 회전하는 상태에서 회전축과 외경의 중간 지점에 연필을 갖다 댄다. 목선반에서 블랭크를 제거한 뒤, 이 횡단면의 중점을 통과하는 선을 긋는다. 선과 원이 교차하는 두 지점은 이후 편심 가공의 중심점이 될 것이다.

170 **4부** 횡단면 가공

횡단면 가공 프로젝트

블랭크가 갈라지지 않도록 컵 센터를 이용해 편심 지점 중 하나가 새로운 중심이 되도록 재배치한다. 작업물을 손으로 회전시키면서 횡단면의 원 외부에 약 1/4인치(6mm)의 호를 표시한다 ⑤. 작은 원을 침범하지 않도록 그려야 두 번째 편심 가공을 위한 중심이 남는다. 이 선을 기준으로 절삭이 이뤄지므로 잘 알아볼 수 있도록 진하게 표시해야 한다. 블랭크 반대편 근처에서 중심축을 유지한 상태에서 원운동을 하고 있는 곳을 찾아 부드러운 연필로 참조선을 그려준다. 이 부분은 양쪽의 흐릿한 잔상이 있는 곳 사이에 위치하며, 하부의 고정 턱과 평행선을 이루고 있을 것이다 ⑥.

이제 폭이 좁아지는 타원을 만들 준비가 됐다. 러핑 가우지로 심압대축 끝에 표시된 호와 주축의 기준선을 연결하는 직선을 만든다 ⑦. 그런 후 두꺼운 스큐로 표면을 매끄럽게 다듬고, 왼쪽에서 오른쪽으로 베어 깎기를 한다 ⑧. 조명 상단(심압대 끝)의 축을 다른 교차점으로 옮기고 절삭할 새로운 호를 표시한다 ⑨. 또한 바닥면 근처에 흐릿한 영역의 중심에 실제 가공될 표면을 다시 표시하고, 지난 과정처럼 두 번째 타원을 가공한다.

폭이 좁아지도록 가공한 뒤 블랭크를 원래의 중앙으로 다시 장착, 러핑 가우지로 목 부분을 가공해준다 ⑩. 스큐 끝날로 상단을 정리하고 ⑪ 심압대를 체결한 뒤 남아 있는 거스러미를 제거한 다음 목 부분을 샌딩한다 ⑫.

측면을 사포로 마무리한다 ⑬. 오비털 샌더를 사용하면 선명한 측면의 형태를 찾아낼 수 있다 ⑭. 부드러운 모서리를 원한다면 목선반을 300rpm으로 천천히 회전시켜 샌딩한다.

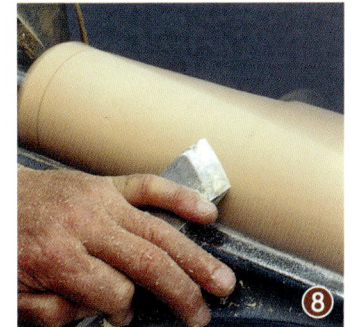

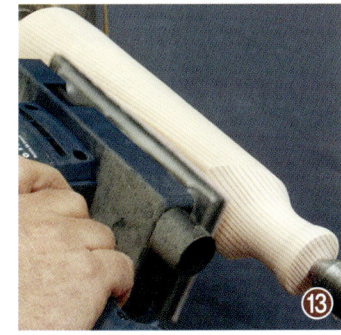

13장 횡단면의 속파기와 형태 잡기

횡단면 가공 프로젝트

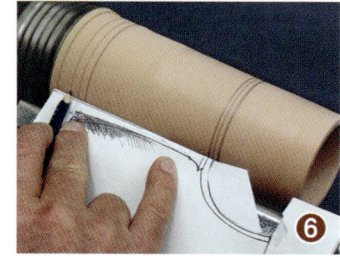

고블릿 잔

고블릿 잔과 같은 형태는 그릇의 안쪽부터 완성해나가야 한다. 이후 기둥 부분을 만들기에 앞서 그릇의 바깥을 완성한다. 이렇게 하면 블랭크의 대부분을 최대한 유지해가면서 가공할 수 있으므로 채터 자국과 진동의 문제를 최소화할 수 있다.

블랭크를 마감물의 직경이 나올 때까지 가공해주고, 횡단면에서부터 구멍을 뚫어 깊이 값을 결정한다. 속을 파낼 때 처음에는 가우지를 ①, 이어서 둥근 스크래퍼를 사용한다 ②. 같은 고블릿 잔을 제작할 때에는 내부를 비교하기 위한 템플릿을 만든다 ③. 블랭크 외부에 정확한 깊이를 표시하고 ④ 내부를 샌딩한 후 ⑤, 세부 형태를 표시한다 ⑥.

그릇의 외형을 깎고, 파팅 툴을 이용해 주축대 쪽에 위치한 컵 바닥면을 절개한다 ⑦. 스큐를 사용해 그릇의 외형을 잡기에 앞서 파팅 툴로 절반 정도의 깊이를 절삭해준다 ⑧. 왼쪽에 남아 있는 목재의 양을 유지시켜 형태의 기준점으로 삼는다. 파팅 툴로 절삭된 면의 오른쪽 부분이 그릇의 바닥면이 된다.

외형이 완성품에 가까워지면 캘리퍼스와 파팅 툴을 사용해 기둥 윗부분에 만들어질 비드의 직경을 설정한다 ⑨. 그 다음 스큐의 긴 날로 그릇 바닥과 닿아 있는 비드 상부의 곡면을 완성한다 ⑩. 가공한 부분의 모서리가 비드의 상단으로 마감되기 때문에 주의를 기울인다. 주기적으로 목

횡단면 가공 프로젝트

선반을 멈추고 벽면 두께를 확인한다⑪. 그릇 내부에 캘리퍼스 자국이 남지 않도록 천 조각으로 벽면을 보호해준다.

그릇 부분의 제작이 완료됐으므로 기둥 가공을 시작한다. 먼저 가우지를 사용해 스큐가 접근할 공간을 확보한다⑫. 스큐로 비드 상단을 다듬어준다⑬. 스큐를 칼 받침대에 평평하게 밀착시키고 필링 컷으로 기둥 주위의 살을 덜어낸다⑭. 스큐의 긴 날이 아래를 향하게 해 받침의 윗면을 가공해준다⑮. 끝으로 기둥의 최종 직경 값에 가까워지도록 베어 깎기를 진행한다⑯.

디테일 가우지로 코브 모서리를 다듬는다⑰. 스큐를 이용해 비드 모서리와 기둥 표면을 다듬어준다⑱⑲. 기둥 굵기가 가느다란 경우, 검지로 기둥 뒷부분을 받치고 엄지는 칼 받침대와 칼날을 동시에 지지함으로써 지렛대 역할을 해준다.

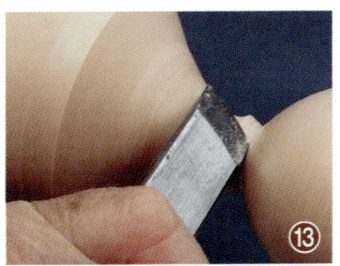

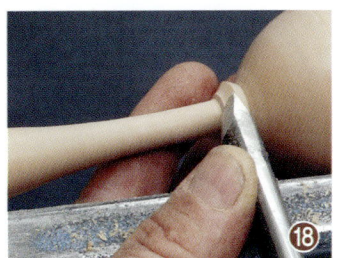
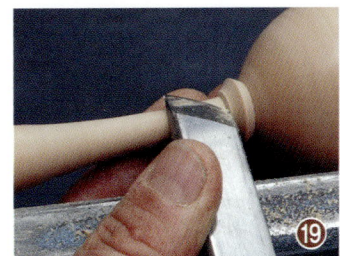

횡단면 가공 프로젝트

받침의 두께를 결정하기 위한 파팅 작업을 할 때, 가공 중인 블랭크가 흔들리지 않을 만큼의 두께를 남겨둬야 한다 ⑳. 스큐의 긴 날을 이용해 받침 윗부분의 형태를 만든다 ㉑. 이후 목선반을 회전시켜놓고 그릇, 목, 받침을 샌딩한다 ㉒.

파팅 툴로 받침의 바닥면을 절삭한다 ㉓. 절삭된 좁은 공간에 압력을 가할 수 있도록 휨성이 있는 쇠자를 사포로 감싼 뒤 바닥면을 샌딩한다 ㉔. 엄지손가락을 칼 받침대와 그릇 사이에 대고 블랭크에서 고블릿 잔을 떼낸다 ㉕. 서서히 떨어지면 고블릿 잔을 들어올린다 ㉖. 바닥면을 손 또는 부드러운 디스크 폼으로 샌딩해 마무리한다 ㉗㉘.

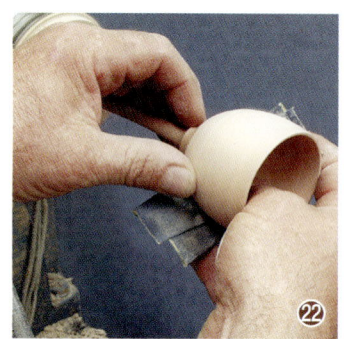

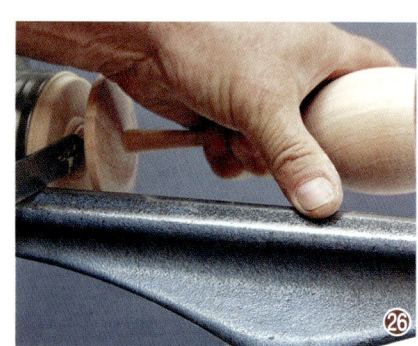

횡단면 가공 프로젝트

원통형 합

합은 뚜껑이 있는 둥근 형태의 용기이다. 상단은 보통 뚜껑이 덮이도록 오목한 형태로 가공한다. 뚜껑과 몸통의 결이 이어지는 것이 미관상 보기가 좋다. 연결부 때문에 ¾인치(19mm) 정도가 가려지게 되지만 나뭇결이 연결돼 보이게 만드는 것은 어렵지 않다. 연결부가 블랭크의 곧은결에 위치하도록 하는 것이 요령이다. 그림❶은 블랭크 속에 합이 어떻게 자리하게 될지를 보여주는 단면도이다.

직경 3인치(75mm), 길이 6인치(150mm)짜리 이 블랭크는 빅마크사의 척에 50mm 샤크 조를 이용해 고정된다. 가지고 있는 조의 직경이 이보다 작다면, 블랭크 양쪽 끝에 작은 촉을 만들어 고정한 후, 작업을 하고 나서 촉을 제거하면 된다.

블랭크를 원통으로 가공한 후, 심압대축이 남긴 중심의 흔적을 제거하고 끝부분을 살짝 오목한 형태로 다듬는다❷. 몸통 부분을 잘라낸다❸. 뚜껑이 될 부분을 척 끝으로 이동시켜 물려준다❹. 횡단면을 정리한 후❺ 가우지를 사용해 뚜껑 속을 비워낸다.

뚜껑의 턱이 몸통에 결합될 수 있게 평 스크래퍼로 ½인치(13mm) 이상 절삭해준다❻. 턱이 수직으로 가공됐는지 캘리퍼스로 확인한다❼. 스크래퍼로 속 가공을 완료한 후❽, 연필로 뚜껑에 만들어진 깊이 값을 외부에 표시하고 내부를 샌딩해 마무리한다❾. 디테일 가우지를 사용해 외형을 최대한 많이 가공해준 뒤❿ 척에서 뚜껑을 제거한 다음 따로 보관해둔다.

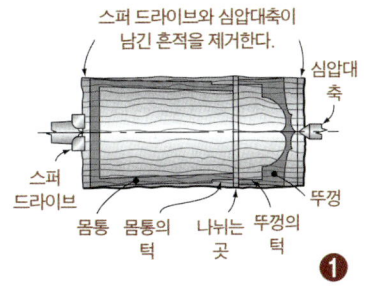

횡단면 가공 프로젝트

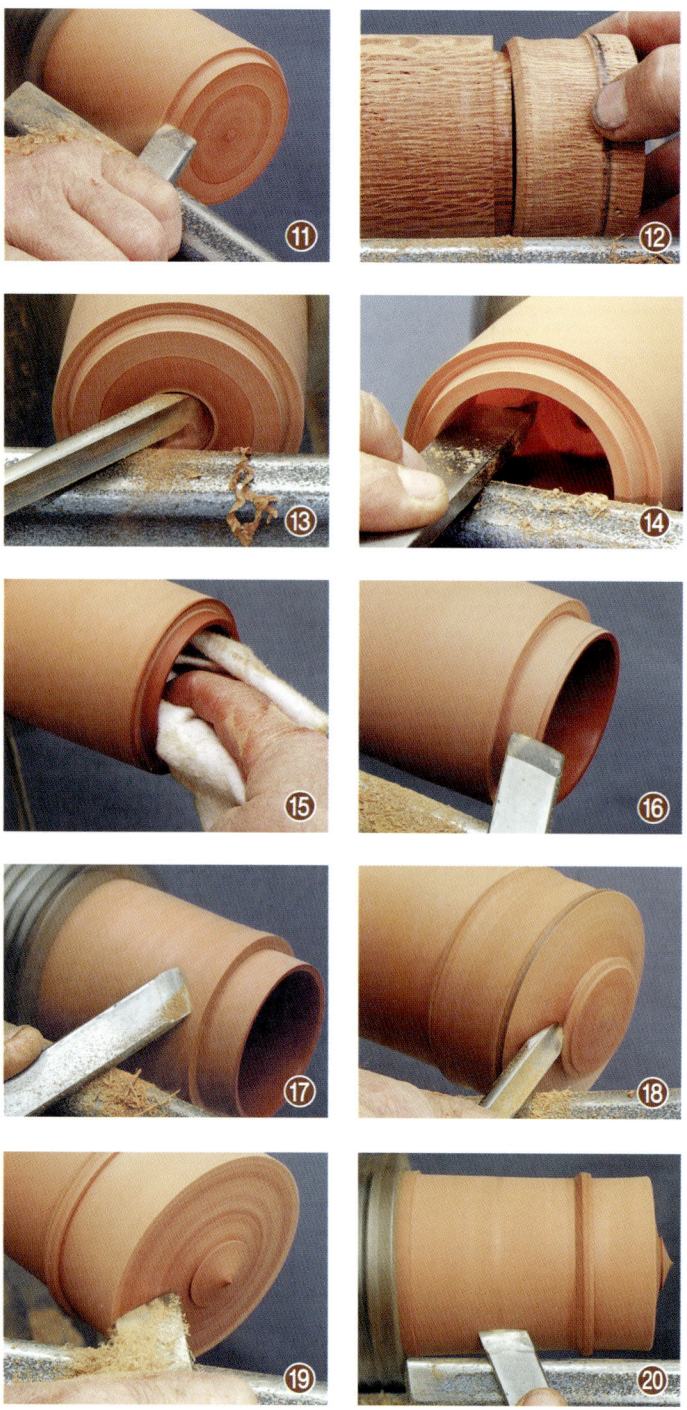

몸통 부분의 블랭크를 척에 장착한 뒤 횡단면을 다듬고, 뚜껑에 결합될 턱의 끝부분을 가공한다 ⑪. 이 과정에서 유의할 점은 턱의 직경을 대략적으로만 설정하고 있다는 것이다. 턱의 정확한 크기는 속가공이 끝난 후에 결정된다. 따라서 뚜껑의 직경보다는 약간 여유 있게 가공한다 ⑫. 몸통 내부에 드릴로 깊이 값을 설정해준 뒤 가우지와 스크래퍼로 속파기를 진행한다 ⑬⑭. 속파기가 끝나면 내부를 샌딩해 마무리한다 ⑮.

이제 몸통의 턱 가공을 끝내야 한다. 이때 뚜껑이 몸통에 단단히 고정돼 합의 외형을 한꺼번에 가공할 수 있다면 좋을 것이다. 턱의 정확한 직경을 파악하기 위해 뚜껑을 몸통의 턱에 강하게 마찰시켜 광택을 남겨주면 된다. 이 마찰 흔적은 스큐를 사용해 필링 컷 또는 스크래핑으로 제거해준다 ⑯. 최종적인 형태 가공이 가능하도록 뚜껑을 장착하기에 앞서, 몸통 외벽을 얇게 다듬는다 ⑰. 벽 두께는 뚜껑을 열면 손가락으로 쉽게 측정할 수 있다.

뚜껑을 단단하게 끼워 넣은 상태에서 디테일 가우지를 사용해 뚜껑 상부를 가공한다 ⑱. 스큐를 칼 받침대에 밀착해 뚜껑의 상부와 측면, 그리고 몸통의 외형을 필링 컷 또는 스크래핑으로 섬세하게 다듬는다 ⑲⑳.

횡단면 가공 프로젝트

결합부에 개략적인 형태의 비드를 남겨준다. 비드가 몸통으로 부드럽게 연결되도록 주의해서 가공한다. 스큐의 긴 날로 비드의 세부 가공을 진행한 뒤㉑, 외형을 샌딩하고 광택 작업을 수행한다㉒.

뚜껑을 쉽게 열 수 있도록 결합면을 미세하게 다듬어준다. 턱을 반구형 곡면으로 가공하고 턱 끝부분의 마찰 흔적은 남겨놓는다㉓. 이후 턱에 광택 작업을 진행한다.

끝으로 잼 척에 몸통을 장착하고㉔, 매우 섬세한 필링 컷으로 조의 흔적을 제거한다㉕. 바닥면은 속이 살짝 오목하도록 가공해서㉖ 테두리가 지면에 닿도록 한다. 스큐를 칼 받침대에 평평하게 지지한 상태에서 장식을 추가한 뒤㉗ 샌딩과 광택 작업을 진행한다. 뚜껑은 몸통에 잘 들어맞아야 한다. 그러면 나뭇결이 정렬됐을 때 마치 하나의 목재처럼 보일 것이다㉘㉙.

팁 뚜껑과 몸통의 결합부에 세부 형태를 추가해 절단면을 숨겨준다.

14장

나사산 가공하기

나사산 가공하기

수작업으로 가공하기_181쪽
내부 나사산 가공하기_183쪽
지그로 나사산 가공하기_184쪽

나사산과 나뭇결

나사산 맞추기_185쪽
나뭇결 정렬하기_187쪽

나사산 프로젝트

양념통_188쪽

수 세기 전, 상업 터너들은 고급 목재와 상아 등의 재료에 쓰임새를 더하기 위해 손으로 나사산을 깎고 새겨왔다. 이런 노력 끝에 핸드체이싱 기법은 자투리 나무들을 하나로 결합시킬 수 있게 해줌으로써, 다음 쪽의 왼쪽 사진에 나오는 아기 딸랑이처럼 더 커다란 기물을 만들어내기에 이르렀다. 오늘날의 스튜디오 터너들 역시 이 장 뒷부분에 등장하는 양념통이나 유골함, 혹은 작은 원통형 합을 만드는 과정에 핸드체이싱 기법을 적용하고 있다.

나사산은 수작업으로, 또는 지그를 활용해 만들 수 있다. 수작업용 핸드체이서는 한 쌍으로 구성된다. 외부 나사산을 가공하는 체이서는 도구 끝부분에, 내부 나사산을 가공하는 체이서는 측면에 톱니가 있다. 암레스트는 내부 가공용 체이서를 받쳐주는 데 도움이 되지만 필수적인 것은 아니다. 핸드체이싱은 낮은 속도로 회전하는 목선반에서 진행하는 것이 좋다. 속도 조정이 가능하거나 발로 작동하는 스위치가 달린 목선반이 필수적이다. 나사산 작업은 1800~2500rpm으로 회전하는 작업과는 다른 환경에서 진행되기 때문이다.

지그를 사용하면 나사산을 쉽게 만들 수 있는데, 특히 합처럼 주둥이 끝과 맞닿은 짧은 촉이나 턱에 나사산을 만들기에 좋다. 그러나 지그를 쓰면 핸드체이싱만큼의 만족감을 느낄 수 없는 것이 사실이다. 더구나 핸드체이싱을 익히고 나면 지그 사용이 더더욱 따분하게 느껴질 것이다.

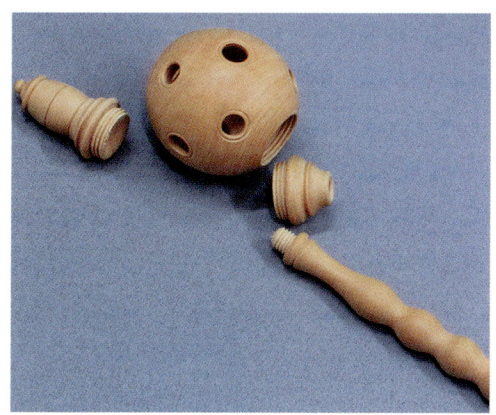

수작업을 즐기는 터너들은 자투리 목재를 활용해 소형 기물을 만들곤 한다. 빌 존스가 회양목으로 만든 아기 딸랑이.

핸드체이서는 한 쌍으로 구성된다. 내부용 체이서는 종종 암레스트(앞쪽)와 함께 사용한다. 이 암레스트는 1/2인치(13㎜) 두께의 캐리지 볼트를 고속 그라인더로 가공해 제작됐다.

영국인 상업 터너 두 명의 노력이 없었다면 핸드체이싱 기술이 사라질 수도 있었음을 기억해야 한다. 빌 존스Bill Jones와 앨런 배티Allan Batty는 수십 년 동안 수많은 워크숍과 심포지엄에서 핸드체이싱 경험을 공유함으로써 이 만족스러운 기술에 대한 터너들의 관심을 다시금 불러일으켰다.

클라인사의 이 나사산 지그는 언제든 완벽한 나사산을 만들어낸다.

14장 나사산 가공하기 179

나사산의 모양과 목재의 선택

핸드체이서로 가공된 오래된 나사산은 거칠어지거나 느슨해질 수 있다. 하지만 결합 부위를 턱이나 비드 부분까지 단단하게 조여주면 몇 개의 부품으로 나뉘어 있다는 걸 알아차릴 수 없을 정도가 된다. 요즘은 나사산이 예전보다 완벽하게 가공되리라 기대된다. 잘 만들어진 나사산의 윗부분은 힘을 받아줘야 하므로 185쪽 그림①과 같이 평평해야 한다. 그러나 결국에는 잘 만들어진 나사산도 사용하다 보면 서서히 뭉개진다. 나사산의 규격은 인치당 이빨 개수 tpi, teeth per inch로 표현된다. 가장 일반적인 규격은 10, 16, 20tpi이다.

당신은 나사산이 쪼개지거나 부서지는 것을 원치 않을 것이므로 회양목, 아프리카흑단, 유창목, 기지 gidgee, 오스트레일리아에 자생하는 아카시아속 나무처럼 밀도가 높은 목재를 선호할 것이다. 하지만 코코볼로나 흑단처럼 결이 쪼개지는 목재에 나사산을 내야 한다면 순간접착제를 얇게 적셔 목재를 강화해야 한다. 이 방식이 반드시 효과가 있으리라는 보장은 없지만 시도해볼 만한 가치가 있다. 많은 터너들이 보험과 같은 목적에서 모든 목재에 순간접착제를 사용하고 있다.

블랭크의 나뭇결은 목선반의 회전축과 평행해야 한다. 선질과 횡단면 가공 프로젝트 두 가지 작업물에 나사산 가공이 이뤄지는 셈이다. 눈질, 그리고 직경이 3인치(75㎜) 이상인 선질 목재에는 나사산을 가공하는 경우가 거의 없는데, 목재의 변형 문제 및 부품을 나사로 고정하는 것에 따른 문제가 많기 때문이다. 나사산의 접합면은 원통형이여야 잘 맞아떨어진다. 틈새가 생기지 않도록 끝부분의 결을 반드시 깨끗하게 정리해야 하며, 맞닿는 면이 안쪽으로 살짝 깎여 있게 해준다.

팁 나사산 가공 전에 샌딩은 하지 말 것. 목재에 쌓인 사포 입자 때문에 체이서 날이 무뎌지기 때문이다.

나사산 가공하기

수작업으로 가공하기

수작업으로 나사산을 가공하려면 손에 긴장을 풀고 최대한 부드럽게 날을 갖다 대야만 한다. 체이서를 가볍게 잡는다❶. 체이서를 절단부에 강하게 밀어 넣거나 지나치게 천천히 이동하면 나사산이 파손될 수 있다. 비뚤어지거나 뭉그러진 나사산을 만들지 않으려면 속도를 일정하게 유지하는 것이 관건이다. 나사산은 여러 차례의 절삭을 통해 만들어지며, 과정이 진행돼 결과물에 가까워질수록 깊이가 점점 깊어지게 된다.

목선반을 200~600rpm 범위에서 천천히 가동한다. 이 범위가 지나치게 넓어 보일 수도 있지만, 적절한 속도란 나사산 가공 부위의 직경과 가공 과정의 수월함에 따라 달라진다. 가장 중요한 것은 리듬이다. 가공이 시작되면 칼이 앞쪽으로 자연스럽게 전진하면서 나사산이 생겨나도록 해야 하고, 칼을 강하게 밀어 넣거나 전진에 저항하는 힘을 주어서는 안 된다.

기본을 익히는 가장 좋은 방법은 길이 3/4인치(19mm), 직경 2 1/2인치(65mm) 이하의 블랭크에 큰 나사산을 가공해보는 것이다❷. 실제로 대부분의 나사산은 블랭크의 최소 직경만큼 길이가 짧을 가능성이 높다. 그러나 몇 바퀴의 회전만으로는 체이서의 이동에 대한 감각을 익히는 데 충분치 못하다. 16tpi나 20tpi의 체이서로 작업을 시작해서 체이서를 느리게 움직여가면서 얕은 나사산을 만들어보도록 한다.

블랭크 끝을 평평하게 다듬은 다음 모서리에 미세한 곡면 값을 만들어준 뒤, 각 부위의 왼쪽에서 보이는 것처럼 직경을 파팅 툴로 살짝 깎아내

줄여준다❷. 이는 나사산의 범위를 결정해주는 동시에 체이서를 이동시키다가 마지막에 빠져나올 수 있는 공간을 제공한다. 칼 받침대는 칼의 이동이 용이하도록 반드시 매우 매끄러운 상태를 유지해야 한다. 칼 받침대의 높이는 칼을 갖다 댔을 때 목재 중심에 닿도록 설정한다.

나사산 가공하기

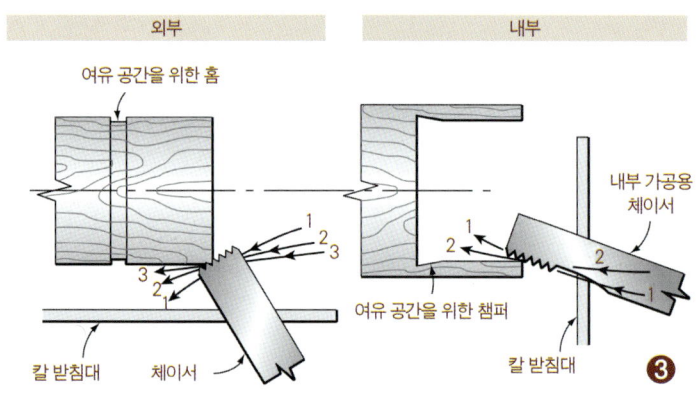

| 외부 | 내부 |

여유 공간을 위한 홈
칼 받침대 체이서
내부 가공용 체이서
여유 공간을 위한 챔퍼
칼 받침대
❸

❹

❺

체이서는 가볍게 쥔다. 모서리에 약간의 각을 준 뒤 시작해서 오른쪽에서 왼쪽으로 서서히 이동시키는 것이 중요하다. 목선반의 축에 대해 비스듬한 나사산을 만들고, 여러 차례 이동해가며 나사산 모양을 만든다 ❸. 체이서를 이동시키지 않고 앞으로 밀기만 하면 비드만 여러 개 생겨날 뿐이다. 골프 퍼팅을 준비하듯이 나사산 가공에 앞서 이동해야 할 공간 앞에서 움직임을 취해본다. 그 다음 견고한 움직임을 통해 작은 호를 그리면서 체이서의 이빨을 절삭부에 접근시킨다. 이어서 절삭된 홈에 체이서 이빨이 닿게 만든 뒤 ❷ 체이서가 자연스러운 속도로 왼쪽으로 이동하도록 유도해준다. 몸통 부분의 나사산을 반복할 때에는 체이서가 처음부터 끝까지 블랭크와 평행하게 유지돼야 한다 ❹. 목선반의 회전 속도가 느릴수록 더 많은 시간을 두고 가공 과정을 면밀히 살펴야 한다.

나사산 전체의 형태가 가공되고 나면, 깊이를 만들기 위해 회전축 방향으로 부드럽게 압력을 가한다 ❺. 톱니가 나선형으로 회전하도록 칼 손잡이를 아래 방향으로 약간 기울여준다. 또 다른 접근 방식은, 체이서가 칼 받침대를 따라 움직일 때 손잡이를 왼쪽으로 부드럽게 틀어주는 것이다. 첫 번째 톱니가 나사산 끝에 도달하면 체이서를 목재에서 떨어뜨린다. 나사산 끝이 뾰족해질 정도로 깊게 가공하는 것은 좋지 않다. 나사산의 윗부분이 평평해야 내구성이 생기기 때문이다.

선반의 가동을 멈춘 뒤 체이서를 대고 손으로 가공물을 돌려가면서 나사산을 정리할 수 있다. 하지만 실제로는 칫솔을 사용하는 것이 더 효과적이다.

나사산 가공하기

내부 나사산 가공하기

내부 나사산도 외부 나사산과 유사한 방식으로 절삭이 이뤄진다. 가장 큰 차이점은 가공 부위를 눈으로 확인할 수 없다는 점이다. 따라서 체이서가 가공물의 중간에서 왜곡된 타원을 그리며 나사산을 따라 움직일 때 적절한 압력을 가해줘야 하는 어려움이 있다. 나사산 형성이 끝나는 부분에 여유 공간을 만들어주면 절삭이 완료된 후에 가공물에서 체이서를 제거하기 쉽다. 나사산은 턱 내부를 가로질러 여러 번 통과하는 절삭 과정을 통해 회전축과 평행하게 생성된다 (앞쪽 그림 ❸ 참조).

체이서를 지지하는 방법에는 두 가지가 있다. 첫 번째 방법은 칼 받침대를 사용해 엄지손가락을 체이서 날의 측면에 얹어 고정시켜주는 것이다 ❶. 나머지 손가락으로 체이서를 가공물 쪽으로 잡아당기고, 절삭이 끝나는 지점에서는 오른손을 회전시켜 체이서 날을 가공물에서 떼어낸다.

다른 방법은, 칼 받침대를 회전축과 평행하게 두고서 암레스트로 체이서를 절삭면 방향으로 당겨주고, 절삭이 시작될 때마다 체이서 날을 위로 살짝 기울여 가공하는 것이다 ❷❸. 암레스트 손잡이는 작업자의 옆구리에 단단히 고정돼야 한다. 이에 따라 절삭 과정에서 체이서와 암레스트가 칼 받침대에서 이동하면 상체도 따라 움직여야 한다. 사진 속의 암레스트는 직경이 1/2인치(13 mm)인 길쭉한 캐리지 볼트의 세 면을 사각형으로 연마해 만든 것이다 ❹.

나사산 가공하기

지그로 가공하기

사진에 나오는 클라인사의 나사산 지그 같은 기성품은 구부러짐 없이 매우 정확하고 긴 나사산뿐만 아니라 매우 짧으면서 턱에 맞닿는 나사산 역시 가공할 수 있게 해준다. 일반적으로 소형 목선반에 장착해서 사용하며 가공물이 척에 고정된 상태에서 가공이 이뤄진다. 어떤 우드터너들은 소형 모터가 장착된 지그를 사용하기도 한다. 나사산은 2500~3000rpm 범위의 속도에서 가공된다.

지그에 척을 장착하고 커터 테두리가 가공물 끝부분에 근접하도록 정렬한 다음❶ 목선반에 고정시킨다. 커터를 회전시키고 지그 전면의 크랭크를 돌려 커터를 향해 가공물을 이동시킨다. 커터와 목재가 접촉하면서 절삭음이 발생하면 커터가 공작물을 지나면서 나사산이 절삭될 수 있도록 크랭크를 수평으로 이동시킨다. 이때 발생하는 진동을 줄이기 위해 척에 손을 대주었다❷.

나사산은 보통 두 번의 이동으로 절삭되지만, 경험이 거의 없는 경우라도 한 번 만에 성공할 수 있다❸. 내구성이 떨어질 수 있으므로 산 끝부분이 뾰족하게 가공되지 않도록 주의한다. 돋보기를 쓰면 나사산 상태를 확인하는 데 도움이 된다.

외부 나사산 가공법은 내부 가공법과 거의 같다고 할 수 있지만 약간의 문제가 생길 수 있다. 커터와 가공물 모두 아래쪽 방향을 향해 회전하기 때문에 작고 가벼운 척을 사용했을 경우에는 커터가 목재를 물어버리는 현상으로 척이 풀릴 수 있다. 이에 대응하기 위해 나는 보통 무거운 척을 사용하고, 그 위에 손을 얹어 크랭크의 움직임을 늦추는 동시에 캐치의 발생을 방지한다❹.

나사산과 나뭇결

나사산 맞추기

나사산은 내부와 외부 중 어느 것을 먼저 가공하더라도 상관이 없다. 그러나 내부 나사산을 먼저 가공하는 것이 일반적이다. 나사산이 잘 맞지 않을 경우, 이차적으로 가공될 외부 나사산의 형태를 눈으로 확인하면서 수정하기에 쉽기 때문이다. 나는 내부 나사산을 실제 길이보다 두 배가량 더 길게 가공했는데, 실사용의 편의를 추구한다면 두어 개의 나사산이면 충분하다. 아무리 나사산 가공이 재미있다고 하더라도 뚜껑을 두 번 이상 돌려서 잠그는 것은 지루할 테니까.

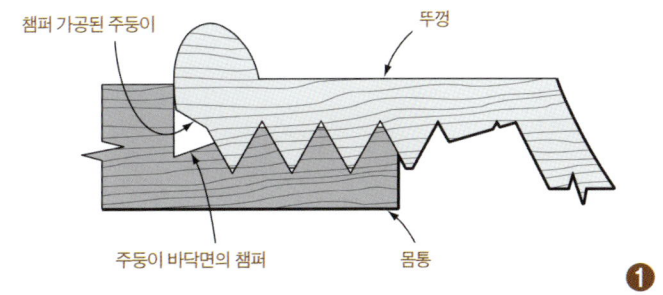

가공물에 나 있는 두 나사산은 항상 서로 단단히 조여야 한다. 이를 위해 결합 시 맞닿는 양 끝부분이 평면으로 가공됐는지, 그리고 나사산이 맞닿는 부위에 미세한 유격이 남아 있는지를 확인해야 한다. 이 유격은 얕은 홈을 파서 만들어도 되지만, 나는 미관상 눈에 덜 거슬리면서도 기능적인 챔퍼를 가공하고 있다❶. (뚜껑의) 내부 나사산을 더 길게 만들어야 한다. 원통형 합의 몸통에는 나사산을 두 개 정도만 가공하면 된다.

내부 나사산을 가공한 후에는 스큐의 측면 날로 나사산의 끝을 사선으로 절삭해❷ 45도 정도의 챔퍼를 만들어준다. 이때 나사산이 산과 골의 중간 높이에서 시작되도록 해준다. 원통형 합의 뚜껑을 샌딩해 마감하고❸ 솔질로 내부 먼지를 제거한다❹.

나사산과 나뭇결

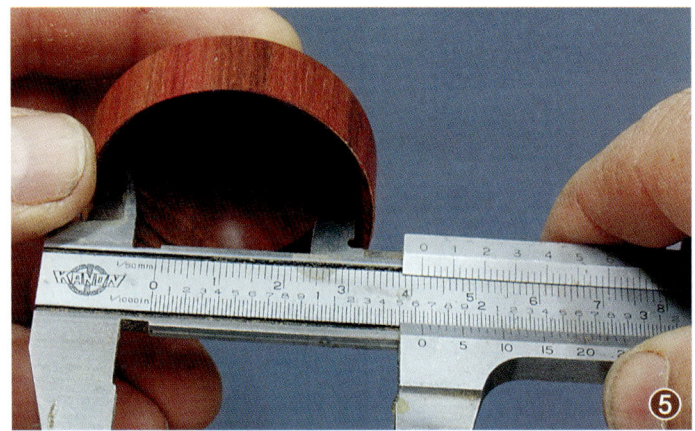

내부 나사산이 완성되면 버니어 캘리퍼스로 직경을 설정한다 ⑤. 나사산이 맞물리려면 외부 나사산의 직경이 이보다 미세하게 커야 한다. 이 16tpi 나사산의 경우 캘리퍼스의 조를 1/16인치(2mm) 미만의 영역으로 확장시켜 외부의 직경으로 설정했다 ⑥. 실수를 대비하는 측면에서 직경은 크게 잡는 것이 좋다. 나사산을 깊게 가공하는 것은 언제나 가능하겠지만, 이미 절삭된 부분을 복구하는 것은 불가능하기 때문이다.

나사산을 절삭한 후 ⑦ 지그를 후진시켜 나사산이 서로 맞물리는지 테스트해본다 ⑧. 이때 지그를 풀어 고정 값이 바뀌게 되면 원래 위치를 찾을 수 없게 되므로 지그의 위치를 변경해서는 안 된다. 부품이 서로 맞지 않거나 뻑뻑한 느낌이 들면 가볍게 한 번 더 절삭해준다. 부품이 잘 맞물리면 척을 지그에서 분리한 뒤 목선반에 장착해 터닝을 완료한다.

나사산과 나뭇결

나뭇결 정렬하기

준비한 블랭크에 사진 속 오스트레일리아산 데드 피니시 acacia Tetragonophylla처럼 특이한 나뭇결이 남아 있다면, 뚜껑이 꽉 조여졌을 때 나뭇결이 위아래로 흐르듯 연결되도록 정렬하는 것이 보기 좋다.

먼저 정렬 상태를 확인해야 한다. 뚜껑을 꽉 닫았다가 결이 정렬될 때까지 풀어준다. 나뭇결을 육안으로 정렬하기 어렵다면 일치되는 부분을 찾아 연필선을 그어준다.

이 사진에서 두 부품의 나뭇결은 절반 정도 틀어져 있다①. 게다가 나사산 지그를 사용하는 과정에서 너무 많이 가공되는 바람에 빈틈까지 생겨 있는데 이는 빈번하게 일어나는 일이다. 하지만 나뭇결을 정렬하는 과정에서 턱 길이가 줄어들게 되므로 문제 될 것이 없다. 뚜껑이 추가로 반 바퀴를 돌 수 있도록, 스큐의 측면 날로 턱의 높이를 나사산 절반 정도의 폭만큼 낮춰준다②.

사실 정렬에 조금 못 미칠 정도로 정렬해주는 것이 좋은데③ 사용 과정에서 나사산과 주둥이가 살짝 무뎌지기 때문이다. 만일 나뭇결을 완벽하게 정렬한다면④ 완성 후 얼마 되지 않아 어긋난 상태가 돼버릴 것이다⑤.

스큐의 긴 날로 결합부에 작은 V자 홈을 가공한다. 이 가공으로 각각의 테두리에 챔퍼가 생김으로써 날카로운 모서리가 제거된다. 또한 나뭇결이 자연스럽게 연결돼 보이는 효과도 있다⑥. 이 작업 과정에서는 결합턱을 나사산 폭의 4분의 3에 해당하는 길이만큼 줄여야 했다.

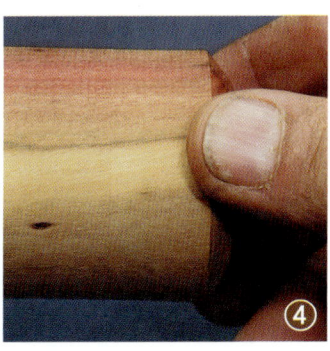

14장 나사산 가공하기

나사산 프로젝트

양념통

소금통과 후추통은 보통 목재에 드릴로 구멍을 뚫은 다음 고무마개를 끼우도록 돼 있는데, 용기를 다시 채워 넣을 때마다 마개를 끼웠다 빼기가 불편한 경우가 많다. 나사산으로 된 뚜껑이 더 합리적이며 우드터닝으로 용량을 늘릴 수도 있다. 직경 1 5/8인치(42mm)에 높이 4인치(100mm)의 이 양념통은 결합면이 불분명하도록 만들어주는 비드를 가진 형태이다. 두께가 얇은 뚜껑은 아랫부분이 넓어졌다가 좁아지는 형태여서 나사산을 만들기 쉽다. 양념통은 밀도 높은 하드우드로 만드는 것이 좋은데, 척에 롱 조를 사용해 속파기 작업을 하는 것은 안정성 때문이다.

블랭크를 원통형으로 가공한 후, 몸통 부분을 잘라내기에 앞서 횡단면을 살짝 오목하게 만들어준다 ①. 이 부분이 양념통의 바닥면이 될 것인데, 나중에 가공하려면 척에 장착하기가 까다로워지기 때문이다. 몸통 부분을 떼낸다 ②.

뚜껑 부분의 속을 파낸다 ③. 이때 몸통과 결합될 부분이 수직으로 가공됐는지 확인해야 한다. 핸드체이서나 ④ 지그로 뚜껑의 나사산을 가공한다. 스큐의 측면 날로 주둥이에 챔퍼를 만들어준다 ⑤. 일반적인 원통형 합을 제작할 경우에는 이 과정에서 마감재를 도포하지만, 이 프로젝트와 같은 용기의 경우 목재가 내용물의 향을 흡수하기를 바라기 때문에 별도의 마감 작업은 진행하지 않는다.

뚜껑이 척에 단단히 고정된 상태에서 3/8인치(9mm) 가우지로 외형을 최대한 가공해준다 ⑥⑦. 버

나사산 프로젝트

니어 캘리퍼스로 뚜껑의 내경을 측정한다⑧. 이후 버니어 캘리퍼스를 벌려 몸통 결합부의 외경을 설정해준다. 이 사진에서는 16tpi의 체이서를 사용하고 있으므로 1/16인치(1.8mm) 정도를 더해주었다.

몸통 결합부의 직경을 설정한 뒤⑨, 속파기 작업 시 무리가 가지 않게 짧은 결합부가 생길 수 있도록 절삭한다. 스크래퍼로 속파기 작업을 진행한다⑩. 스크래퍼에 깊이를 표시함으로써 밑바닥이 뚫리는 것을 방지한다.

내부가 완료된 상태에서 스큐 또는 넓은 파팅 툴로 결합부를 가공한다. 이때 1/2인치(13mm) 정도로 여유 있는 길이를 확보해 나사산 가공을 준비한다. 이후 스큐의 끝 날로 결합부 밑부분에 챔퍼를 만들어 여유 공간을 확보해준다⑪(185쪽 그림① 참조). 결합부 가공 시 속파기된 블랭크가 중심을 벗어났다고 판단되면 블랭크를 척에 재배치해 몸통 중심을 다시 찾아야 한다. 재배치가 불가능하다면 결합부를 잘라낸 후 중심이 어긋나지 않은 결합부를 재가공한다.

몸통 결합부에 나사산을 가공하고⑫ 뚜껑과 정상적으로 맞물리는지를 확인한다⑬. 나뭇결을 정렬하기 전에 몸통의 형태를 최대한 완성해야 한다⑭. 뚜껑을 열면 손가락으로 벽 두께를 쉽게 확인할 수 있을 것이다.

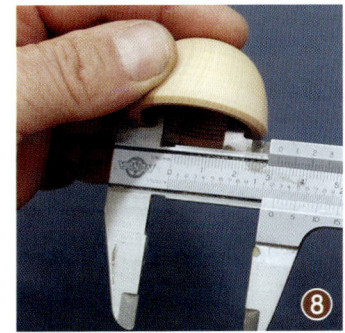

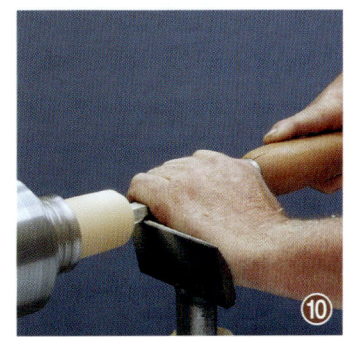

나사산 프로젝트

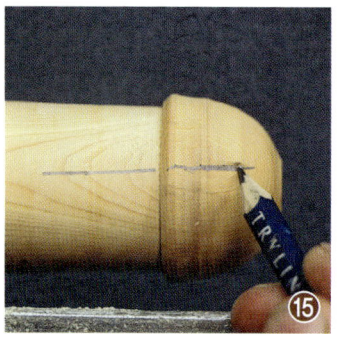
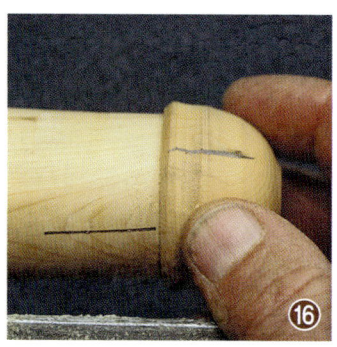

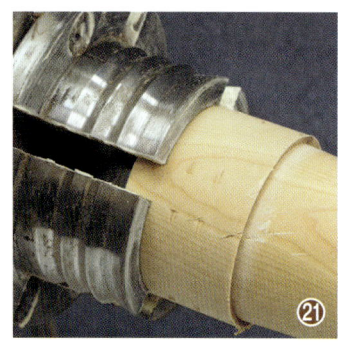

이제 뚜껑을 장착하고 나뭇결을 맞춘 뒤 두 부품 사이를 가로지르는 기준선을 그려준다⑮. 나뭇결 정렬을 위해 턱을 어느 정도 제거해야 하는지 파악해야 하므로 뚜껑을 단단히 조인다⑯. 이 사진에서는 한 바퀴 정도가 회전돼야 하는 상황이므로 나사산 하나의 두께만큼을 표시한다⑰. 연필 선을 기준 삼아 스큐의 측면 날로 턱을 평평하게 절삭한다⑱.

나뭇결이 거의 정렬됐을 때 뚜껑을 장착한 상태에서 형태를 완성한다⑲. 이런 미세한 작업을 진행할 때, 나는 안경 위에 3배 확대용 클립형 돋보기를 붙여 사용한다. 이와 같은 공정에서는 작업물에 최대한 근접할 필요가 있다. 캐치가 발생하면 터져 날아갈 것 같은 작업물에 가까이 다가가야 하는데다 목선반 위로 몸을 구부려 불편한 자세를 취해야 하겠지만, 적어도 내가 무엇을 가공하고 있는지만큼은 확인이 가능해야 한다.

뚜껑 가공이 끝나면 구멍을 뚫을 위치를 표시한다. 이 양념통은 후추를 보관하기 위한 용도이므로 드레멜Dremel사의 그라인더를 사용해 구멍을 세 개 뚫어주었다⑳. 타공이 끝나면 전체 면을 샌딩한다. 단, 광택 작업은 뚜껑만 진행한다.

몸통 아랫부분이 잼 척에 물려 있으면 캐치의 위험성이 뒤따르므로 마감 작업을 하기란 쉽지 않다. 따라서 기계식 척을 사용하는 편이 작업성 면에서 여러모로 유리하다. 블랭크를 조의 가장 끝부분으로 옮겨서 장착하고㉑ 스큐를 이용해 필링 컷으로 조와 근접한 부분까지 형태를 잡아준다㉒.

나사산 프로젝트

작업물을 뒤집어 잼 척에 장착한다 ㉓. 왼손으로 바닥면 중앙을 심압대축처럼 지지해주고 엄지손가락은 칼 받침대에 놓인 가우지에 댄다 ㉔.

단, 바닥면의 테두리와 같은 면적을 갖는 목재를 덧댄 뒤 심압대축을 사용하는 것이 보다 안전한 방법이다. 덧댄 목재의 잉여 부분을 얕은 가우지로 절삭해준다 ㉕. 이후 스큐를 이용해 필링 컷으로 남아 있는 부분을 다듬어준다 ㉖.

끝으로 스큐의 긴 날을 이용해 바닥면의 가장자리에 작은 챔퍼를 가공한다 ㉗. 첫 가공 때 바닥면을 가공하지 못한 상황이라면, 이제 바닥면을 얕은 접시처럼 가공해 테두리만 바닥에 닿도록 해줘야 한다. 왼손을 사용해 중심을 잃지 않도록 하고 ⅜인치(9mm) 얕은 가우지로 중심 부분에 가벼운 절삭 작업을 진행한다 ㉘㉙.

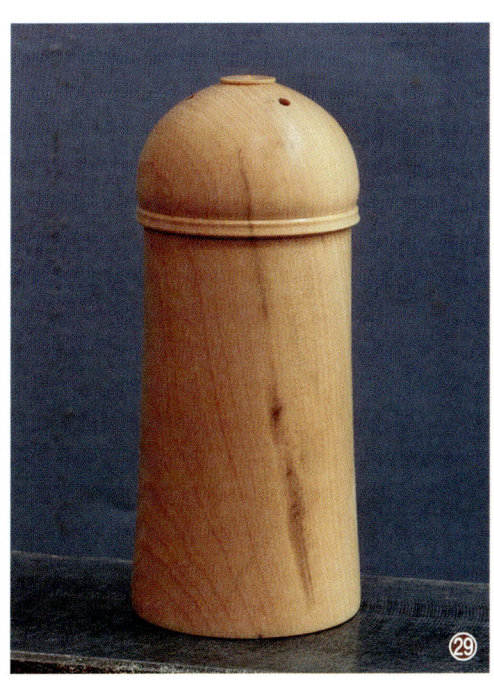

14장 나사산 가공하기 **191**

15장 | 눈질 외형 가공_194쪽   16장 | 눈질 속파기_215쪽

5부

눈질 작업

눈질이라는 용어는 일반적으로 그릇과 접시 등에 적용되지만, 실제로는 회전되는 목재의 결이 목선반 회전축에 수직 방향으로 배열되는 모든 작업을 의미한다. 블랭크는 일반적으로 심압대 없이 면판이나 척에 장착되므로 어떤 각도에서든 칼을 갖다 댈 수 있다. 눈질은 선질에 비해 가공할 나뭇결의 방향이 훨씬 다양하므로 여러 가지 가공 도구의 사용이 요구된다. 특히 비드나 코브를 가공하고자 할 때, 목재의 측면을 가공하는지 전면을 가공하는지에 따라 다른 기술을 적용한다. 측면 가공에는 얕은 가우지와 디테일 가우지가 사용된다. 하지만 가장 중요한 도구는 길고 견고하며 깊은 홈을 가진 볼 가우지, 그리고 초벌 속파기와 표면 다듬기에 사용하는 스크래퍼이다.

눈질 시 발생할 수 있는 캐치는 선질에서의 캐치보다 훨씬 위험하기 때문에 언제 터져 나올지 모를 블랭크의 파편으로부터 얼굴을 보호할 수 있는 보호구의 착용이 필수적이다.

15장

눈질 외형 가공

눈질 기법

원형 가공과 초벌 절삭_198쪽
전면과 원통의 가공_198쪽
가우지를 이용한 마감 절삭_199쪽
외형 가공에서의 스크래퍼 활용_200쪽

눈질 세부 가공

모서리 절삭_202쪽   홈_202쪽
측면 비드_203쪽   전면 비드_204쪽
코브_206쪽

눈질 프로젝트

트로피 받침_207쪽
액자_209쪽
스툴_212쪽

눈질에서는 나뭇결이 목선반 축을 기준으로 90도로 배열된다. 이에 따라 눈질 외형 작업에서는 모든 절삭이 작은 직경에서 큰 직경 순으로 진행되므로, 절삭되는 각 섬유질은 다른 섬유질에 의해 지지된다. 가장자리가 뜯겨나가지 않도록 전면부터 절삭이 시작돼야 한다는 것을 잊지 말아야 한다.

외형 가공 시에는 가우지를 사용해 큰 형태를 잡고, 표면 다듬기와 섬세한 마감, 세부 형태의 절삭을 위해서는 스크래퍼를 준비해둬야 한다. 아주 거친 초벌 절삭에 스크래퍼를 사용해서는 안 된다. 가우지를 사용하는 것이 훨씬 빠르고 안전하다. 나는 거의 대부분의 눈질에 둥근 날개를 가진 1/2인치(13mm)와 3/8인치(9mm)짜리 가우지를 사용한다. 이보다 큰 가우지로는 빠른 절삭이 불가능하다. 눈질에는 스큐를 사용하면 안 된다. 스큐는 회전축과 평행한 상태로 놓인 나뭇결만을 깎도록 설계된 것이기 때문이다.

가우지 날의 절삭 부위가 회전해 다가오는 목재에 약 45도로 접촉하면 깔끔한 절삭면을 얻을 수 있다. 날의 절삭부는 경사면이나 칼의 지지면(칼 받침대에 닿는 면)으로 지지돼야 한다. 경사면이 목재를 문지르는 듯한 느낌이 나지 않을 경우 틀어서 날의 측면을 사용한다. 절대로 홈이 위를 향하게 작업해서는 안 된다. 얕은 가우지의 홈이 위를 향하게 되면 무조건 캐치가 발생한다.

베어 깎기에서는 일반적으로 가우지를 두 가지 방식으로 사용한다. 초벌 절삭을 할 경우, 가우지 손잡이는 목선반 회전축에 90도 정도로 놓

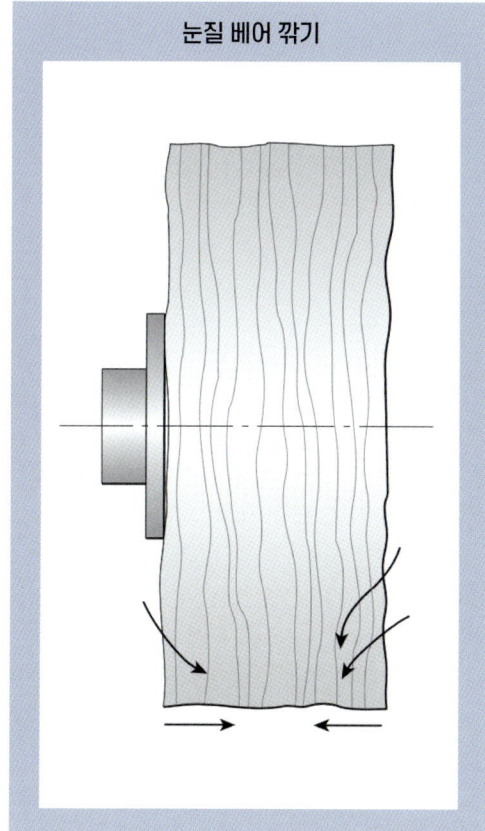

눈질 베어 깎기

초벌 절삭을 진행할 때에는 홈의 열린 면이 절삭 방향을 향하게 한다.

이 깔끔한 면은 가우지 경사면이 가공물을 문지르는 듯한 상황에서 생겨난다. 가우지는 수평에 가깝게 놓여 있고, 날 끝은 절삭의 진행 방향을 향한다.

인 상태에서 홈을 위로 향하게 해서 다가오는 목재를 가공한다. 가우지를 오른쪽에서 왼쪽으로 잡아당기든 왼쪽에서 오른쪽으로 밀고 들어가든 가우지의 경사면은 목재에 닿지 않는다. 경우에 따라 가우지는 45도까지 틀어주며, 홈 곡면은 가우지의 진행 방향을 향한다. 마감에 사용되는 가장 깨끗한 절삭은 가우지의 경사면이 나무를 수평에 가깝게 문지르면서 절삭 방향을 향할 때 얻어진다.

외형 작업 시 칼 받침대는 절삭면 가까이에 고정할 수 있다. 칼 받침대를 길게 넘어 속파기 가공을 할 수 있도록 만들어진 깊은홈 볼 가우지는 외형 작업에 굳이 사용할 필요가 없다. 얕은 가우지를 사용하는 것을 선호하는데 홈이 상대적으로

15장 눈질 외형 가공 **195**

나뭇결이 균일한 블랭크의 눈질 가공 속도

(단위: rpm)

직경 \ 두께	2인치 (50mm)	3인치 (75mm)	4인치 (100mm)	5인치 (125mm)	6인치 (150mm)
4인치 (100mm)	1800	1600	1500	1400	1300
6인치 (150mm)	1600	1500	1400	1300	1100
8인치 (200mm)	1500	1400	1300	1100	900
10인치 (255mm)	1400	1300	1100	900	800
12인치 (305mm)	1300	1100	900	800	700
14인치 (355mm)	1100	900	800	600	500
16인치 (410mm)	900	800	600	500	400

정확한 회전 속도는 목재의 밀도나 균형 상태에 따라 달라진다. 나뭇결이나 밀도가 균질하지 않다면 표기된 속도에서 절반을 낮추는 것이 좋다. 속도 조절이 가능한 목선반이라면 0rpm에서 시작하는 것이 위험 발생을 줄이는 방법이다.

고정용 턱의 가공

현대화된 척은 조를 확장시켜 당신이 만든 도브테일 형태의 턱을 고정할 수 있게 해준다. 턱을 가공하려면 1/2인치(13mm) 스큐 스크래퍼를 사용해 턱 왼쪽 부분을 87도 정도로 만들어준다. 이때 스크래퍼의 측면 역시 연마돼 있어야 하며, 스크래퍼 날은 살짝 곡면 형태를 띠는 것이 좋다. 날의 극히 일부만을 사용해 조금씩 가공한다. 턱이 끝나는 면을 평평하게 만들기 위해 스크래퍼를 칼 받침대의 밀착면을 기준으로 회전운동을 시켜준다.

벌어져 있어 절삭 파편이 홈에 끼지 않기 때문이다. 이런 현상은 특히 비건조목을 가공할 때 발생한다.

눈질 세부 절삭

블랭크의 얇은 벽면에 비드, 코브, 홈을 비롯한 여러 세부 형태를 가공하는 것은 위험한 작업이며, 특히 이미 속이 비워진 그릇의 주둥이 근처라면 더욱 그렇다. 어떤 종류의 압력이건 목재에 가해지는 순간 가공물을 휘게 만들거나 캐치를 발생시키는 원인이 된다. 캐치가 발생하는 것은 가혹한 일이다. 더구나 그릇이나 화병이 파손될 경우 심각한 부상을 야기할 수도 있다.

가우지는 스크래퍼보다 사용하기에 안전하다. 가공 중인 블랭크가 얇은 벽을 갖기 전의 초벌 형태라면, 속파기 작업에 앞서 되도록 장식 요소를 미리 가공하는 것이 이상적이다. 직경 6인치(150mm)짜리 그릇을 가공한다면, 벽 두께는 최소 1/2인치(13mm)가 돼야 한다. 직경 12인치(305mm) 그릇이면 벽 두께는 1인치(25㎜) 이상이어야 한다. 만일 초벌 가공된 그릇이 커다란 조에 물려 있다면(86쪽 사진 ① 참조), 그릇 벽면을 충분히 지지해줘야 비드, 코브, 홈을 캐치 없이 작업할 수 있다.

눈질 외형 가공 프로젝트

이 장의 프로젝트들은 몇 가지 눈질 기법을 활용할 기회를 제공한다.

 트로피나 조각품을 위한 받침대는 많은 터닝 전문가들에게 가장 기본적인 프로젝트이다. 나는 이 작업물에 딱 맞는 반구형 유리를 덮어주었다. 이 받침대 위에 놓인 물건은 어질러지거나 먼지가 쌓이지 않게 될 것이다.

 액자는 사진을 전시하거나 거울을 부착할 수 있는 등 매력적이고 실용적인 프로젝트이다. 커다란 그릇을 초벌 가공할 때 잘려 나온 주둥이 부분을 활용해서도 액자를 만들 수 있다.

 스툴은 아이들이 비로소 힘겹게 걸음마를 뗐을 때 반드시 필요한 가구이다. 비록 작은 가구이지만 나는 스툴을 가보처럼 여긴다. 어린아이들은 스툴을 의자로 사용하기에 앞서 테이블 혹은 발판으로 사용하기도 한다. 성인들도 낮은 테이블이나 풋 스툴로 사용할 것이다. 제대로 만든다면, 내 가족들이 사용하는 사각 스툴처럼, 당신도 그걸 대물림할 수 있을 것이다. 이 스툴의 다리는 바깥쪽으로 각 져서 벌어져 있기 때문에 안정감을 준다. 다리 형태는 선택하기 나름이다. 하지만 당신의 취향이 어떻든 다리 한 개를 가공한 뒤 그것을 복제하는 과정을 밟아보기 바란다.

모서리의 빗각 처리

예리한 단면이나 모서리는 목선반이 작동 중인 상태에서 가공하면 파손될 위험이 있다. 얇은 주둥이는 깨지거나 찢어지기 쉽다. 그리고 이런 부분들이 결과물에 남아 있으면 만족스러울 수 없다. 이런 맥락에서 작업 과정에서의 안전은 물론 결과물의 아름다움을 위해서라도 좁은 경사면으로 날카로운 모서리를 부드럽게 다듬어주는 것이 좋다. 시어 스크래퍼나 창칼형 스크래퍼를 사용한다.

눈질 기법

원형 가공과 초벌 절삭

초벌 가공 시에는 실제보다 약간 더 큰 크기로 최대한 효율적이고 빠르게 절삭해내는 것이 관건이다. 나뭇결이 균일한 블랭크는 대부분 최소한의 진동으로 올바르게 회전한다. 그러므로 둥근 형태를 만들 때 굳이 측면을 먼저 가공할 필요가 없다. 대신 빠른 시간 내에 진동을 줄이려면 블랭크의 모서리 부위를 가능한 한 많이 제거한다.

초벌 단계에서 표면의 품질은 크게 중요하지 않으므로 가우지의 경사면을 문지르는 동작을 신경 쓰지 않아도 된다. 가우지를 수평에 가깝게 위치시키고 홈이 목재를 향하게 한다. 이후 아래쪽 날이 목재에 닿도록 가우지를 틀어주는 동시에 손잡이를 밑으로 내려준다. 아래쪽 날이 다가오는 목재와 약 45도를 이루면, 칼밥은 뜯긴 혹은 가루 같은 형태가 아니라 곱슬거리는 모양을 띨 것이다①.

가우지 하단의 날개로 일련의 스위핑 컷을 진행한 뒤②, 원호를 그리면서 목재를 지나 외부 공간으로 빠져나오게 해준다. 이때 블랭크를 밀면 안 되고, 목재가 다가와 가우지에 닿도록 해야 한다.

전면과 원통의 가공

일부러 울퉁불퉁한 표면을 남겨두려는 게 아니라면 모든 면을 평면으로 가공하는 것이 좋은 습관이다. 가장 큰 이점은 진동을 줄여 블랭크의 회전 속도를 증가시킬 수 있다는 것이며, 더불어 블랭크를 사용 가능하고 결함 없는 형태로 만들어준다.

전면 테두리에 작은 절삭면을 몇 차례 만들어

눈질 기법

보는 것부터 시작한다. 손을 칼 받침대에 견고하게 밀착시키고 손가락으로 가우지의 측면 날이 목재를 파고들 수 있도록 해준다①. 블랭크와 가우지 날이 부딪혀 탁탁거리던 소리가 멈출 때까지 진행한다. 가우지 아래쪽 날로 표면을 절삭한다②. 지나치게 불규칙했던 표면이 제거되면 회전축 중심을 향해 경사면을 문지르듯 진행하는 베어 깎기를 수행한다③. 반대편을 절삭해 주축대 쪽에 위치한 면이 원형을 이루도록 한다④. 주축대 쪽의 면을 절삭할 때 주의할 점은 칼밥이 가우지의 날개 방향으로 나온다는 것이다⑤. 반면 측면을 절삭할 때는 칼밥이 가우지 날 끝의 바로 밑부분에서 생겨난다.

양쪽 면을 절삭해서 블랭크를 원통형으로 만들어준다⑤⑥. 가우지를 수평에 가깝게 놓고 경사면을 문지르듯 가공한다. 깊은홈 가우지의 아래쪽 날 또는 얕은 가우지의 칼 끝부분을 사용한다.

가우지를 이용한 마감 절삭

깊은홈 가우지나 얕은 가우지로 베어 깎기해 마감 절삭을 할 수 있다. 가우지를 수평에 가깝게 유지하고 절단할 방향을 향하도록 한다①. 가우지를 측면으로 누인 상태에서 시작하고 깨끗한 절삭면이 생기도록 가우지를 45도 정도로 굴려 틀어준다. 칼끝에서 절삭이 일어나기 시작하면 가우지 경사면을 블랭크 전면에 문지르는 식으로 작업을 수행한다②. 절삭이 진행되는 동안 가우지 뒤편에서 체중을 실어주고, 경사면을 계속 문지르듯 진행하고, 가우지는 수평을 유지한다.

눈질 기법

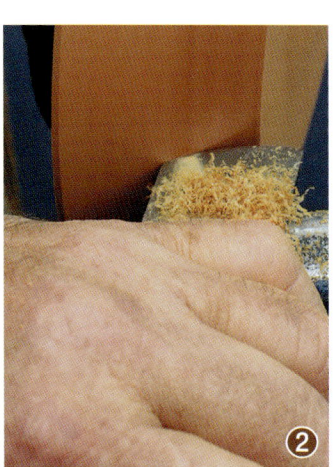

외형 가공에서의 스크래퍼 활용

스크래퍼는 대부분 날이 약간 아래로 젖혀진 상태에서 칼 받침대에 밀착시켜 사용한다. 아래로 젖혀진 각도로 인해 캐치가 생기더라도 스크래퍼 날은 블랭크에서 떨어져 빈 공간으로 빠져나가게 된다. 대부분의 절삭면은 가벼운 스크래핑으로 충분히 개선될 수 있다. 나무에 가해지는 스크래퍼의 압력은 화장실 핸드드라이어에서 손을 비빌 때 정도면 충분하다. 아마 손바닥이 밀리지 않을 만큼 강하게 비비지는 않을 것이다.

스크래퍼는 목재를 쓰다듬듯 해야 한다. 이 작업은 날이 살짝 기울어진 스큐 스크래퍼로 진행하는 것이 가장 수월한데 각도를 설정한 뒤 끌어당기듯이 표면을 다듬을 수 있다. 평평한 표면에서는 압력을 약간 가한 상태에서 칼 받침대 위를 이동함으로써 리본 모양의 칼밥을 만들 수 있다①. 횡단면이 드러나는 두 구역에서는 스크래핑을 훨씬 가볍게 수행한다. 이때 먼지 혹은 작고 곱슬거리는 형태의 칼밥이 생성된다②.

측면의 횡단면 스크래핑은 스크래퍼를 측면으로 기울여 작업할 수도 있다. 이때 칼날 중앙의 아랫부분만 블랭크에 약 45도 각도로 닿게 한 상태에서 마감 스크래핑을 진행한다③. 전면에서는 중심에서 바깥쪽으로 스크래퍼를 잡아당기는 방식의 동작을 취한다. 측면에서는 작은 직경에서

> **팁** 횡단면에 갈라짐이 발견되면 반드시 반대편 횡단면을 확인해야 한다. 양쪽 모두 갈라져 있을 가능성이 높기 때문이다.

눈질 기법

큰 직경으로 조금씩 반복해 작업한다. 스크래퍼 날은 블랭크 측면에 1/4인치(6㎜) 이하로만 닿게 한다. 주축대 쪽에 위치한 후면을 스크래핑하려면 우측 사선형 스크래퍼가 필요하다.

한쪽이 뾰족한 형태의 스큐 스크래퍼를 사용하면 비드와 받침대 사이에 위치한 모서리 부분을 작업할 수 있다 ④⑤. 모서리 지점을 예리하게 스크래핑하려면 창칼형 스크래퍼가 필요하다. 스크래퍼를 칼 받침대에 밀착시킨 상태에서 모서리에서부터 10도씩 단계적으로 세워가면서 절삭한다 ⑥. 서서히 손잡이를 내려주면 스크래퍼의 모서리가 작은 호를 그리면서 표면을 다듬게 된다. 이후에는 칼 받침대를 따라 스크래퍼를 뒤로 당겨준다.

하프 코브는 둥근 스크래퍼의 모서리로 스크래핑한다 ⑦.

눈질 세부 가공

모서리 절삭

그릇의 발, 비드의 받침, 그릇 주둥이의 밑부분 등 모서리를 절삭해야 하는 경우가 매우 많다. 이를 위해서는 핑거네일 형태의 얕은 가우지나 디테일 가우지를 사용한다. 가우지를 측면으로 위치시킨다①. 가우지를 시계방향으로 살짝 틀어 절삭 값을 찾는다②. 절삭이 끝날 때는 칼끝 부분만 모서리에 닿아 있게 된다③. 나뭇결을 잘라내야 하는 상황이 자주 발생한다. 이때 가우지를 정면으로 천천히 전진시켜 결을 잘라내고, 다시 측면으로 돌아와서 절삭해 마무리한다. 이러면 가우지의 양날이 닿아 생기는 캐치를 방지할 수 있다④.

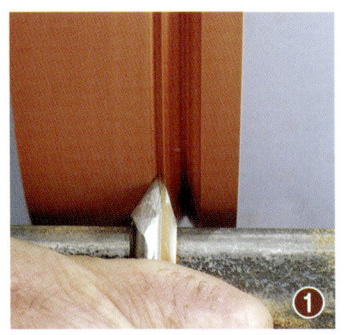 

홈

홈은 섬유질을 깔끔하게 잘라낼 수 있는, 경사면이 긴 핑거네일 디테일 가우지로 가공하는 것이 가장 좋다. 가우지를 측면으로 위치시킨 뒤 손잡이를 아래로 45도 기울인 상태에서 시작한다. 한쪽 방향에서부터 축을 기준으로 회전시켜 절삭한다①. 반대편에도 같은 작업을 반복한다②.

홈은 창칼형 스크래퍼로 절삭할 수 있다③. 그러나 살짝만 힘을 세게 줘도 심각한 캐치와 나뭇결의 파손이 일어날 수 있다. 스크래퍼를 아래로 기울인 상태에서 시작한다. 이후 손잡이를 낮추면서 칼날을 서서히 위로 들어 올리는 방식으로 호를 그려준다.

눈질 세부 가공

측면 비드

측면 비드는 표면 가공과 비드의 하단 작업이 끝나기 전에는 블록과 같은 거친 형태로 남겨져 있게 된다.

경사면이 긴 핑거네일 디테일 가우지를 측면으로 위치시키는 것에서부터 작업을 시작한다①. 손잡이를 아래로 낮추는 동시에 시계방향으로 가우지를 돌려 베어 깎기를 수행한다②. 비드의 윗면에 이르면 가우지를 반시계방향으로 틀어 블랭크로 향하도록 한다. 손잡이를 수평이 될 때까지 들어 올리면서 가우지는 다시 측면으로 위치시킨다③. 손잡이를 쥔 오른손은 반시계방향, 그리고 수직 방향으로 타원을 그리게 된다.

비드를 여러 개 만들어야 할 경우, 가우지 날이 칼 받침대를 따라 움직여야 하므로 각 지점에서 따로따로 작업해야 한다④. 이후 회전 동작을 반복해 비드를 절삭한다⑤. 비드 가공이 끝나고 나면 반대편 끝에서부터 처음 진행했던 절삭을 대칭되는 움직임으로 진행한다⑥. 모든 면은 창칼형 스크래퍼를 사용해 마감 스크래핑을 할 수 있다⑦.

음각 형태의 비드를 만들 때에는 가우지 칼끝으로 개략적인 형태를 만드는 것에서부터 시작하며, 나머지 과정은 위와 동일하다.

눈질 세부 가공

전면 비드

전면에 가공된 비드의 경우 비드 상단부터 가공하며, 경사면이 긴 핑거네일 디테일 가우지로 만든다. 비드는 양각은 물론 음각 형태로도 가공할 수 있다.

　음각 비드를 만들 때 가우지는 측면으로 위치시킨다❶. 칼끝을 축회전시킨다❷. 그런 다음 반대편에서 같은 방식의 절삭을 대칭으로 진행해 비드의 왼쪽 형태를 만든다❸. 이후 첫 번째 절삭과 유사하게 칼끝이 가공된 홈을 지나가도록 축회전시켜 비드의 오른쪽 면을 절삭한다❹❺.

눈질 세부 가공

끝으로 비드 오른쪽의 모서리를 다듬어 형태를 완성하거나, 혹은 비드를 추가한다 ⑥⑦.

양각 비드는 표면 작업이 완료되기 전까지 투박한 형태로 남아 있다 ⑧⑨⑩. 최종 절삭 과정에서 가우지는 반드시 측면으로 위치하게 되며 경사면은 비드를 문지르게 된다. 가우지는 칼 받침대 위에서 축회전하며 손잡이는 대각선으로 호를 그리며 움직인다. 모든 면은 창칼형 스크래퍼를 이용해 다듬을 수 있다 ⑪.

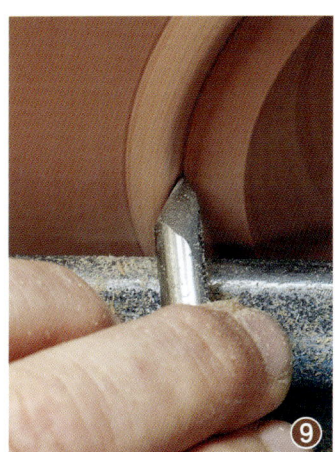
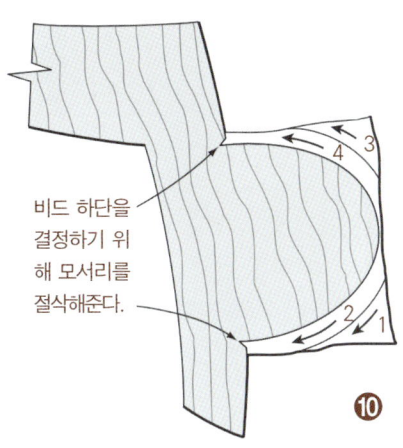

비드 하단을 결정하기 위해 모서리를 절삭해준다.

눈질 세부 가공

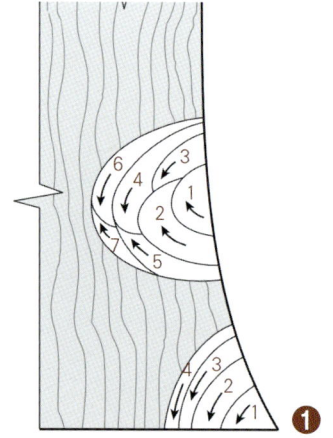 

코브

코브는 경사면이 뭉툭한 가우지를 사용해 양쪽에서 가공한다①. 가우지를 측면으로 두고 손잡이는 수평에서 45도 정도로 낮춰준다. 양 끝에서부터 절삭이 이뤄지며 코브 바닥면과 칼날이 45도가 될 때까지 가우지를 굴려준다②.

대안으로 둥근 스크래퍼 칼날의 일부만을 사용해 같은 방식의 절삭을 진행할 수도 있다③. 손잡이를 한쪽에서 반대 방향으로 축회전시키면서 칼날이 닿는 면적을 확인한다.

하프 코브는 베어 깎기를 통해 생겨난다. 가우지를 칼 받침대에 측면으로 올려놓고 손으로 단단히 고정한다④. 호를 그리는 움직임으로 절삭한다⑤.

눈질 프로젝트

트로피 받침

목재는 잘 건조된 것이어야 하고, 마호가니나 사진의 시오크(목마황속)처럼 변형이 없는 것이 좋다. 이 받침은 두께가 1 1/2인치(40mm), 직경이 5 3/4인치(145mm)이며, 상단에는 직경 4인치(100mm)짜리 반구형 유리를 덮기 위한 홈이 가공돼 있다. 반구는 목재의 수축과 팽창에 대비해 살짝 헐겁게 장착될 것이다.

보통 블랭크는 한 면에 대패질과 샌딩 작업을 진행한 뒤, 그 면을 나사척에 고정한다. 여기서도 같은 과정을 거친 블랭크가 준비됐다. 이 방식의 장점은 블랭크를 한 차례만 고정하면 된다는 데 있다. 단점은 바닥면에 나사 구멍이 남는다는 것인데, 이 구멍은 작업이 완료된 후 목봉으로 플러그를 만들어 막아줘야 한다.

플러그 작업이 싫다면 블랭크가 커다란 조에 물릴 수 있도록 턱을 추가해야 한다. 이후 반대편을 다듬기 위해 가공물을 거꾸로 다시 척에 장착해야 한다. 다른 대안으로는 자투리 목재를 면판에 부착하고 글루건, 양면테이프로 블랭크를 붙여주는 방법이 있다. 두 방식 모두 면판에 붙을 블랭크 부착면이 반드시 평평해야 한다는 조건이 있다.

여기서는 블랭크는 벨트 샌더로 평면을 확보했고, 나사 척으로 목선반에 장착됐다. 가우지로 전면을 평평하게 정리한 뒤, 반구형 유리를 얹을 홈의 직경을 표시한다①. 1/4인치(6mm) 깊이의 홈을 절삭한다. 이를 위해 얇은 파팅 툴로 유리 벽체의 1.5배 정도의 두께로 가공한다②.

블랭크를 정확한 크기로 줄이고, 가우지를 사용해 코브를 만든다③.

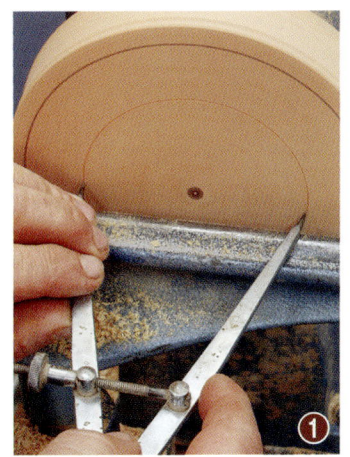

눈질 프로젝트

이후 3/8인치(9mm) 디테일 가우지를 이용해 코브 양 끝면에 비드를 가공한다④. 곡면형 스크래퍼 오른쪽 날로 비드 사이의 코브를 다듬는다⑤.

나는 균형미를 위해 디테일 가우지를 사용해 바닥면 쪽에도 선 하나를 추가했다⑥.

눈질 프로젝트

액자

자라나무Eucalyptus marginata의 벌로 만든 이 직경 16인치(400mm)짜리 액자는 (메이스나이트 같은) 하드보드로 뒤판을 댄 직경 12 13/16인치(300mm)짜리 거울을 부착했다. 거울이 삽입될 전면과 측면은 거울을 고정할 원판이 들어갈 수 있도록 최소 3/4인치(19mm)의 여유 공간을 두고 완성된다. 그리고 액자 앞뒷면에 턱을 줌으로써 목선반에 앞뒤로 장착이 가능하도록 해준다. 하나의 턱은 액자에 넣을 거울 혹은 그림의 두께와 동일하다. 나머지 턱은 뒷면에 원판을 대줄 공간인데, 원판은 나사 네 개로 고정되므로 그 두께보다 깊어도 된다❶.

액자를 만들 블랭크는 고리 형태일 수도 있다. 주둥이가 넓은 커다란 그릇을 초벌 가공할 때 나는 슬라이서로(28쪽 사진 참조)로 고리를 잘라낸다❷. 이후에는 잘라낸 고리를 건조시킨다❸. 다른 방법으로, 슬라이서로 건조된 하나의 목판에서 몇 개의 고리를 얻어낼 수 있다❷. 고리는 캐치가 발생하면 쉽게 파손되므로 고속강 소재의 파팅 툴을 사용하지 않는다. 부드럽고 강한 탄소강이어야 한다.

척 위에 고리를 장착한다. 여기서는 빅마크사의 직경 5 1/2인치(140mm) 다용도 조를 사용했는데, 이 조는 9 1/4인치(235mm)까지 확장 가능하다. 목재로 잼 척을 만들어 사용하는 방법도 있다(87쪽 그림❶ 참조). 액자의 앞이 될 전면부를 절삭한 뒤 측면을 가공한다❹. 블랭크가 견고하게 고정되지 않는다면 그릇 제작용 조에 뒤집어 장착한 뒤 중앙의 테두리를 원형으로 재가공한다. 이후 원래 방식으로 재장착해준다.

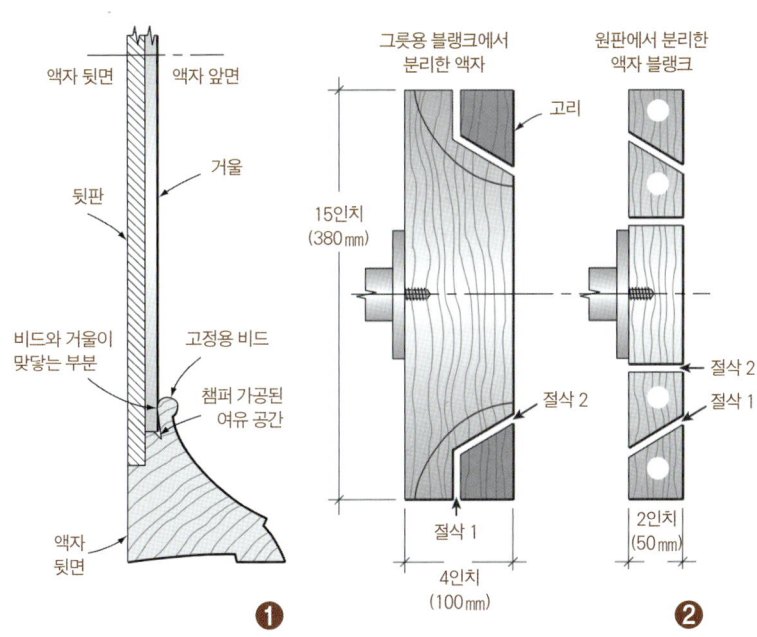

눈질 프로젝트

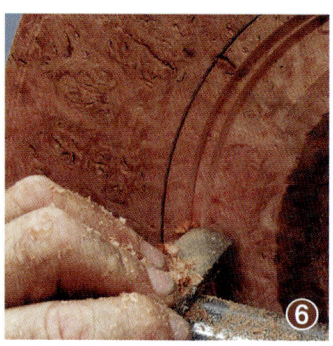

거울의 실제 직경보다 3/4인치(19㎜) 작게 원을 표시한다⑤. 평 스크래퍼를 반복적으로 사용해 표시된 선까지 단계적 절삭을 진행한다⑥. 모든 절삭이 회전축과 평행해 이뤄지도록 유지한다. 표시 선을 넘어 절삭되면, 주둥이가 지나치게 넓어 거울을 고정할 수 없게 된다. 반대로 주둥이가 작게 가공됐을 경우는 걱정하지 않아도 된다. 가공물을 재장착하는 과정에서 쉽게 공간을 넓힐 기회가 또 있기 때문이다. 척이 블랭크의 중심에 있는 상황에서는 가공물이 뚫릴 만큼 가공하는 것은 불가능하지만, 조에 근접한 부분까지는 가공 가능하다.

내부의 직경 값이 결정됐다면, 세부 작업을 수행하기에 앞서 우선 액자 정면의 형태를 대략적으로 가공한다⑦. 내부 테두리의 안쪽에는 고정용 비드가 있다. 이 비드의 끝에서부터 최소 3/4인치(19㎜)의 두께가 블랭크에 확보돼야만 두 개의 턱을 수용할 수 있다(거울보다 두꺼운 물건을 액자에 넣으려면, 더 두꺼운 여유 공간이 필요할 것이다). 앞면과 측면을 샌딩한 뒤, 액자를 뒤집어 그릇 제작용 조나 잼 척에 장착한다⑧. 액자 뒷면을 평평하게 다듬고 거울이 들어갈 턱의 직경을 표시한다⑨.

눈질 프로젝트

이제 고정용 비드 지점에 맞닿을 때까지 중앙의 구멍을 넓혀준다. 매우 많은 양을 제거해야 하는 상황이므로 나는 창칼형 스크래퍼로 다른 고리를 떼어냈다⑩. 같은 스크래퍼로 내부의 고정용 비드를 둥그렇게 다듬는다.

다음으로 거울이 들어갈 턱을 가공한다⑪. 스큐 스크래퍼를 사용해 턱 모서리에 챔퍼를 가공해준다. 이 챔퍼는 거울이 주둥이의 테두리에만 맞닿게 만들어주는 역할을 한다. 이후 뒤판이 삽입될 턱을 절삭한다. 이 턱은 거울을 받쳐주는 역할을 해야 하므로 평평하게 만들어야 한다. 짧은 스트레이트 에지로 평활도를 체크한다⑫. 쇠자 밑으로 빛이 새어 나오지 않으면 턱은 평탄면이 된 것이다.

끝으로 거울을 어떻게 매달지를 고민해야 한다. 황동으로 된 기성품을 사용할 수도 있겠지만, 타공한 구멍의 겉면에 1¼인치(30㎜) 와셔를 고정하는 것도 하나의 방법이다⑬. 드릴을 사용해 와셔를 삽입할 턱을 만들어준다. 이 턱은 와셔가 액자 뒷면에서 튀어 나오는 것을 방지한다. 이후 드릴로 턱보다 작지만 깊은 구멍을 파낸다. 이 구멍은 못대가리나 액자 걸이가 들어갈 공간이다⑭.

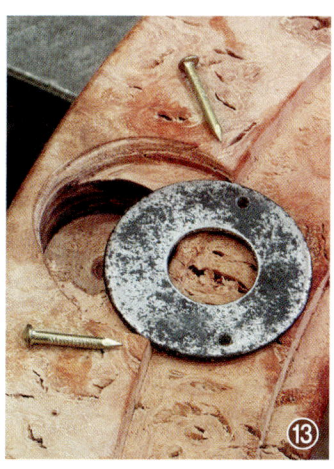

눈질 프로젝트

스툴

이 스툴을 만드는 데 사용될 블랭크는 직경 11인치(280mm)의 원판 하나, 그리고 2인치(50mm) 정사각형 단면에 길이가 9인치(230mm)인 각재 세 개다. 좌판 역할을 할 원판은 그릇용 조에 장착시키고, 뒤집었을 때 조를 확장해서 장착할 수 있도록 바닥면에 턱을 만들어준다 ①.

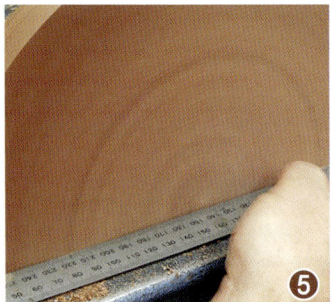

좌판은 한 번만 고정시켜서도 제작할 수 있다. 대패질, 샌딩한 블랭크라면 그 면이 밑면이 되도록 하고, 중앙에 구멍을 뚫어 나사 척에 고정하면 된다. 밑에 뚫린 구멍은 목재 플러그로 막아준다.

대안으로 자투리 목재를 좌판 윗면에 접착한 후, 자투리 부분을 나사 척이나 면판에 장착하는 방식으로 턱을 만들 수도 있다. 이후 자투리 부분을 절삭해버리면 된다. 척을 활용하면 작업 속도는 매우 빨라지지만 애석하게도 선명한 척 자국이 남게 마련이다. 나는 이 자국을 장식 요소로 위장시키려고 노력하곤 한다. 여기에서 4인치(100mm) 조는 1/8인치(3mm) 깊이로 바닥면에 파여 있는 홈에 장착되는데 ②, 홈 주변은 비드로 장식돼 있다. 이처럼 기호에 따라 화려하거나 단순한 장식을 사용해 턱을 꾸며줄 수 있을 것이다.

좌판 바닥면에 15도로 기울어지게 만든 챔퍼는 다리의 장부촉들이 90도로 삽입돼 단단히 고정되도록 한다. 또한 이 챔퍼 덕에 스툴을 위에서 내려다보았을 때 가벼워 보인다. 챔퍼의 각도를 맞추기 위해 칼 받침대를 정반과 90도가 되도록 함으로써 각도를 측정하는 기준대 역할을 하도록 한다 ③. 챔퍼를 가공할 때에는 게이지 그림에서는 15도로 재단된 합판로 수시로 각도를 체크해야 한다. 좌판 윗면을 가공하기 위해 뒤집어 척에 장착했을 때에도 챔퍼를 가공할 수 있다.

다리 결합을 위한 드릴 가공에 앞서 좌판 윗면은 평평한 상태가 돼 있어야 한다. 확장형 척에 좌판을 장착한 이후 가우지로 좌판 윗면을 평평하게 절삭한다 ④. 스트레이트 에지를 사용해 회전하는 원판의 표면을 체크한다 ⑤. 스트레이트 에지가 남긴 자국을 확인한 후 부드럽고 예리한 스크래핑으로 제거한다. 쇠자로 다시 한번 표면을 체크해보고, 평면이 완성됐으면 사포에 블록을 대고 회전하는 좌판을 샌딩한다.

좌판의 테두리에서부터 1¾인치(45mm) 지점에 다리가 들어갈 자리를 표시한다❻. 이후 목선반에서 좌판을 떼어낸다. 연필 선까지의 반경을 이용해 다리가 위치할 세 개의 지점을 찾는다. 첫째, 디바이더를 반경 값으로 설정한다❼. 디바이더가 연필선 위에 처음으로 찍게 되는 지점이 첫 번째 다리가 들어갈 지점이다. 이 첫 번째 다리의 위치는 좌판 중앙을 관통하는 나뭇결 위에 놓인다. 그 지점에서 출발해 연필선 위의 다음 지점을 표시한다❽. 이 지점이 두 번째 다리의 위치이다. 같은 방법으로 다음 위치를 표시한 곳이 세 번째 다리의 지점이 되며❾, 디바이더를 한 번 더 움직였을 때 정확히 출발점으로 되돌아오게 된다.

다리가 결합될 구멍은 챔퍼로 가공된 좌판의 바닥면에 90도로 뚫려야 한다. 각도가 조정되지 않는 탁상 드릴로 해야 한다면 15도 지그를 만들어 사용한다. 드릴이 좌판을 관통하지 않도록 드릴 비트가 지그 표면에서 ⅛인치(3mm)의 유격을 유지하도록 해준다❿. 지그는 기울어진 형태의 판이며, 이 판재의 중심에서부터 같은 간격으로 두 개의 핀을 고정해서 좌판을 지지해주면 된다. 중심선은 반드시 드릴의 중심과 정렬돼 있어야 한다⓫⓬. 타공될 구멍 직경은 1¾인치(45mm)이다.

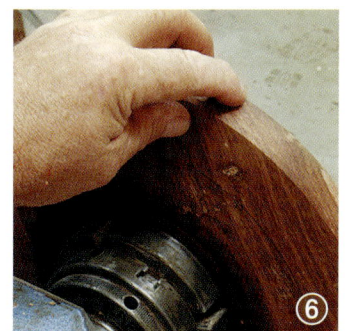
❻

❼

❽

❾

❿

⓫

⓬

눈질 프로젝트

좌판을 목선반에 다시 장착하고 측면에 원하는 세부 형태를 가공한다⑬. 이어서 샌딩을 하고 마감한다. 단, 다리가 결합될 구멍의 안쪽에는 마감재를 도포하지 말아야 한다.

다리는 양쪽을 고정해 절삭하는 방식의 일반적인 환봉 가공이다. 각각의 블랭크를 최대치의 원통으로 가공한 후, 다리 횡단면을 평면으로 절삭한다⑭. 그런 다음 다리의 전체 길이를 표시한다. 나는 8 7/8인치(225mm)에 살짝 못 미치게 표시했다. 이후 표시된 위치에 따라 파팅 작업을 한다⑮.

좌판 구멍에 결합될 수 있도록 템플릿으로 다리 윗부분의 직경을 측정하면서 조정해준다⑯. 템플릿은 자투리 목재에 좌판을 뚫었던 드릴로 구멍을 뚫은 뒤 반으로 잘라 만들면 된다. 윗부분 직경이 1 3/4인치(45mm)가 됐으므로 타공된 구멍의 직경과 같다. 터닝을 끝내기 전에 다리를 끼워 가조립해본다. 다리의 가장 얇은 부분의 직경은 1 3/8인치(35mm)이고 2인치(50mm)까지 넓어지는데, 2인치(50mm)는 이 블랭크의 최대 직경이다.

다리를 접합한 후에는 스툴을 평평한 표면 위에 올려놓고, 바닥에 수평으로 서 있을 수 있도록 잘라낼 곳을 평행하게 표시한다⑰⑱.

16장

눈질 속파기

눈질 속파기

가우지를 이용한 속파기_217쪽
스크래퍼를 이용한 초벌 속파기_219쪽
스크래퍼를 이용한 마감 절삭_220쪽   그릇의 분리_222쪽

눈질 프로젝트

초밥 접시_223쪽   그릇_224   그릇 초벌 절삭_226쪽
자연 그대로의 모서리를 살린 그릇_228쪽
주둥이가 좁은 기물_231쪽

눈질을 속파기할 때 사용되는 도구와 기법은 외형을 잡을 때 사용되는 것들과 거의 동일하다. 단, 모든 절삭은 주둥이에서 시작해서 바닥면 방향으로 내려가며 진행된다. 가장 전형적인 눈질 속파기라 할 수 있는 그릇 속파기 작업은 작업대와 바닥에 칼밥이 수북이 쌓여가는 즐거움을 만끽하게 해준다.

눈질 속파기 작업에 사용되는 가장 기본적인 칼은 길고 강한 깊은홈 볼 가우지이다. 4인치(100mm) 이하의 직경에 3인치(75mm) 이하의 두께를 가공할 경우 3/8인치(9mm) 볼 가우지를 사용하면 적당하다. 더 크거나 두꺼운 블랭크를 가공할 경우에는 보다 견고한 1/2인치(13mm) 깊은홈 가우지가 요구된다. 대부분의 속파기 작업에는 1/2인치(13mm) 볼 가우지를 쓰는 것이 이상적이라 본다. 일반적인 식탁용 볼의 높이인 5인치(125mm) 깊이까지 작업이 가능하기 때문이다. 그릇 깊이가 6인치(150mm)보다 깊을 경우에는 가우지보다 저렴한 스크래퍼로 초벌 속파기를 진행하는 편이 좋다.

베어 깎기를 할 때 절삭 방향은 직경이 큰 쪽에서 작은 쪽으로다. 가우지나 스크래퍼를 이용할 때도 마찬가지인데, 절삭 시 회전축 방향으로 압력을 가해서는 안 되며 되도록 척 방향으로 이뤄지도록 해야 한다.

깨끗하게 절삭하기 가장 어려운 영역은 블랭크 양쪽에 존재하는 횡단면 부분이다. 특히 주둥

터닝을 하는 동안 쌓여가는 칼밥에 많은 사람들이 매력을 느낀다. 이 칼밥들은 정원의 흙을 덮는 용도로 쓰이게 된다.

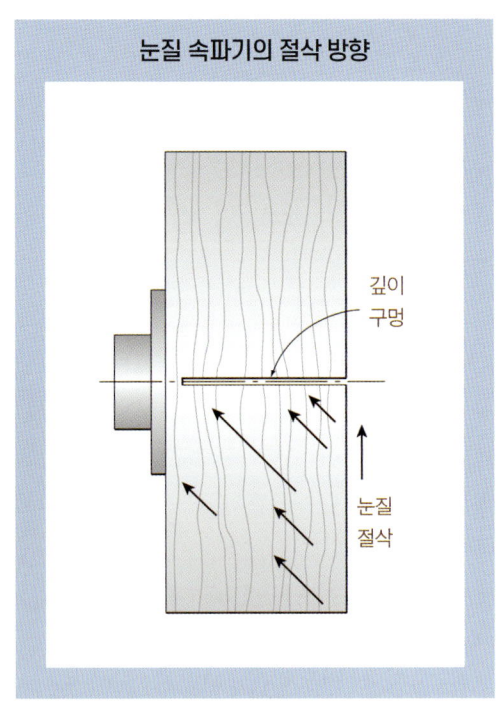

눈질 속파기의 절삭 방향

이가 좁은 형태의 기물일 경우 주둥이 아래쪽 부분을 절삭하기가 까다롭다. 일반적으로 가우지를 사용하면 나은 결과물을 만들 수 있지만, 모서리가 예리하게 연마된 스크래퍼를 사용하는 것이 더 효율적이다. 어떤 종류의 칼이건 칼날을 절삭면에 갖다 댈 때에는 주의를 기울인다. 칼날이 회전축에 수평으로 이동하거나 중심축에서 멀어질 때 특히 조심해야 한다. 칼날은 천천히 이동한다. 목재가 칼날로 다가오는 느낌을 갖도록 충분한 여유를 가져야 한다.

가우지와 스크래퍼로 속파기를 진행하기에 앞서 드릴로 구멍을 뚫어 깊이 값을 설정한다. 그러면 깊이를 측정하느라 목선반을 껐다 켰다 하는 데 버려지는 긴 시간을 아낄 수 있다. 절삭은 블랭크 중심을 향해 나아가도록 한다. 칼날은 가급적 회전축과 평행한 방향으로 진행돼야만 블랭크가 고정된 조에 가해지는 저항을 줄일 수 있다.

이 장 초반의 네 가지 프로젝트를 통해 충분한 연습이 이뤄졌다면 남은 다섯 가지 프로젝트에 도전해보고 싶어질 것이다. 이 모든 것은 속파기 작업에 관한 것이며 각기 다른 형태의 그릇들이다.

벽이 직선형이고 바닥면이 평평한 초밥 접시는 스크래퍼 연습에 매우 적절한 프로젝트이다. 내구성을 위해 바닥면을 약간 움푹하게 만들 수도 있겠지만, 초밥에 별 관심이 없다면 평평하게 만들어도 좋다. 이 접시는 여러 개의 유리잔과 물병을 두는 쟁반이나 받침으로 쓰일 수 있다.

전통적 형태의 그릇을 제작하는 프로젝트는 쓸모없어 보이는 블랭크에서 최상의 결과물을 도출시키는 과정을 보여준다. 그 과정을 통해 목재가 어떻게 최대치로 활용되는지를 보게 될 것이다. 끝으로 두 개의 얇은 벽을 가진 기물을 제작하는 프로젝트에는 절삭 방식에서의 요령, 그리고 마감을 위한 블랭크 고정 방식에 대한 해법이 담겨 있다.

눈질 속파기

가우지를 이용한 속파기

속파기를 위한 모든 절삭은 한 방향으로 이뤄진다. 속파기 가공 시에는 베어 깎기 외에 다른 절삭 방식은 필요치 않다. 절삭은 그릇 주둥이 표면에서 시작해 중심까지 이어지는데, 가우지 경사면이 표면에서 떨어지지 않게 문지르듯 이동한다. 불필요한 살을 덜어내기 위한 초벌 절삭과 형태를 정리하기 위해 최종적으로 이뤄지는 마감 절삭 사이에는 약간의 차이점이 존재한다. 초반 절삭을 가장 중요한 마감 절삭을 위한 연습 과정으로 간주하기 바란다.

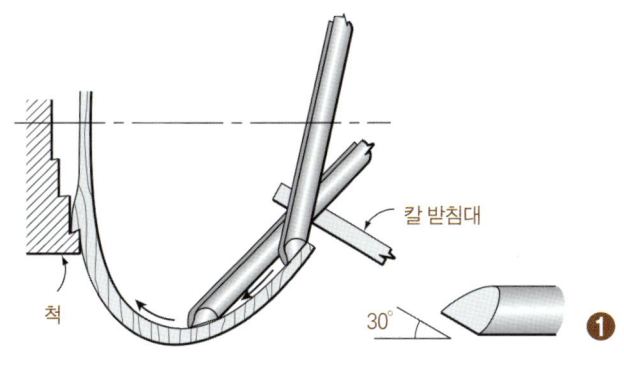

가우지 경사면이 긴 경우 절삭을 시작하기 쉽다❶. 그러나 곡면을 만들 경우에는 경사면이 뭉툭한 가우지가 경사면이 밀착된 상태에서 축회전을 시키면서 중심을 향해 나아가기에 좋다❷. 나는 경사면 값이 다른 세 개의 볼 가우지를 언제든 쓸 수 있게 준비해둔다.

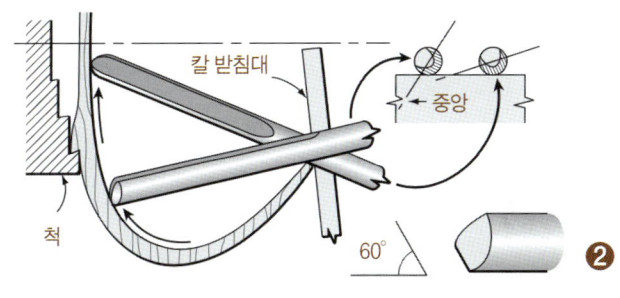

초벌 절삭을 시작하기 위해 가우지를 측면으로 위치시키고 홈은 블랭크 중심을 향하게 한다. 가우지가 뒤로 튕겨나가는 상황 kick back이 생긴다면 가우지를 시계방향으로 1~2도 정도 틀어 홈이 살짝 아래를 향하도록 조정한다. 손잡이를 수평보다 살짝 낮춰준 상태에서 경사면을 절삭하고자 하는 방향으로 정렬시킨다❸. 손 또는 손가락을 칼 받침대에 단단히 밀착시켜 가우지가 밀려나가는 것을 방지한다. 절삭을 하려면 손잡이를 들어 올려 칼날이 호를 그리면서 블랭크로 파고들도록 해준다.

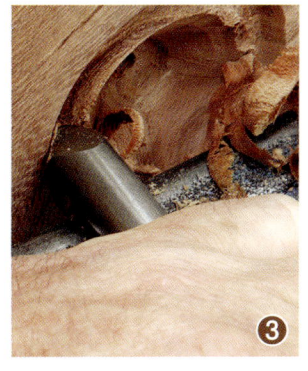

경사면이 절삭면을 문지르기 시작하면 가우지를 살짝 반시계방향으로 틀고 손잡이를 약간 낮춰 굵은 칼밥을 만들어낸다❹. 많은 양의 칼밥이 칼날 오른쪽 날개로 말려 나오게 된다. 목재가 칼날을 향해 다가와 절삭이 이뤄지도록 한 상태에서 서서히 중심을 향해 접근해 간다. 경사면을 곡면에 최대한 오래 대어 유지하면서, 깨끗한 표면이 생겨날 때까지 가공을 지속한다. 사진 속 느릅나무처럼 말이다❺. 경사면이 곡면과 닿지 못하면 경사면이 더 뭉툭한 가우지로 교체해야 한다. 바닥면에 근접했을 경우라면 무거운 스크래퍼를 사용할 수 있다(219쪽 사진 ③~⑤ 참조).

눈질 속파기

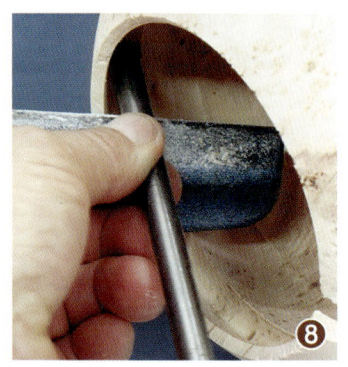
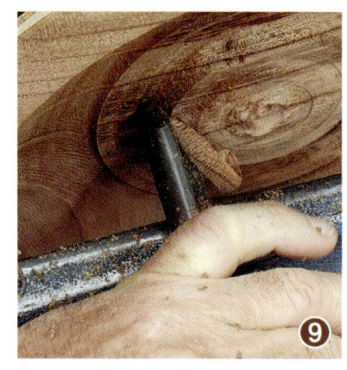

주둥이가 좁은 형태인 경우 작업이 어렵다. 내부 마감 절삭 시 가우지 손잡이가 목선반 너머인 상태에서 가공이 시작되기 때문이다 ⑥. 절삭 방향에 맞춰 칼 받침대를 오른쪽으로 틀어 속파기 된 공간으로 들어가도록 세팅한다 ①. 경사면이 긴 1/4인치(6㎜) 깊은홈 가우지로 초기 절삭을 한다 ⑦. 가우지를 측면으로 놓고 경사면을 절삭 방향에 일치시킨다. 경사면이 표면을 문지르기 시작하면 반시계방향으로 살짝 튼다. 가우지 왼쪽 날이 표면에 닿아 캐치가 나지 않도록 주의한다 ⑧. 이 작은 가우지로는 곡면이 형성되기 시작하는 약 1 1/2인치(40㎜) 지점까지만 절삭할 수 있으며, 더 견고한 가우지로 마감 절삭을 한다.

그릇 아랫부분에 남은 살은 경사면이 긴 가우지로 제거할 수 있다. 가우지를 측면으로 놓고 중심을 향해 쓸듯이 진행한다. 이때 경사면은 가공물 표면에 닿지 않게 한다 ⑨. 손을 칼 받침대에 단단히 고정시켜 가우지가 축회전을 할 수 있도록 수평 방향의 지렛대 역할을 해준다. 이 절삭 방식을 사용하면 살을 빠르게 제거할 수 있다. 하지만 요철이 남기 때문에 경사면이 뭉툭한 가우지나 스크래퍼로 표면을 부드럽게 정리한다.

평평한 바닥면의 모서리를 가공하려면 길쭉한 핑거네일 형태의 디테일 가우지를 사용한다. 가우지를 측면으로 위치시키고 홈은 중심을 향하게 한다. 이후 미세하게 반시계방향으로 틀어주면 깨끗이 절삭할 수 있다 ⑩. 끝나면 가우지를 틀어 측면으로 원위치시킨다. 이 방식으로 오른쪽 칼날 때문에 발생할 수 있는 캐치를 예방할 수 있다 ⑪.

▶ 다음 쪽 '스크래퍼를 이용한 초벌 속파기' 참조

눈질 속파기

스크래퍼를 이용한 초벌 속파기

스크래퍼를 이용한 초벌 가공은 경제적이라는 장점이 있다. 스크래퍼는 볼 가우지의 절반 정도 가격에 구입할 수 있다. 칼날을 쉽게 무디게 만드는 티크 같은 목재는 값 비싼 가우지를 계속 연마하게 만든다. 스크래퍼는 반드시 길이가 6인치(150mm) 이상인 것으로 구입해야 한다. 일반적인 가우지는 새로 구입한 제품이라도 길이가 충분하지 않은 경우가 많다. 스크래퍼로 사용할 수 있을 만큼 긴 평철 bar steel 을 구입하는 것도 방법이다. 깊은 속파기용 장비 세트를 구입하면 캐치 없이 수월한 속파기 작업을 진행할 수 있다.

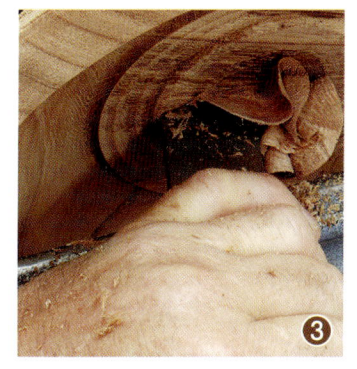

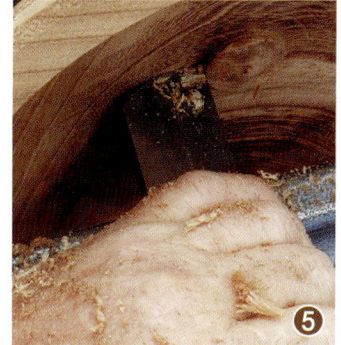

초벌 속파기를 진행할 때에는 두께 3/8인치(9mm)에 폭 3/4~1인치(19~25mm)짜리 평 스크래퍼 또는 둥근 스크래퍼로 진행한다. 이때 절대로 날의 절반 이상을 사용해서는 안 된다. 평 스크래퍼는 가능한 한 회전축과 거의 평행을 이룬 상태에서 밀어 넣는 방식으로 반복적인 절삭을 진행한다 ①. 중심에서 먼 지점일수록 날의 접촉면을 줄인다. 스크래퍼 날을 과도한 힘으로 목재에 밀어 넣어서는 안 된다. 절삭이 수월하지 않다면 호닝을 해야 한다. 호닝이 불가능할 경우 연마 작업을 수행한다. 둥근 스크래퍼의 경우 척을 향해 스위핑 컷을 진행한다. 이 진행 방향은 가우지 이동 방향과 동일하다 ②.

그릇 바닥면의 살을 덜어낼 때에는 크고 견고한 스크래퍼로 중심에서부터 골고루 스위핑해준다 ③. 이 방법은 그릇 중간의 아랫부분과 바닥면에만 적용해야 한다. 그릇 상단의 얇은 벽면을 이 방식으로 가공하면 그릇은 터져 나갈 것이다.

넓은 곡면 형태를 다듬을 때에는 무거운 곡면형 스크래퍼를 사용한다. 그릇 내부의 곡면을 가우지로 가공하는 것이 가장 만족스러운 결과를 낳겠지만 어려움이 따른다. 바닥면을 정리할 때, 나는 무거운 스크래퍼를 사용하는 것이 더 쉽다는 것을 발견했는데, 날의 오른쪽 모서리를 사용해 점진적으로 바닥면을 향해 나아가면 된다 ④⑤.

눈질 속파기

스크래퍼를 이용한 마감 절삭

스크래퍼는 대부분의 표면의 마감 절삭 과정에 사용할 수 있다. 특히 병 받침처럼 평평한 바닥면을 가공하는 과정에 가장 효과적이다. 나는 그릇 주둥이 부분에서는 절대로 스크래퍼를 칼 받침대에 평평하게 내려놓고 사용하지 않는다. 주둥이 부분에 남아 있는 절삭 흔적이나 뜯긴 자국의 경우 가우지를 이용한 베어 깎기로 제거하지만, 거친 사포를 가지고 샌딩으로 제거하는 것이 안전한 방법이다. 스크래퍼를 그릇 주둥이 내부의 얇은 벽면에 경솔하게 사용하는 것은 심각한 캐치를 유발하거나 그릇이 쪼개지는 등 작업물을 망치는 결과를 낳는다.

곡면의 아랫부분을 가공할 때에는 스크래퍼를 칼 받침대에 평평하게 밀착시킨다. 스크래퍼 날의 일부만을 사용해야 하는데, 칼날 곡면이 절삭하고 있는 곡선 값보다 미세하게 작은 상태라야 한다 ①. (부드러운 곡면을 둥근 스크래퍼나 반구형 스크래퍼로 가공하는 것은 매우 어렵다.) 절삭 지점에서는 스크래퍼가 칼 받침대 위에서 움직이는 동안 칼날이 정확하게 곡면을 따라 이동해야 한다. 칼날은 한 번에 1/2인치(13mm)를 넘지 않게 서서히 중앙을 향해 이동해간다.

평평한 바닥 모서리는 스큐 스크래퍼를 칼 받침대에 밀착시킨 상태에서 가공한다 ②. 가우지를 사용하는 것이 바닥 모서리를 예리하게 만들어주지만, 스크래퍼의 뾰족한 귀퉁이를 이용하는 것이 더 효과적인 방법이다 ③. 칼 받침대를 회전축의 높이로 조정하고 스큐 스크래퍼 끝의 왼쪽 모서리만 목재 표면에 닿도록 만들어준다. 수평

눈질 속파기

을 이룰 때까지 스크래퍼를 정면으로 천천히 밀어 넣는다. 이 과정에서 손잡이가 흔들리면 깨끗한 표면을 얻을 수 없다..

가공물의 주둥이 형태가 벌어진 모양이라면 이 부분에 마감 스크래핑을 시도할 수 있다. 날 모서리를 칼 받침대에 밀착시켜 각도를 주어 날 아랫부분만을 사용해 스크래핑한다❹. 칼날을 받칠 수 있도록 엄지손가락을 칼 받침대에 얹어 지렛대 역할을 해준다. (절대로 엄지손가락을 칼날 윗부분에 올려놓지 않는다. 이런 행동은 아무런 도움이 되지 않는다.) 손가락으로 가공물의 바깥쪽을 받쳐줌으로써 스크래퍼가 목재에 가하는 힘을 상쇄시킨다. 마감 스크래핑은 반드시 부드럽게 진행한다.

좁아지는 형태의 주둥이 내부를 스크래핑하려면, 비대칭 형태로 연마된 둥근 스크래퍼의 측면 날을 사용한다❺. 앞의 과정에서처럼 절삭면의 반대편을 손가락으로 받쳐주고 엄지손가락은 칼날 측면을 지지해준다.

눈질 속파기

주의 그릇 분리 작업 시에는 고속강으로 된 파팅 툴을 사용하면 안 된다. 강한 캐치 때문에 칼이 부러질 수 있다.

그릇의 분리

질 좋은 목재를 구하기가 점점 힘들어짐에 따라 그릇 중앙을 블랭크로 재활용하는 방법에 대한 관심이 늘고 있다. 전동화가 이뤄지기 전, 우드터너들은 활대 목선반으로 고가의 목재를 분리시켜 활용성을 높여야 했다. 오늘날 우리가 블랭크에서 다른 블랭크를 분리하는 작업을 하는 이유는 고급 목재의 희소성 때문이다.

분리 방법은 그릇 외형을 우선 작업하고, 이후 분리용 슬라이스 도구를 사용하는 식이다. 작업은 300~500rpm의 저속에서 수행하는 것이 좋다.

직선 슬라이서를 사용하는 가장 단순한 방법은 블랭크 전면의 측면부에서 작업을 시작해 그릇 바닥의 중심을 향해 나아가도록 하는 것이다 ①. 블랭크 직경이 3인치(75㎜) 미만일 경우, 칼 받침대를 가까이 갖다 대면 그릇은 흔들리기 시작할 것이다. 이 단계에서 지지대의 힘만으로 칼날을 고정할 수 있게 된다 ②③. 그릇 블랭크가 쉽게 떨어지지 않는다면 조금 더 깊이 절삭해 분리시킨다.

그릇 분리용 장비 세트는 목선반의 심압대 쪽에 장착해서 사용하도록 디자인돼 있다. 그릇의 외형을 절삭한 뒤 속파기 작업을 준비할 때처럼 절삭한 그릇 블랭크를 척에 고정한다. 곡선형 칼날은 반구형에 가까운 그릇을 작은 크기부터 분리시키게 된다 ④. 사진 속 슬라이서는 맥노튼사의 인기 있는 볼 목재 절약용 장비 세트 bowl saver이다. 이 제품의 경우 왼쪽 칼날로 블랭크 전면의 측면부에서부터 절삭한다. 측면부터 절개해야 작업 속도가 훨씬 빨라지며 블랭크가 단단하게 고정된다.

눈질 프로젝트

초밥 접시

직경 10인치(250mm), 두께 1 1/2인치(40mm)의 잘 건조된 목재를 준비해 면판이나 나사 척으로 목선반에 고정한다. 이때 바닥면을 살짝 오목하게 가공하면 면판이나 척에 완전히 밀착시킬 수 있다. 바닥면에 1/8인치(3mm) 깊이의 얕은 홈을 만들어주는데 조를 벌려 고정시키기 위한 턱이 될 부분이다. 턱 안쪽의 살은 가급적 많이 남겨둔다①. 홈의 직경이 넓을수록 속파기 시에 발생하는 압력을 더 잘 버틸 수 있다. 여기서는 직경을 6 1/4인치(160mm)로 잡았다.

다음으로 가우지와 스크래퍼를 이용해 측면을 절삭해 깨끗한 표면을 만든다②. 내부 가공에 앞서 샌딩 작업을 진행하고 마감재를 발라준다. 척에서 블랭크를 분리한 뒤 탁상 드릴로 윗면에 구멍을 몇 개 내준다③. 이때 밑면에 가공돼 있는 홈을 잊어서는 안 되므로 홈에서부터 3/16인치(5mm)의 두께를 남겨둔다.

척을 확장시켜 블랭크의 홈에 물린 뒤 목선반에 고정한다. 볼 가우지로 블랭크 내부의 살을 덜어낸다. 목선반을 멈춰가면서 드릴 구멍의 바닥이 드러나는지를 확인한다④. 평 스크래퍼로 바닥을 평평하게 가공한다. 이때 스트레이트 에지로 바닥의 평활도를 체크한다. 공간이 좁기 때문에 나는 MDF 자투리를 삼각형으로 잘라 스트레이트 에지를 대신했다⑤. 바닥면에 절삭 자국이 생기는 것을 방지하려면 최대한 주의를 기울여 살짝만 접촉되도록 한다. 이때 지나치게 강한 압력이 가해지면 자극적인 마찰음이 발생한다.

바닥면 가공이 끝나면 디테일 가우지를 측면으로 놓고, 칼끝을 이용한 베어깎기로 벽면이 수직이 되도록 절삭한다⑥. 바닥면 모서리를 정리하는 데는 스크래퍼를 사용하고, 절삭이 완료되면 샌딩과 마감 공정을 진행한다⑦.

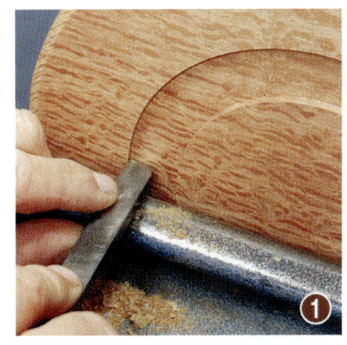

16장 눈질 속파기

눈질 프로젝트

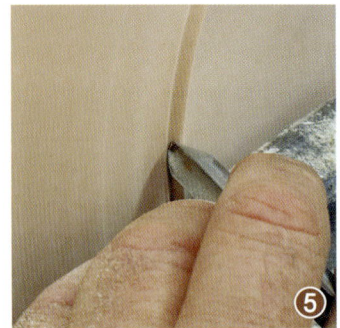

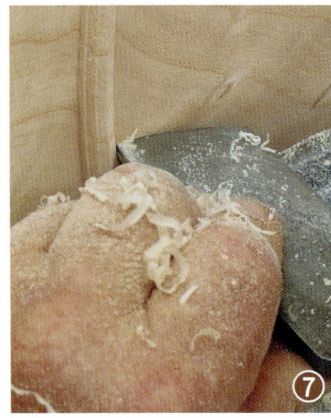

그릇

블랭크에서 불필요한 부분을 가급적 빨리 제거해주어야 한다. 단단히 붙어 있는 것처럼 보이는 탓에 결과물에 그 형상을 남기고 싶은 유혹이 있을지라도, 갈라진 부분이나 썩은 부위, 수피 부분은 제거해야 한다는 말이다. 수피는 나무의 변재와 같이 해충의 공격을 쉽게 받으며 갈라지기 쉽다. 이런 위험을 줄이기 위해 수피는 완전히 제거하는 것이 좋은 습관이다. 같은 이유로 나는 변재까지 제거하곤 한다.

직경이 16인치(400mm)인 이 블랭크는 그릇 주둥이가 수피 윗부분의 온전한 목재일 수 있도록 재단된 것이다(71쪽 사진 ⑦⑧ 참조). 나사 척을 이용해 목선반에 고정한다. 이처럼 수피가 남아 있는 블랭크는 미리 윗면과 직경을 표시해서 절삭 시 수피가 남아 있지 않도록 한다①. 이후 가우지를 이용해 표시된 선을 기준으로 수피를 절삭한다②. 줄어든 수피의 경계를 표시해주면③ 과도한 절삭으로 블랭크 크기가 줄어드는 것을 방지할 수 있다.

이제 바닥 굽의 직경을 표시한다④. 5 1/8인치(130mm) 규격의 계단식 조에 장착될 수 있도록 했다. 바닥면의 나머지 살을 덜어낸 뒤, 굽 높이가 3/16인치(5mm)가 되도록 3/8인치(9mm) 디테일 가우지로 절삭한다⑤.

가우지로 외형을 가공하고⑥, 스크래퍼로 외형의 표면, 특히 대략만 가공된 비드 주변을 정리한다⑦. 디테일 가우지로 비드의 형태를 가공한다⑧.

눈질 프로젝트

계단식 조에 뒤집어 장착하기에 앞서 외형 전체 면을 샌딩하고 마감재를 바른다 ⑨.

볼 가우지로 속살을 덜어낸다 ⑩. 이때 칼밥이 올라오는 것을 손가락으로 막아 떨어뜨려준다 ⑪. 벽면 두께가 얇아지기 전에 그릇 테두리를 가공한다. 엄지손가락을 칼 받침대에 위치시키고 가우지는 측면으로 놓는다. 나머지 손가락으로 절삭면 뒤를 받쳐준다 ⑫. 그릇 테두리에서 바닥면을 향해 절삭을 진행한다 ⑬. 가우지를 느리게 전진시켜 최대한 깨끗한 표면을 확보한다 ⑭.

이제 경사면이 뭉툭한 가우지를 사용할 차례이지만, 나는 개인적으로 큰 스크래퍼를 이용해 테두리에서 중심을 향해 단계적으로 곡선을 확장해나간다 ⑮⑯.

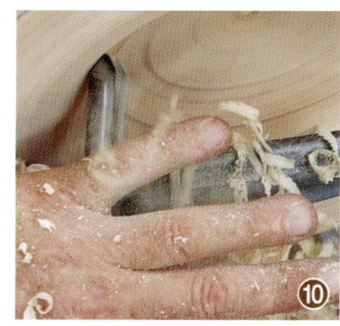

16장 눈질 속파기

눈질 프로젝트

그릇 초벌 절삭

건조가 빨리 이루어지도록 그릇을 초벌 절삭하는 것은 흔한 일이다. 변형이 거의 없다고 알려진 목재를 제외하고, 초벌 속파기가 완료된 블랭크는 제작할 그릇의 직경보다 벽면이 약 15퍼센트 두꺼워야 한다①. 초벌 터닝을 할 때, 건조가 완료된 후 척에 장착할 수 있도록 바닥 굽을 만들어줘야 한다. 사진은 초벌 가공을 마친 그릇 블랭크의 일반적 형태이다②. 주의할 점은 굽바닥을 평평하거나 살짝 오목하게 가공해두어야 향후 척에 장착하는 과정이 쉬워진다는 것이다.

▶ 222쪽 '그릇의 분리' 참조

척이 아닌 면판을 사용해 초벌 절삭을 했다면, 블랭크는 두 개의 나사를 나뭇결에 정렬되게 박아 고정한다. 그러면 건조 후 작업 과정에서도 이 구멍으로 블랭크를 고정할 수 있다. 나뭇결의 직각 방향으로 나사를 배열해 고정할 경우, 목재의 수축에 따라 구멍 사이의 간격이 줄어들 것이다. 척이 대중화되기 전, 나는 목재용 14번 나사 두 개를 목재에 7/16인치(11mm) 이하로 파고들게 하는 방법을 사용했었다. 직경 8인치(200mm) 이하의 그릇인 경우 와셔를 여러 개 사용함으로써 나사 깊이를 줄여 속파기 과정에서 나사가 드러나는 것을 방지했다. 나사로 인해 생긴 구멍은 막아줘야 한다. 물론 절삭해서 없앨 수도 있지만, 이는 훌륭한 재료를 낭비하는 일이다.

건조가 완료되면 그릇 굽을 최대한 정교하게 척에 고정한다. '최대한 정교하게'라는 표현을 쓴 이유는 건조 과정에서 그릇과 굽에 수축으로 인한 변형이 일어날 것이기 때문이다. 그릇이 고정되면 평 스크래퍼를 이용해 그릇 내부에 턱을 만들어준다. 이 턱에 조를 확장해 목재를 고정시키고③, 이후 외형과 바닥 굽을 가공한다.

눈질 프로젝트

다음으로 그릇을 뒤집어 확장 조에 장착한다④. 그릇을 단단히 고정시키고 외형을 가공한다⑤. 이때 건조 과정에서 갈라지거나 파손된 부분을 제거해준다. 가공할 수 있는 그릇의 외형은 목재에 어떤 변형이 있는지, 가장 얇은 곳의 두께가 얼마인지에 따라 달라진다. 변형이 심각하다면, 버니어 캘리퍼스를 사용해 그릇에서 가장 얇은 곳의 두께를 측정한다. 수피 위치를 파악할 때처럼 연필로 그릇 외형에 가장 얇은 부분의 위치를 표시한다(224쪽 사진 ③ 참조) 최종 형태를 가공할 때, 이 연필 선을 토대로 가공해서는 안 되는 영역을 파악할 수 있다.

척 대신 면판을 사용해 그릇의 초벌 형태를 잡을 때에는 바닥면을 대패질하거나 샌딩해서 평평하게 만들어준다. 그릇 바닥면에 나사로 면판을 고정해 작업을 진행하고, 가공이 끝난 후에는 구멍을 메꿔준다.

눈질 프로젝트

자연 그대로의 모서리를 살린 그릇

뽕나무로 만든 이 그릇은 85쪽 사진 ⑥~⑨에 나온 블랭크를 가공한 것이다. 주목할 점은 완성된 그릇 테두리에서 가장 높은 지점끼리, 그리고 낮은 지점들끼리 같은 높이를 갖는다는 것이다. 주축대와 심압대축 사이에 고정된 블랭크에서 두 지점을 어떻게 배열할 것인지를 조절할 수 있다.

자연 그대로의 모서리를 살린 그릇(또는 테두리가 불규칙한 형태의 모든 그릇)을 가공하는 핵심은 비어 있는 공간 때문에 절삭 도구가 목재와 간헐적으로 접촉하더라도 부드러운 움직임을 취하는 데 있다. 목재에 가해지는 압력은 반드시 최소화해야 한다. 절삭 도구를 세게 밀어 칼날이 사이 공간으로 들어가게 되면, 블랭크 테두리가 도구를 내려치게 되고 결국 목재는 산산조각 날 것이다. 목재에 비해 수피가 확연히 적은 블랭크를 단단히 고정하는 것에서 작업이 시작된다. 수피 부분을 최대한 살려 가공하려면 수피에 묽은 순간접착제를 붓고 고점도의 빈틈 보수용 접착제로 틈을 메꾼다. 이런 부분들은 언젠가는 떨어져 나가게 마련이라, 나는 수피가 일부 남아 있는 결과물보다 깨끗하게 제거된 결과물이 더 보기 좋다고 믿기 때문에 늘 제거하는 것을 원칙으로 한다.

바닥면에서부터 수피 부분에 이르기까지 각이 잡혀 있는 부분들을 가우지로 제거해준다 ①. 수피 부위의 외형을 위에서부터 시작해 원통으로 가공한다 ②. 블랭크 양쪽이 회전축에 물려 있는 상태에서 전체적인 외형 가공을 끝내도록 한다. 이 과정을 진행하는 중에 일시적으로 사용될 굽을 만든다. 이로써 다음 과정에서 블랭크를 척에 고정할 수 있도록 한다. 뽕나무의 경우 스크래퍼를 칼 받침대에 평평하게 놓고 가공하면 마감면을 쉽게 얻을 수 있다 ③. 반면, 수피가 노출된 부분에서는 스크래퍼를 틀어잡고 각을 줘서 시어 스크래핑을 수행하는 것이 훨씬 안전하다 ④. 이처럼 칼날 아래쪽 모서리만 사용해 절삭하면 캐치가 발생할 우려가 거의 없다. 외형 가공이 완료되면 속파기 작업을 위해 블랭크를 뒤집어 장착한다.

눈질 프로젝트

깊이 확인을 위한 구멍을 뚫기 위해서는 수피에서부터 시작해서 중심부에 속살이 나올 때까지 절삭을 진행한다. 칼 받침대를 회전축과 직각을 이루도록 설정하고, 이를 기준 삼아 드릴 깊이를 설정한 뒤 마스킹테이프를 이용해 표시해준다 ⑤. 칼 받침대를 기준으로 구멍을 뚫는다 ⑥.

우선 테두리 두께를 충분히 유지하면서 중심부를 속파기한다 ⑦. 6 3/4인치(175mm) 이 직경의 그릇은 3/4인치(19mm)의 벽 두께를 갖는 것이 바람직하다. 더 커다란 그릇에는 1인치(25mm) 정도의 두께를 주면 충분할 것이다. 최종 마감 절삭은 그릇 테두리에서 시작해서 수피 바로 밑으로 연결돼 있는 목재의 속살 방향으로 이뤄진다 ⑧. 나는 3/8인치(9mm) 볼 가우지로 그릇 테두리를 우선 절삭한 뒤, 1/2인치(13mm) 가우지로 교체 후 중심까지의 벽면을 타고 내려가며 가공했다. 요철이나 절삭 자국은 시어 스크래핑으로 제거한다 ⑨.

바닥으로 내려가는 넓은 곡면의 경우, 무거운 곡면형 스크래퍼로 넓게 쓸고 내려가듯 다듬어준다. 가능한 모든 면을 샌딩한다. 테두리 주변을 부드럽게 정리하는 데는 전동 공구가 가장 안전하고 효과적이다.

▶ 243쪽 '전동 샌딩' 참조

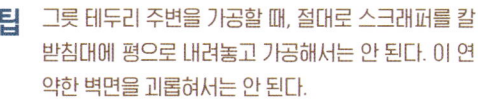

팁 그릇 테두리 주변을 가공할 때, 절대로 스크래퍼를 칼 받침대에 평으로 내려놓고 가공해서는 안 된다. 이 연약한 벽면을 괴롭혀서는 안 된다.

16장 눈질 속파기

눈질 프로젝트

테두리 형태가 불규칙한 그릇의 굽을 제거하고 바닥면을 다듬기 위해 천으로 감싼 원판에 그릇의 안쪽 면을 대주고 심압대축을 굽 중앙에 위치시킨다 ⑩. 필링 컷을 조금씩 실시해 서서히 살을 덜어낸다. 이 작업은 작은 디테일 가우지로 진행하는 것이 좋다 ⑪. 기존의 절삭면과 새로 생겨난 표면은 시어 스크래핑으로 연결시킨다 ⑫. 미세한 편심으로 생겨난 단차는 샌딩 과정에서 사라질 것이다.

끝으로 경사면이 긴 디테일 가우지를 이용해 중심 방향으로 절삭 작업을 수행한다 ⑬. 작은 원뿔이 여전히 작업물을 지탱하고 있는 것을 볼 수 있는데, 이제 바닥면에 남은 이 조각을 잘라줄 차례이다. 척 너머로 고정된 이런 그릇은 이따금 심압대축의 지지력이 없는 상태에서도 충분히 작업할 수 있을 만큼 고정돼 있는 경우가 있다 ⑭. 하지만 작업 과정 중에는 그릇에 손을 얹어 지지해줌으로써 그릇이 떨어져 나오는 것을 방지하는 것이 기본이다. 손 닿는 가까운 곳에 연마재나 연마 도구를 준비해둬야 한다 ⑮.

눈길 프로젝트

주둥이가 좁은 기물

이 둥근 기물은 자연 그대로의 모서리를 살린 그릇 중 주둥이가 좁은 형태이긴 하지만, 역시나 사각형 단면 블랭크에서 출발한 것이다. 이 블랭크는 면판 스퍼 드라이브로 만들어졌다(85쪽 사진⑥~⑨ 참조). 초반 절삭은 항상 가우지로 모서리의 살을 덜어내어 단시간 내에 블랭크 무게를 줄이는 것부터 시작된다①. 바닥면의 갈라진 부위는 완벽하게 제거하는 것이 좋겠지만, 이 경우에는 척에 고정하기 위한 굽으로 사용할 것이다.

그릇의 윗부분부터 형태를 잡기 시작한다②. 척 주변부터 시작해 전체적인 곡면을 만들어준다. 이후 가우지와 스큐 스크래퍼로 외형을 최대한 다듬는다. 이때 윗부분과 곡선 중심의 연결, 그리고 드라이브 스퍼로 말려들어가는 형태를 염두하고 있어야 한다③.

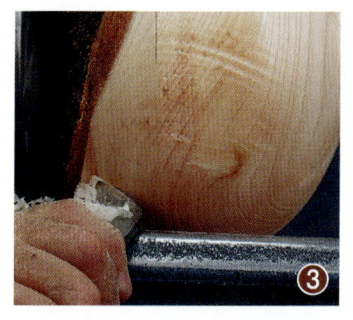 

속파기를 위해 뒤집어 척에 장착한다. 외형의 곡선과 주둥이 연결부 형태를 마무리 짓는 동안 심압대로 지지력을 더해준다④. 속파기 작업용 구멍은 좁고 깨지기 쉽다. 게다가 수피는 약한 압력에도 쉽게 떨어져 나간다. 깊이 타공이 이뤄지면 스크래퍼로 살을 덜어낸다. 이때 필요하다면 목선반에서 먼 쪽에 서서 체중을 실어줄 수 있다⑤. 이 부분에서 나는 경사면이 매우 긴 1/4인치(6㎜)

가우지로 내부를 가공할 수 있었다⑥. 거의 모든 수피를 깨끗이 제거했을 때, 가우지가 휘는 느낌이 들자 스크래퍼로 교체해 내부를 마무리했다. 내부의 속파기를 끝내고 손이 닿는 모든 면을 샌딩한다.

밑바닥을 완성하기 위해 작업물을 잼 척에 고정시켰다⑦. 여기서는 만들다 실패한 그릇을 잼 척으로 사용했다. 앞 쪽의 ⑪~⑭ 과정과 같이 나머지 살을 제거하고, 바닥면을 다듬는 동안 심압대축으로 작업물을 받쳐 잼 척 내부에 고정되도록 한다.

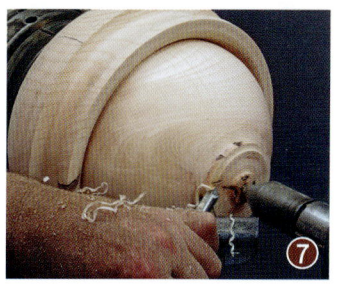

17장 | 샌딩과 마감_234쪽

6부

샌딩과 마감

최근 몇 년 동안 우드터닝을 위한 샌딩 용품과 마감재가 매우 다양하게 개발됐다. 오늘날 산업용 제품 제조사들도 거대해진 아마추어 목공 시장을 위해 여러 상품을 개발하고 있다. 신형 연마재는 새로운 기술과 도구와 마찬가지로 보다 빠르고 효과적인 샌딩을 가능하게 한다. 어떤 표면도 몇 분이면 부드럽게 만들 수 있게 됐다. 샌딩은 터닝된 목재에 마감재를 도포함으로써 더러운 손가락, 실수로 발생한 얼룩으로부터는 물론, 대부분의 목재를 뒤틀리게 만드는 습도 변화로부터도 목재를 보호한다. 마감용 왁스와 오일의 종류가 워낙 다양해 머리가 복잡할 수 있지만, 실상은 대부분 서로 약간씩 변형된 것들이다. 어떤 것은 도포하는 데 몇 초 혹은 몇 분이 걸리기도 하고, 몇 시간 또는 며칠이 소요되는 것도 있다.

특정 작업물을 어느 정도로 샌딩하고 어떻게 마감할 것인지는 작업물의 기능이나 선호하는 광택에 따라 달라질 수 있다.

17장

샌딩과 마감

준비 과정

옹이와 갈라진 부분의 보수
_241쪽

기초 샌딩

눈질의 손 샌딩_242쪽
전동 샌딩_243쪽
코브 샌딩하기_244쪽
환봉 샌딩하기_245쪽
마감 전 최종 준비_246쪽

고급 샌딩

자연 그대로를 살린 모서리 샌딩
_247쪽
구멍이 깊고 주둥이가 좁은 가공물
_248쪽

마감

마감재 바르기_249쪽

마감재를 바르는 목적은 착색, 손자국, 와인 흘린 자국, 뜨거운 머그잔 흔적, 습도 변화 등에서 비롯되는 수축과 팽창 같은 목재의 변화에 대응하기 위함이다. 또한 마감재는 가공물에 심미성과 더불어 개성과 스타일을 더해주기도 한다. 사람들은 자주 쓰이고 손길이 가는 목제품의 표면이 선명하고 매끄럽기를 바란다. 안타깝게도 물병은 그럴 수 없겠지만 말이다. 파티나 patina라고 부르는 변화가 세월이 흐름에 따라, 그리고 공기와 빛에 노출되는 동안 발생한다.

파티나는 자연적으로 생겨나지만 일부러 연출할 수도 있다. 파티나를 만드는 전통적인 방법은 한 달 동안 매일, 일 년 동안 매주, 이후 달마다 광택을 내주는 것이다. 하지만 이보다는 오랜 기간 손의 습기와 맞닿아 생기는 파티나가 더 쉬운 대안이다. 가장 좋은 방법은 목재에다 파티나가 생길 수 있는 기초 작업을 해주는 것이고, 우리의 작업물을 소유한 사람이 지속적인 관리를 해주게끔 독려하는 일일 것이다.

물론 작업물의 용도에 따라서도 적합한 마감재를 결정할 수 있다. 반지나 약품 보관용 상자는 카레 가루를 보관하는 상자와는 다른 내부 마감재가 필요할 것이다. 빵 도마나 칼도마는 아프리카흑단에 광택이 올라오게 하는 고운 사포질이나

수년에 걸친 반복적인 광택 작업은 깊은 파티나를 만들어 낸다.

10인치(250㎜) 크기의 이 물푸레나무 그릇은 칼질로 더 고운 표면을 만들 수도 있지만 샌딩으로 정리할 것이다.

광택 작업이 불필요하다. 낡은 의자에 깔끔하게 다듬어진 환봉을 끼워 넣으면 원래 가지고 있던 느낌을 망칠 수도 있다. 따라서 당신은 두 가지를 결정해야 한다. 표면을 얼마나 다듬을지, 그리고 어떤 마감재를 적용할 것인지를 말이다.

표면 준비하기

어떤 종류의 마감재건 목재 표면에 도포되는 순간 흠집과 사포 자국을 도드라지게 하므로 표면을 다듬는 일은 무척 중요하다. 내가 만들어 사용하는 공구의 손잡이들은 사포질을 하지 않는데, 샌딩을 하지 않아도 될 만큼 잘 가공돼 집어들 때마다 우쭐해지기 때문이다. 닳거나 잘려나갈 수 있는 물품인 칼도마는 150번 사포로 정리하면 충분하다. 건축 양식을 반영한 환봉은 페인트의 착색을 위해 120번 사포로 마무리하면 된다.

내가 터너로서 명성을 쌓기 시작하던 1970년대, 나는 180번 이상의 고운 사포는 거의 쓰지 않았다. 당시에는 그게 일반적이었다. 요즘 나는 대부분의 목재에 320번 사포까지, 밀도가 높은 하드우드에는 600번 사포까지도 사용한다. 그래도 요즘 스튜디오 터너들 사이에서 흔히 볼 수 있는 고운 사포까지는 쓰지 않는다. 한동안 나는 모든 작업을 600번 사포로 마무리했지만, 사람들이 그 매끈한 표면이 망가질까 봐 사용하기 주저한다는 사실을 알게 됐다. 내 작업물이 결국 과도한 샌딩 작업 탓에 실생활에 전혀 쓸모 물건이 돼버렸다는 사실을 깨달은 것이다.

어쨌거나 샌딩이 많은 칼자국을 지워낼 수 있는 건 분명하지만, 어느 정도로 깨끗한 표면을 확보할 것인지는 작업 시작 전에 결정할 사안이다.

샌딩하기

샌딩 작업을 위한 사포는 종이 형태 혹은 필요한 만큼 잘라 쓸 수 있는 두루마리 형태 등으로 구매할 수 있다. 디스크형 사포는 전동 공구에 부착해서 사용할 수도 있다. 모든 사포는 숫자로 구분되는데 숫자가 높을수록 고운 표면을 만들어준다. 스크래치 없는 표면을 얻으려면 숫자가 높은 사포를 사용해야 하며, 높은 숫자로 나아가기 위해서는 직전 단계의 사포에서 만들어진 스크래치를 제거해줘야만 한다. 나는 보통 100번 사포에서 시작해서 150번, 220번을 거쳐 320번에서 마무리한다. 칼질이 충분히 깨끗하게 이뤄지지 않았을 때에는 불가피하게 60번 사포에서 샌딩을 시작하기도 한다. 때로는 600번 사포로 마무리할 때도 있다.

사포는 곡면에 스크래치를 남기지 않도록 연성이 있어야 한다. 따라서 가장 좋은 사포는 뒷면에 얇은 천이나 발포 고무가 붙어 있는 것이다. 나는 종이 사포는 잘 사용하지 않는데, 습할 때는 눅눅하고 늘어지며 건조할 때는 빳빳해서 접히면 금이 가거나 쪼개질 수 있기 때문이다. 손에 들어오는 크기의 사포를 3면으로 접어 사용하면 사포면이 다른 사포면을 비비지 않게 된다.

목선반에 물려 회전하는 눈질 작업을 손으로 샌딩하려면, 사포 위치는 목재를 주축대를 바라보는 방향에서 4등분했을 때 좌측 하단에 자리해야 한다. 사포를 안쪽에서 밖으로 끌고 나오건, 밖에서 안쪽으로 밀고 들어가건 마찬가지이다. 오른팔의 부하를 줄이기 위해 왼손으로 오른손을 붙잡아준다. 이 동작은 오른손을 원활히 제어하고 고르게 샌딩하는 데 도움을 준다. 그리고 가능하다면 칼

손에 들어오는 크기의 사포를 3면으로 접어 사용하면 사포면이 다른 사포면을 비비지 않게 된다.

사포를 4분원의 좌측 하단에 위치시키고 중심에서부터 멀어지게 이동시키거나 주축대 방향으로 압력을 가한다.

받침대와 주축대를 사용해 지지력과 제어력을 더해주는 게 좋다. 목재와 맞닿는 사포의 끝부분을 구부려주면 캐치가 발생하지 않는다.

부주의한 샌딩은 세부 형태를 망친다. 샌딩하는 각각의 표면에 집중하면 표면이 뭉그러진다든가 세부 형태를 잃어버리는 일을 방지할 수 있다. 예를 들어 속가공된 그릇의 안쪽 면을 샌딩할 때에는 주둥이에 신경을 쓰면 안 된다. 주둥이의 테두리를 가공할 때에는 안쪽 면 샌딩에 신경을 써서는 안 된다. 그럼에도 불구하고 테두리가 지나치게 날카로워지거나 뭉그러질 수 있으므로, 수시로 목재의 두께를 만져보며 체크하는 습관을 가져야 한다.

마찰열이 목재에 실금을 만들 수도 있으므로 샌딩 작업은 칼질할 때의 회전 속도보다 살짝 낮게 설정하는 게 좋다. 속도 조절이 가능한 목선반이라면 200~300rpm을 줄여준다. 벨트 풀리 형식의 목선반이라 풀리 조정이 부담스럽다면 기존 속도를 유지하는 편이 나을 것이다.

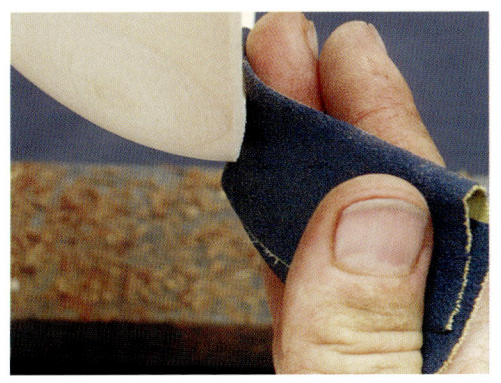

세부 가공 부위를 망치지 않으려면 한 표면의 샌딩을 완료한 다음 다른 표면으로 넘어가는 것이 좋다.

샌딩과 마감의 안전 수칙

샌딩은 단순 작업인 탓에 간혹 주의력을 잃게 만든다. 그러나 샌딩 도중 집중력을 잃으면 쉽사리 형태를 망가뜨리게 되며 모서리를 뭉그러뜨리거나 요철을 지나치게 되고, 심지어 상처를 만들기도 한다. 자기 자신은 물론 작업물을 다치지 않게 하려면 다음 세 가지 기본적인 안전 수칙을 따라야 한다.

- 작은 구멍에 손가락을 절대 집어넣지 않는다. 이런 동작은 손가락에 끔찍한 상처를 남길 수 있다. 손가락 대신 샌딩 디스크를 사용한다.

- 날카로운 모서리를 경계하라. 주의를 잃었을 때 그릇 주둥이, 특히 고블릿 잔 같은 횡단면 가공 프로젝트의 예리한 모서리에 의해 사고가 발생한다. 샌딩 과정에서 날카로운 모서리는 모두 제거하는 습관을 가져야 한다.

- 사포나 천 조각을 절대 손가락에 말아 사용하지 않는다. 끄트머리가 회전하는 작업물에 끼게 될 경우 순식간에 말려들어가 손가락을 잃게 될 수도 있다.

만약 지나치게 오랜, 그리고 강한 샌딩으로 생겨난 마찰열 때문에 실금이 생겼다면, 목선반을 끄고 목재의 온도가 떨어지도록 두었다가 요철이 느껴지지 않을 때까지 고운 사포로 문질러준다. 그 실금이 눈에 띈다 한들 이를 해결할 수 있는 방법은 거의 없다. 다행히도 시간이 흐름에 따라 목재의 색이 어두워지면서 그 부분은 점점 눈에 띄지 않게 될 것이다.

팁 샌딩은 먼지가 많이 날릴 수밖에 없다. 가급적 먼지가 발생하는 부분을 한 곳으로 집중시켜 후드 방향으로 날릴 수 있게 할 것.

마감재의 종류

오일, 왁스, 래커, 우레탄, 멜라민, 셀룰로오스 등을 기반으로 만들어지고 도포 방식도 제각각인 마감재 수백 여종이 유통되고 있다. 어떤 것은 통이나 병에 담긴 액상이고, 어떤 것은 크림 형태, 또 어떤 것은 고체 형태로 포장돼 판매되기도 하다.

마감재는 크게 목재로 스며드는 유형과 표면에 머무르는 유형으로 구분 지을 수 있다. 전자는 목재에 스며든 뒤 굳음으로서 파티나가 생길 최상의 여건을 만들어주지만, 수년 뒤에는 목재 표면에 금이 가거나 표면 품질이 저하될 수 있다는 단점이 있다.

일반적으로 마감재는 다음 쪽 아래 사진의 왼쪽 부분처럼 목재에 부드러운 광택을 내거나, 오른쪽 부분처럼 반짝거리게 만들어준다. 왼쪽에는 유보 폴리시 U-Beaut Polishes사의 전통적인

이 접시들은 1973년 무렵에 만들어졌고 여전히 매일 사용하는 것들이다. 제일 왼쪽 접시는 항산화성, 내수성, 내열성을 갖췄다고 보장하는 유명 회사의 제품으로 마감했지만 5년 정도가 지나니 더 이상의 역할을 하지 못했다. 오른쪽 두 접시는 오일과 왁스로만 마감한 것이다.

왼쪽 접시는 오일로 다시 마감했고, 나머지 두 개는 세척한 상황이다. 오른쪽 앞 접시는 주기적으로 오일을 발라준 것이다.

일반적으로 마감재는 왼쪽처럼 은은한 광택을 내주거나, 오른쪽처럼 반짝이게 만든다.

왁스를, 오른쪽 부분에는 같은 회사의 셀라 왁스 Shellawax를 썼다.

견고하고 반짝이는 래커, 셸락, 또는 2액형 에폭시 등의 마감재는 갤러리에 전시될 작품이나 눈으로만 감상할 장식용 화병을 마감하는 데 좋다. 하지만 여러 작품을 수집해본 결과 대략 10년 정도의 긴 시간이 흐르면 이런 마감재 대부분이 껍질이 일어나거나 갈라지며, 닳아 없어지는 것을 확인할 수 있었다. 물도 위협 요소다. 물이 마감면에 자국을 남기면 목재 본연의 색상을 서서히 저해시킨다. 마감면 보수의 어려움 때문에 벼룩시장에 마감 상태가 좋지 못한 목제품들이 차고 넘치는 것도 당연한 일이다.

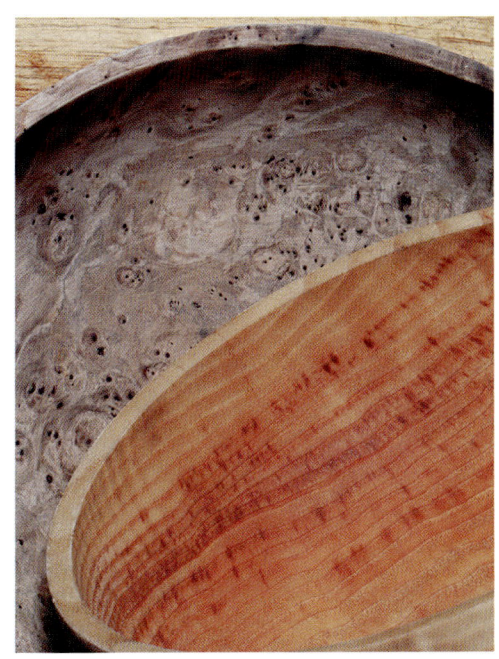

매일 사용하는 그릇이다. 세척은 했지만 오일은 바르지 않았다. 채소로 매일 연마돼 표면이 매우 곱다.

마감재 고르기

'완벽한' 마감재란 존재하지 않기에 대상물의 용도에 따라 최선의 선택을 해야 한다. 어떤 환경에서 어떻게 색상이 변하는 것을 받아들일 것인가? 당신의 그릇은 사용이 목적인가 장식이 목적인가? 만일 사용된다면 어떤 용도로 쓸 것인가? 편지, 열쇠, 샐러드, 달걀, 과일 등 어떤 것을 보관할 것인가? 뜨거운 물로 세척할 일이 있는가?

마감재를 선택할 때 어떤 목적을 달성할 수 있을지, 나뭇결의 아름다움을 살릴 것인지를 결정해야만 한다. 부드러운 광택을 낼지, 반짝이게 만들지, 목재 본연의 자연스러움을 끌어낼지를 선택해야 한다. 내가 바라는 것처럼, 가공된 그릇이 수십 년 혹은 대를 물려 전해지기를 염원하는가? 혹은 마감 상태가 몇 년 정도만 이어져도 괜찮은가?

나는 실용적 그릇, 원통형 합, 접시, 스쿠프 등을 일반적인 광택 작업에 용이한 오일과 밀랍의 혼합물로 마감한다. 이 혼합물은 판매용 제품의 마감 재료로 사용하기에도 적합하다. 중요한 점은 내수성이 있어 뜨거운 물이나 세제를 사용해도 되기 때문에 일반적인 접시들처럼 사용해도 무관하다는 것이다(단, 식기세척기는 불가하다). 주방에서 쓰이는 도마, 샐러드 볼, 나무 접시처럼 꾸준히 쓰이는 도구들은 지속적인 오일 작업을 필요로 하지는 않는다. 왼쪽 사진은 내가 매일 사용하는 샐러드 볼인데 수년간 사용한 결과 광택이 없으면서도 매우 부드러운 표면을 가지게 됐다. 상추나 오트밀만큼 부드러운 사포는 없을 것이다. 두 샐러드 볼 모두 뜨거운 물과 세제로 세척해왔으며, 다시 오일을 바른 적도 없다.

볼이나 숟가락, 스쿠프, 접시, 도마와 같이 음식을 위한 도구를 마감해야 한다면 무독성 마감재를 선택해야 할 것이다. 프랑스에서는 음식 관련 목제품을 월넛 오일로 마감해왔고, 이 소재는 점차 보편적인 마감재로 세계적 인정을 받게 됐다. 또 다른 것은 텅 오일로서, 목재 깊숙이 침투한 뒤 굳게 되는데 투명하면서도 낮은 광택을 갖는다. 이 밖에도 우드터닝 매장과 카탈로그 등을 통해서 샐러드 볼이나 도마 전용의 다양한 마감재를 만나볼 수 있다.

터닝을 해온 30년의 세월 동안 나는 다양한 왁스와 마감재를 사용해보았다. 나는 초기에 카노바 왁스가 얼마나 쉽고 고르게 도포되는지를 확인하고선 그 제품을 주로 사용하겠다고 마음을 굳혔었다. 그러나 그릇에 물 자국이 남았을 때 보수가 너무나 어렵다는 것을 경험하게 됐다. 대부분의 이러한 연질 왁스는 내가 요즘 사용하는 보일드 린시드 오일이나 밀랍, 또는 과거에 내가 사용했던 파라핀 왁스에 비교했을 때 더 나아 보이

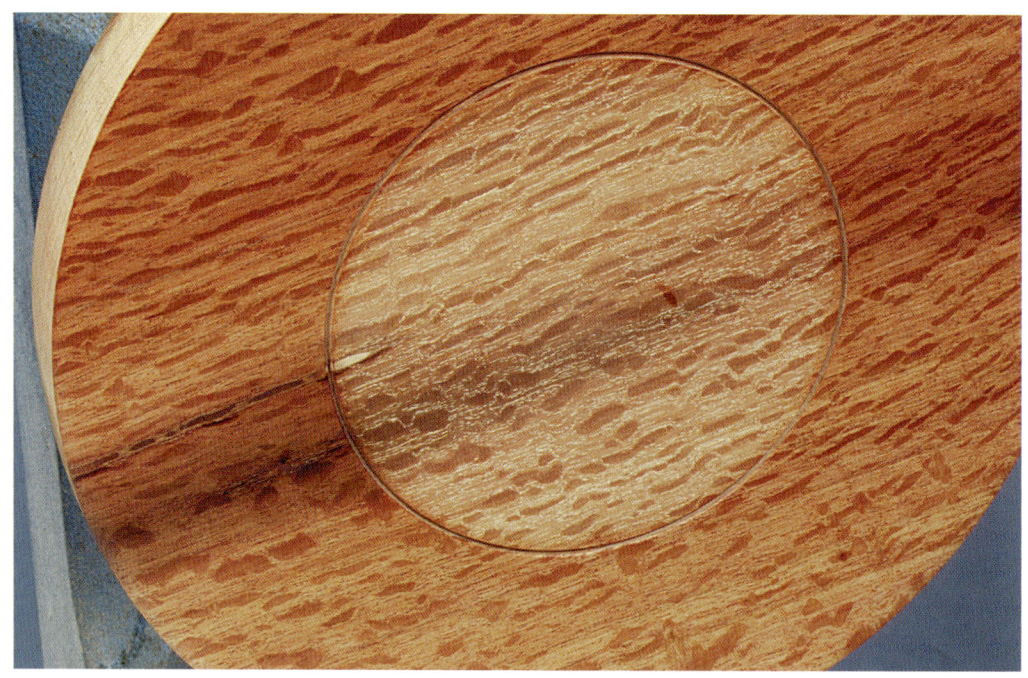

오일이나 왁스로 광택 작업을 하게 되면 사포질한 면이 드러난다. 사진 중심을 보면 생나무처럼 보이지만 테두리는 오일과 밀랍으로 마감됐다.

는 마감 상태를 만들어주기는 한다. 많은 종류의 오일과 왁스 마감재는 작업물이 목선반에 매달려 있을 때 매우 짧은 시간 내에 도포할 수 있다. 이는 식기 제작 과정에 매우 효율적이다. 다만 사용자 스스로 자주 관리를 해줘야 하는 번거로움이 따른다. 그래서 1970년 이후부터 내가 만든 실생활용 그릇에는 다음과 같은 내용을 첨부하고 있다. "이 그릇은 리처드 래펀에 의해 실사용하도록 제작됐다. 뜨거운 물에 세제를 풀어 손으로 세척하고 식물성 기름으로 자주 닦아주어야 한다. 잘 관리해주면 더 보기 좋게 변해갈 것이고 인류가 생존을 지속할 수 있게 해줄 것이다"라고 말이다.

그릇 마감에 가장 좋은 것은 목재에 침투한 뒤 경화되는 방식인 오일 기반 마감재다. 이 위에 왁스를 몇 겹 올려주면 마치 앤티크 가구와 유사한 아름다운 광택을 얻을 수 있다.

마감재 바르기

많은 마감재가 도포 과정에서 잠재적 위험성을 품고 있기 때문에 용기에 표시된 주의 사항을 반드시 미리 숙지해야 한다. 폐에 나쁜 영향을 끼칠 수 있기 때문에 나는 솔벤트가 함유된 마감재를 사용하지 않는다. 게다가 솔벤트는 불이 쉽게 붙으므로 불꽃이 튈 수도 있는 그라인더와 충분히 거리를 두고 보관해야 한다. 내가 사용하는 보일드 린시드 오일의 경우, 도포 과정에서 쓴 천을 관리할 때 각별히 주의해야 한다. 뭉쳐서 구겨놓은 천에서 순식간에 불이 붙어 올라올 수 있기 때문이다. 사용한 천은 반드시 넓게 펴서 말려줘야 한다. 천이 뻣뻣하게 굳으면 그때 버린다.

대부분의 터닝 마감은 목선반에 장착돼 회전하는 상태에서 셸락이나 오일, 또는 왁스를 천을 사용해 도포하는 것이 가장 쉽다. 이때 속도를 최대한 낮춰 오일이 사방으로 튀는 것을 예방해야 한다. 회전 속도가 높을 경우 위 사진의 가운데가 테두리보다 밝은 색으로 보이는 것처럼, 샌딩이 덜 돼보이는 것 같은 표면이 만들어진다. 목선반에서 광택 작업을 수행하는 것은 전체 면이 고르게 보이도록 하기 위한 것이다. 이 작업에 익숙해지면 마감 작업의 즐거움이 기다려질 것이다.

준비 과정

옹이와 갈라진 부분의 보수

작은 옹이와 갈라짐 때문에 가공물의 표면 상태가 만족스럽지 못한 경우가 있다. 나무 가루와 접착제가 이를 막아줄 수 있다. 진한 색의 나무 가루나 파우더 페인트를 사용하면 자연스러운 연출이 가능하다. 내가 가장 좋아하는 충진재는 스크래퍼나 드릴로 아프리카흑단의 횡단면을 가공할 때 나온 가루를 모아둔 것이다. 물론 검은색 파우더 페인트도 매우 효과적인 결과를 낳는다.

손가락으로 나무 가루를 갈라진 틈에 밀어 넣는다❶. 순간접착제를 살짝 떨어뜨려 가루 사이로 스며들도록 한다❷. 몇 방울이면 충분하다. 필요에 따라 경화촉진제를 뿌려준다(하지만 밀도가 높은 대부분의 열대산 하드우드는 경화촉진제보다 빠르게 순간접착제를 경화시킨다). 사포로 깨끗이 갈아낸다❸.

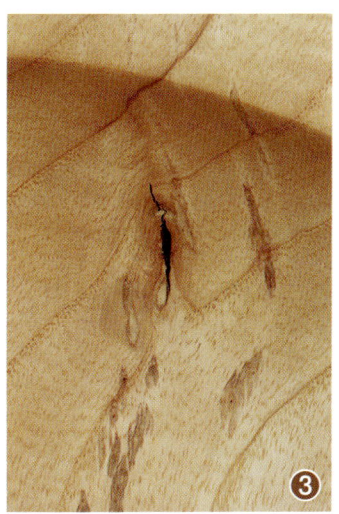

기초 샌딩

눈질의 손 샌딩

평면을 샌딩하려면 직사각형 MDF 조각에 사포를 감아 사용한다①. 그릇의 테두리와 바닥면 사이를 지속적으로 왕복하면서 평면을 다듬는다. 가운데 부분에 반구형이 생겼다면 목선반을 멈춘 뒤 왼손으로 목재를 돌리면서 오른손으로는 중심부를 샌딩해야 한다.

벽면이 얇고 주둥이가 밖으로 벌어지는 형태의 그릇의 경우, 샌딩하는 힘과 목재를 받쳐주는 압력이 같아야 한다②. 그렇지 않으면 그릇이 깨져 나갈 위험성이 있기 때문이다. 주둥이가 좁은 형태의 그릇은 훨씬 견고하지만, 자연 그대로의 모서리를 살린 그릇의 경우 불규칙한 그릇 주둥이에 사포가 말려들지 않도록 주의해야 한다③.

기초 샌딩

전동 샌딩

눈질에서의 사포질은 디스크 패드에 발포 고무가 붙어 있는 사포를 드릴에 장착해서 사용하는 것이 가장 효과적이다. 비교적 큰 작업물의 경우 전동 샌딩이 시간 절약에 큰 도움이 된다. 반면, 작은 그릇의 내부를 전동 샌딩할 때에는 곡선을 먼저 다듬은 다음 중앙 부위를 가로지르는 식으로 진행한다.

앵글 드릴(고속 앵글 그라인더를 말하는 것이 아니다)은 일반 드릴보다 훨씬 사용하기 편리하다. 일반 드릴보다 비싸지만, 한 손으로 작동시키므로 나머지 한 손이 목재를 받쳐줌으로써 섬세한 작업을 수행할 수 있다는 장점이 있다❶. 일반 드릴을 사용한 샌딩은 제어가 쉽지 않기 때문에 항상 드릴 앞부분을 붙잡아줘야 한다❷. 따라서 많은 양의 그릇이나 화병을 제작해야 하는 상황이라면 앵글 드릴을 구입하는 것이 좋을 것이다.

가공물의 4분의 3 지점에서 전동 샌딩을 진행하면 목재가 다가오면서 갈려나가므로 안전하게 작업할 수 있다❸.

패드가 자유롭게 돌아가는 수동 회전식 샌더는 모터 없는 앵글 드릴과 유사한 역할을 한다❹. 패드는 목재와 마찰이 생기면서 자유롭게 회전하므로 사포 자국을 거의 남기지 않는다. 앵글 드릴만큼 대량 작업에 효과적이진 않더라도 역시 매우 훌륭한 마감 도구인 것은 사실이다.

기초 샌딩

코브 샌딩하기

코브에서는 사포가 곡면 밖으로 벗어나지 않게 해야 한다. 사포를 U자 형태로 말아 꼬집듯이 잡거나①, 목심이나 타원형 단면의 연필에 감아 사용한다②. 코브의 샌딩 작업이 끝나면 곡면 모서리를 다듬어준다③.

기초 샌딩

환봉 샌딩하기

환봉을 샌딩할 때에는 접은 사포를 환봉에 감싼 뒤 손가락으로 살짝 눌러준다①. 가느다란 환봉, 특히 척에만 물려 있는 환봉의 경우에는 별도로 받쳐주는 힘이 필요하다. 가급적 칼 받침대나 주축대를 이용해서 손을 안정시켜야 한다②③.

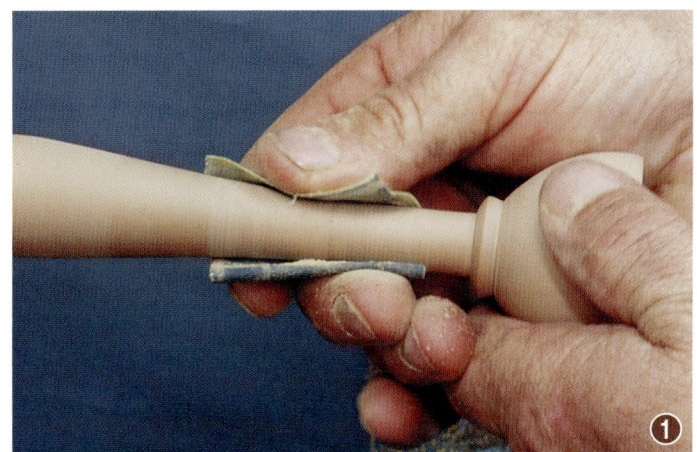

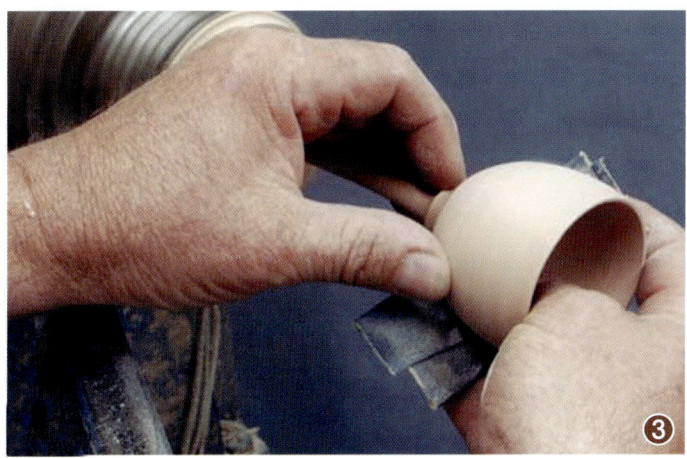

기초 샌딩

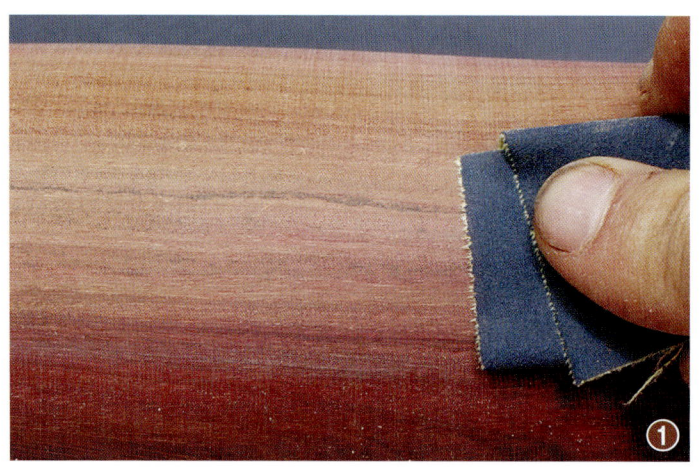

마감 전 최종 준비

마감재를 도포하면 목재 표면에 남은 오점들이 확연히 눈에 들어온다. 샌딩 작업에서 생기는 가느다란 스크래치나 고리 자국은 결과물에 좋지 못한 영향을 미칠 수 있지만, 나뭇결을 따라 사포질을 해주면 쉽게 제거할 수 있는 것들이다. 목선반을 멈춘 뒤 전체적으로 결을 따라 샌딩을 진행해서 나뭇결의 직각 방향으로 생긴 스크래치들을 지워준다①.

먼지는 마감을 방해하는 최대의 적이다. 하지만 불행하게도 벌의 요철에는 먼지가 쉽게 낀다②. 이 먼지들은 마감 전에 반드시 제거해야 한다. 대부분은 붓질로 제거할 수 있지만, 에어 건으로 먼지를 골고루 제거하는 것만큼 좋은 방법은 없다.

고급 샌딩

자연 그대로를 살린 모서리 샌딩

목선반이 회전하는 상태에서 자연 그대로를 살린 모서리를 사포질하면, 튀어 나온 부분이 다른 부분보다 더 많이 갈려나가 보기 싫은 결과물이 나온다. 이러한 모서리는 목선반 전원을 끄고 전동 샌더로 사포질하는 것이 가장 좋다. 올바르게 작업을 진행했다면 전체의 두께가 고른 결과물을 얻을 수 있다①. 그릇 바깥 면을 샌딩할 때에는 드릴 몸통을 당신 쪽으로 두고 앞뒤로 움직여가며 작업하며, 그릇 벽면 두께에 변화가 생기지 않는지 주시해야 한다. 안쪽 면을 샌딩할 때에는 목선반의 축을 고정시켜놓고 그릇 내부의 5시 방향에서 시작해서 서서히 바깥쪽으로 진행해나간다 ②. 나뭇결로 인해 샌딩 작업이 어려운 부분이 있을 경우에도 같은 방법을 사용한다.

기초 샌딩

 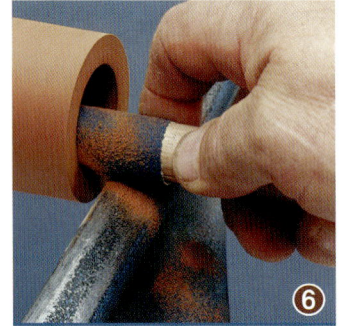

구멍이 깊고 주둥이가 좁은 가공물

손가락이 들어갈 수 없을 만큼 주둥이가 좁다면, 샌딩 스틱이나 탄성 있는 쇠자를 이용해 사포를 집어넣는다. 표면이나 절개면을 샌딩할 때에는 사포로 쇠자를 감싼 뒤 살짝 구부려 사용한다①.

소금 스쿠프처럼 주둥이가 매우 좁을 경우, 사포를 접은 뒤 내부 형태에 맞는 목심을 집어넣어 샌딩한다②③.

깊은 그릇이나 원통형은 홈을 낸 목심을 사포로 감싸 사포질한다. 사포의 오른쪽 면을 홈에 집어넣은 뒤 목봉을 감싼다④⑤. 말려 있는 사포를 손가락으로 눌러줘야 샌딩 과정 중 사포가 풀리는 것을 막을 수 있다. 깊이가 깊을 경우 칼 받침대를 사용해 사포질의 강약을 조절한다⑥⑦. 깊고 평평한 바닥의 경우 사포를 목심 끝 면에 닿게 구부려서 사용한다⑧.

마감재 바르기

대부분의 마감재는 비슷한 과정으로 도포된다. 우선 목선반의 전원을 끄고, 부드러운 천으로 액상의 마감재를 바르고 닦아낸다❶. 오일을 바를 때에는 목재가 오일을 빨아들일 때까지 지속한다. 어떤 종류의 목재는 스폰지처럼 오일을 빨아들이기도 하므로 오일이 표면에 남을 때까지 계속 발라줘야 한다. 이후에는 잔여분의 오일을 닦아내고 ❷, 사포질할 때의 속도 또는 그보다 약간 빠른 정도로 목선반을 작동시킨다. 오일을 바를 때와 같은 천으로 약간 힘 주어 버핑을 진행함으로써 열을 살짝 발생시킨다❸. 이 과정은 목재의 도관을 열어 오일이 목재 속으로 깊이 침투하도록 돕는다. 이 과정을 거치면 오일이 목재 표면에 얇게 남아 있게 된다.

다음으로 표면에 왁스를 발라준다. 블록이나 스틱 형태의 왁스를 사용할 때에는 목재의 회전 방향에 대응해 단단히 붙잡아야 한다. 마찰열이 발생해 왁스를 녹이게 된다❹. 왁스를 목재 중앙에서부터 바깥쪽으로 끌고나간다. 천을 단단히 쥐

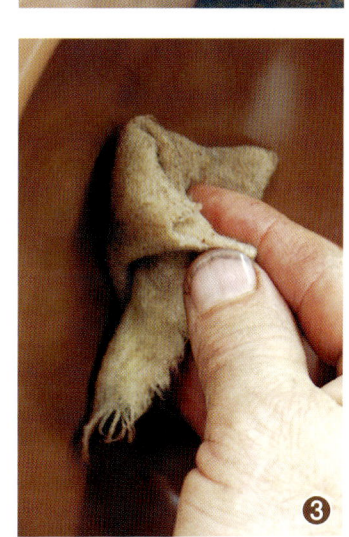

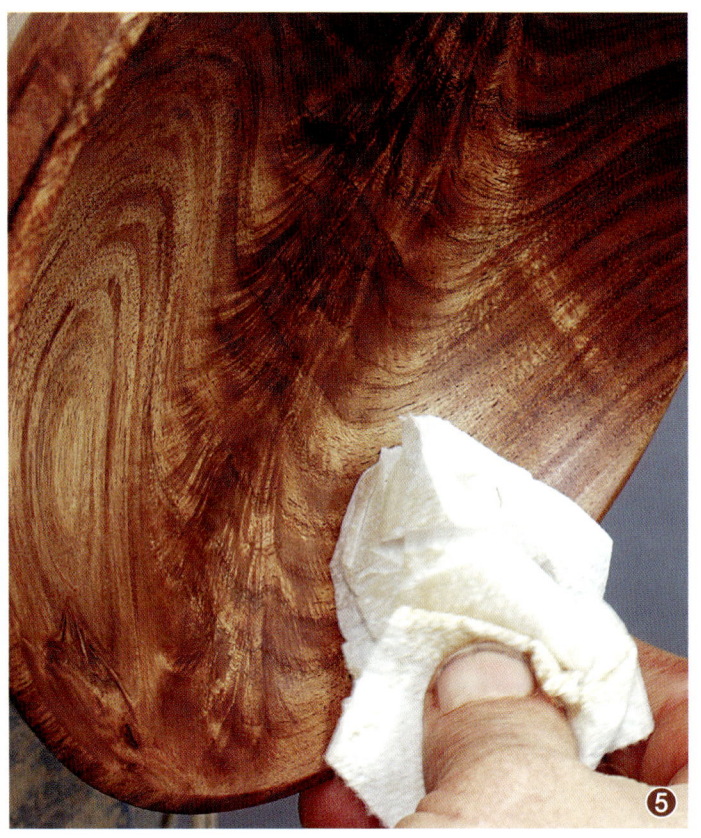

고 두꺼운 왁스 층을 고루 펴준다. 얇게 가공된 목재의 경우 왼손으로 목재 뒷면을 받쳐줘야 한다. 끝으로 목재가 회전하고 있는 상태에서 깨끗한 천이나 종이 타월로 표면을 닦아내준다 ⑤.

벌 또는 균열 있는 표면을 마감할 때에는 목선반의 작동을 멈춘다. 에어 건으로 표면에 남은 먼지를 제거한 후, 보일드 린시드 오일에 담갔다 빼서 15~18시간 정도를 방치한다. 오일이 건조되기 전에 목선반에 목재를 다시 장착하고 회전시켜 잔여 오일을 날려준다. 이후 천이 목재에 끼지 않도록 보푸라기가 생기지 않는 면을 사용해 표면을 버핑한다. 스쿠프나 국자처럼 부서지기 쉬운 가공물의 경우 앞선 과정처럼 주의를 기울여야 하며, 목선반을 끈 뒤 손으로 마감하는 편이 좋다. 오일이 고여 있거나 굳을 경우 버핑 작업이 곤란해지기 때문에 남은 오일을 닦아내는 것이 매우 중요하다.

참고 문헌

장비 설치
Bird, Lonnie. *The Bandsaw Book*. The Taunton Press, 1999.
Nagyszalanczy, Sandor. *Woodshop Dust Control*. The Taunton Press, 1996.

칼날 연마
Lee, Leonard. *The Complete Guide to Sharpening*. The Taunton Press, 1995.

목재
Alexander, John. *Making a Chair from a Tree*. The Taunton Press, 1978.
O'Donnell, Michael. *Turning Green Wood*. Guild of Master Craftsmen, 2000.
Hoadley, Bruce. *Understanding Wood*. The Taunton Press, 1980.
Malloff, Will. *Chainsaw Lumbermaking*. The Taunton Press, 1982.

우드터닝 기법
Mortimer, Stuart. *Techniques of Spiral Work*. Lyons and Burford, 1995.
Raffan, Richard. *Turning Wood with Richard Raffan*. The Taunton Press, 2001.
Raffan, Richard. *Turning Bowls with Richard Raffan*. The Taunton Press, 2002.
Raffan, Richard. *Turning Boxes with Richard Raffan*. The Taunton Press, 2002.

나사산 가공
Darlow, Mike. *Woodturning Techniques*. Fox Chapel, 2001.
Holtzapffel, John Jacob. *Hand or Simple Turning*. Dover Publications, 1990.

마감재
Dresdner, Michael. *The New Wood Finishing Book*. The Taunton Press, 1999.
The Editors of Fine Woodworking. *Finishes and Finishing Techniques*. The Taunton Press, 1999.

모눈종이 도서

칩카빙 가이드북
웨인 바튼 지음 • 안형재 옮김

촉각예술인 나무조각에 빠지다!

'칩카빙'이란 칼이나 끌로 조각을 따내 나무에 문양을 만드는 것을 말한다. 나무로 만든 가구 일부분이나 보석함, 액자, 접시, 컵 받침대 등 모든 곳에 적용할 수 있다. 디자인 또한 자유로워 기하학적인 문양부터 그림, 글자 등 원하는 모든 모양을 조각할 수 있다. 이 책은 초보자에게 도구 사용법, 칼날 세우는 법, 재료 및 목재 사용법을 설명한다.

144쪽 • 15,000원

미드 센추리 모던 가구 만들기 스물아홉 가지 도면과 제작기법
마이클 크로우 지음 • 강성우 옮김

미드 센추리 모던 시대의 가구 디자인 소개 및 작품 만들기

바우하우스 디자인의 세련된 곡선에서부터 덴마크 장인들의 조각적인 형태와 미니멀한 디자인까지 미드 센추리 모던 가구는 시대를 초월해 지금도 인기를 누리고 있다. 이 책에 실린 작품들은 일반인들도 제작할 수 있는 기준으로 신중하게 선정했으며, 함께 제공된 도면으로 작업하다 보면, 자신만의 멋진 미드 센추리 모던 가구를 만들 수 있다.

184쪽 • 19,000원

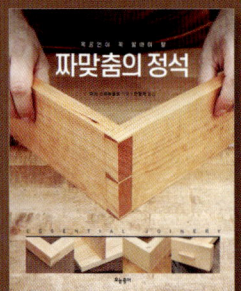

목공인이 꼭 알아야 할 짜맞춤의 정석
마크 스파뉴올로 지음 • 안형재 옮김

이 책은 간단한 상자부터 18세기 하이보이 수납장까지 모든 목공프로젝트에 적용할 수 있는 필수 짜맞춤들을 소개하고 있다. 총 다섯 가지의 맞짜임, 턱·다도·홈짜임, 장부짜임, 반턱과 가름장짜임 그리고 주먹장짜임을 자세한 사진과 전문적이며 쉬운 설명으로 초보자와 전문가까지의 제작 기술을 한 단계 업그레이드 해줄 것이다.

216쪽 • 25,000원